Organische Chemie in Einzeldarstellung

Band 14

Herausgegeben von
Hellmut Bredereck · Klaus Hafner
Eugen Müller

Manfred Schlosser

Struktur und Reaktivität polarer Organometalle

Eine Einführung in die Chemie
organischer Alkali- und
Erdalkalimetall-Verbindungen

Mit 29 Abbildungen

Springer-Verlag Berlin · Heidelberg · New York 1973

Professor Dr. *Manfred Schlosser*

Institut für Organische Chemie der Universität Lausanne, Schweiz

ISBN-13:978-3-642-65333-9 e-ISBN-13:978-3-642-65332-2
DOI: 10.1007/978-3-642-65332-2

Die Wiedergabe von Gebrauchsnamen, Warenbezeichnungen usw. in diesem Werk berechtigt auch ohne besondere Kennzeichnung nicht zu der Annahme, daß solche Namen im Sinn der Warenzeichen- und Markenschutzgesetzgebung als frei zu betrachten wären und daher von jedermann benutzt werden dürften.
Das Werk ist urheberrechtlich geschützt. Die dadurch begründeten Rechte, insbesondere die der Übersetzung, des Nachdrucks, der Entnahme von Abbildungen, der Funksendung, der Wiedergabe auf photomechanischem oder ähnlichem Wege und der Speicherung in Datenverarbeitungsanlagen bleiben, auch bei nur auszugsweiser Verwertung, vorbehalten. Bei Vervielfältigung für gewerbliche Zwecke ist gemäß § 54 UrhG eine Vergütung an den Verlag zu zahlen, deren Höhe mit dem Verlag zu vereinbaren ist. © by Springer-Verlag Berlin Heidelberg 1973. Library of Congress Catalog Card Number 74-186133.
Softcover reprint of the hardcover 1st edition 1973

Professor Dr. Dr. h. c. mult.

Georg Wittig

*anläßlich seines 75. Geburtstages
herzlichst gewidmet*

Vorwort

Diese Monographie beleuchtet einen scharf umrissenen Ausschnitt aus dem weiten Feld der Organometall-Chemie. Sie behandelt jene Organometalle, die wegen der Elektropositivität des beteiligten Metalles mit höchster Reaktionsfähigkeit sowie vorherrschend nucleophilem Verhalten ausgestattet sind. Zur Unterscheidung von anderen Organometall-Verbindungen werden sie hier mit dem Attribut „polar" belegt. Zu dieser Gruppe zählen in erster Linie die organischen Derivate der Alkali- und Erdalkalimetalle; entsprechende Verbindungen des Zinks und Cadmiums können im Grenzfall hinzugerechnet werden.

Eine wichtige Eingrenzung des Stoffes betrifft das für Struktur- oder Reaktivitätsuntersuchungen gewählte Medium. Formal könnte man eine Cyanhydrin-Bildung in wäßrig-alkalischer Lösung oder eine basenkatalysierte Olefin-Isomerisierung in Dimethylsulfoxid ebenso gut als „organometallische Reaktion" ansprechen wie die Anlagerung eines ätherischen Grignard-Reagenses an eine Carbonyl-Verbindung. In Wirklichkeit bestehen jedoch tiefgreifende praktische und mechanistische Unterschiede. In der Regel handelt es sich bei den Spezies, die in polaren Lösungsmitteln — meist durch Gleichgewichtsprozesse — erzeugt und umgesetzt werden, um freie oder wasserstoffbrücken-assoziierte *Carbanionen*. Dagegen treffen wir in so wenig polaren Lösungsmitteln, wie es die Kohlenwasserstoffe oder die aliphatischen Äther sind, auf Verbindungen, deren physikalisches und chemisches Verhalten durch starke und definierte Wechselwirkungen zwischen Kohlenstoff und Metall geprägt ist. Mit dieser „typisch organometallischen" Situation wollen wir uns im folgenden hauptsächlich befassen. Somit ist diese Abhandlung über „Polare Organometalle" konzipiert als ein — bislang fehlendes — Gegenstück zu den „Fundamentals of Carbanion Chemistry", worin sich *D. J. Cram* in sehr kompetenter Weise mit der Existenz und dem Schicksal von Carbanionen in polaren Medien auseinandersetzt.

Mit dem hier vorgelegten Buch möchte ich der Organometall-Chemie neue Freunde zuführen. Es wendet sich in erster Linie an Studenten und Nicht-Spezialisten. Aber auch der Fachmann wird, so hoffe ich, manche neue Zusammenhänge entdecken. Dem Charakter einer Einführung entsprechend, werden allgemeine Prinzipien und grundlegend wichtige

Tatsachen in den Mittelpunkt der Betrachtung gestellt, komplizierte Sachverhalte nur gestreift oder vereinfachend dargestellt. Auf anschauliche Modelle und instruktive Abbildungen wurde größter Wert gelegt. Die Literatur ist bis einschließlich 1970 erfaßt und — soweit bei dem der Monographie vorgegebenen Umfang möglich — berücksichtigt. Nachträglich wurden in Ergänzung bestehender Zitate einige Literaturstellen des Jahres 1971 aufgenommen.

Viele Fachkollegen haben, mittelbar oder unmittelbar, zur Entstehung dieses Buches beigetragen. Ihnen allen gilt mein Dank. An dieser Stelle sei nur ein einziger Name genannt — Professor *Georg Wittig*. Er, mein akademischer Lehrer, hat mir das Zauberreich der Organometall-Chemie erschlossen.

Heidelberg, im September 1971 *M. Schlosser*

Inhalt

1. Struktur 1
   1.1. Wesensmerkmale organometallischer Bindungen 1
   1.2. Die Koordinationshülle des Metalls in Kontakt-Spezies . . 4
       1.2.1. Aggregation im Kristallgitter 4
       1.2.2. Aggregation in der Gasphase 7
       1.2.3. Aggregation in gelöstem Zustand 8
       1.2.4. Assoziation mit anderen Organometallen 11
       1.2.5. Assoziation mit Metallsalzen 14
       1.2.6. Periphere Solvatation 16
   1.3. Die Polarität organometallischer Bindungen in Kontakt-Spezies 20
   1.4. Ionentrennung durch Solvatation 26
   1.5. Die Ionen-Dissoziation 36

2. Basizität 41
   2.1. CH-Acidität und Aciditätskonstanten 41
   2.2. Messung von CH-Aciditäten 43
       2.2.1. CH-Acidität in wäßrigem Medium 43
       2.2.2. CH-Acidität in polar-aprotischen Medien und deren wäßrigen Mischungen 45
       2.2.3. CH-Acidität in wenig polaren Medien 50
       2.2.4. Gleichgewichtsmessungen von Halogen/Metall- und Metall/Metall-Austauschreaktionen 54
       2.2.5. Kinetische Acidität 56
       2.2.6. Elektrochemische Messungen 60
   2.3. Acidität und Struktur 64
       2.3.1. Hybridisierungseffekte 64
       2.3.2. Induktive Effekte 71
       2.3.3. Der p-mesomere Effekt ungesättigter Kohlenwasserstoff-Reste 76
       2.3.4. Der p-mesomere Effekt carbo- und hetero-funktioneller Gruppen 82

Inhalt

2.3.5. Der *d*-mesomere Effekt 84
2.3.6. Additive und nicht-additive Summierung von Ligandeinflüssen 87
2.4. Acidität und Solvens 98

3. Reaktivität 105
   3.1. Reaktionstypen 105
   3.2. Reaktionsmechanismen 107
      3.2.1. Carbanionisch initiierte Reaktionen 107
      3.2.2. Mehrzentren-Reaktionen 108
      3.2.3. Kationisch initiierte Reaktionen 112
      3.2.4. Radikalische Prozesse 116
   3.3 Reaktivitätsbeeinflussende Parameter 122
      3.3.1. Das Metall 122
      3.3.2. Das latente Carbanion 125
      3.3.3. Die Aggregation der Organometalle 129
      3.3.4. Anorganische Salze und salzartige Zusätze 138
      3.3.5. Das Lösungsmittel und andere Solvat-Bildner 142
      3.3.6. Die Temperatur 146
   3.4. Möglichkeiten zur Reaktionssteuerung 147

4. Formelverzeichnis 163
5. Autorenverzeichnis 167
6. Sachverzeichnis 179

Entwicklungslinien der Chemie polarer Organometalle

1849	Organozink-Verbindungen	*Frankland; Reformatzky* (1887)
1900	Organomagnesium-Verbindungen	Grignard
1891	Ketyle u.a. Metall/π-System-1:1-, 2:1- und 2:2-Addukte	Beckmann; Schlenk (1911), Bergmann (1928)
1908	Organonatrium- und Organokalium-Verbindungen	Schorigin; Schlenk (1914), Ziegler (1923), Morton (1936)
1929	Aggregat- und Assoziat-Bildung, at-Komplexe	Schlenk; Wittig (1951), T. L. Brown (1957), Waack (1965)
1929	Organometall-initiierte Polymerisation	Ziegler
1930	Organolithium-Verbindungen	Ziegler
1930	Ionen-Dissoziation und Ionenpaar-Strukturen	Ziegler; Cram (1955), Szwarc (1965)
1932	CH-Aciditätsmessungen	Conant, Wheland; McEwen (1936), Streitwieser (1960)
1938	Halogen-Metall-Austausch	Gilman, Wittig
1942	Arin-Chemie	Wittig (1956); Roberts (1954), Huisgen (1955)
1944	Ylid-Reaktionen	Wittig
1951	Organometall-Röntgenstrukturen	Rundle; Dietrich (1963), E. Weiss (1964)
1958	Carbenoid-Reaktionen	*Simmons;* Closs (1959), v. E. Doering (1960), Kirmse (1960), Seyferth (1960), Schöllkopf (1962), Köbrich (1963)

Zum Unterschied vom Buchtext enthält die Zeittafel auch Hinweise auf die Entwicklung der Organozink-Chemie. Die Namen der betreffenden Autoren erscheinen im Kursiv-Druck.

1. Struktur

1.1. Wesensmerkmale organometallischer Bindungen

Die Chemie der organometallischen Verbindungen, an einer Nahtstelle zwischen anorganischer und organischer Chemie angesiedelt, trägt heute alle Züge einer wichtigen und eigenständigen Disziplin. Vor wenigen Jahrzehnten war jedoch das gleiche Fachgebiet noch geheimnisvolles Niemandsland, in das hinein nur eine Handvoll beherzter Pioniere Erkundungsvorstöße wagte. Der zwischenzeitliche stürmische Aufschwung hatte mehrere Anlässe. Unübersehbar ist etwa der stimulierende Einfluß von Struktur- und Bindungstheorie, die in den Organometallen ideale Prüfsteine zur Erprobung und Weiterentwicklung ihrer Modellvorstellungen fanden. Ausschlaggebend war aber die Entdeckung der einzigartigen präparativen Möglichkeiten, die in den organometallischen Verbindungen schlummern. Die ungeahnte Vielfalt neuer Synthesewege, die mit ihrer Hilfe erschlossen werden, und ihre *außergewöhnlich hohe Reaktionsfähigkeit* haben den organometallischen Reagenzien einen Platz im Anfängerpraktikum, ebenso wie im großtechnischen Betrieb, erobert.

Dabei sind gerade diese unschätzbaren Eigenschaften organometallischer Verbindungen nichts anderes als Anzeichen eines gestörten Zusammenhaltes. Kohlenstoff und Metall können miteinander keine energiearmen Bindungen eingehen; es sind Elemente, die nicht „zusammenpassen". Was ist die Ursache?

Eine gängige Erklärung verweist auf den Widerspruch, der zwischen dem Bestreben des Kohlenstoffs, feste Kovalenzen auszubilden, und der Neigung des Metalls, als Kation die Edelgaskonfiguration zu erlangen, besteht. Dieses Bild gibt die wahre Bindungssituation zwar nicht falsch, doch stark vergröbert wieder.

Richtig ist, daß sich die gemeinsamen Bindungselektronen im Zeitmittel viel mehr in der Nähe des Kohlenstoffs als in der Nähe des nur schwach elektronenanziehenden, also „elektropositiven", Metalls aufhalten. Das Ergebnis ist die bekannte „*Polarisation*" der organometallischen Bindung, wie sie sich etwa durch Partialladungen (*1*) oder durch

Linearkombination kovalenter und ionischer Grenzstrukturen (*1a* bzw. *1b*) kenntlich machen läßt:

$$R_3C \overset{\delta\ominus}{\text{———}} \overset{\delta\oplus}{M} \equiv R_3C\text{—}M \rightleftarrows R_3\overset{\ominus}{C}\text{:} \overset{\oplus}{M}$$

$$\qquad 1 \qquad\qquad 1a \qquad\quad 1b$$

Ein solches Bild läßt außerdem bereits die Neigung der Organometalle zur vollständigen Trennung in Metall-Kationen und Kohlenstoff-Anionen (*Carbanionen*) ahnen.

Falsch wäre es aber, wenn übersehen würde, daß das Metall im Grunde gar nicht auf Bindungselektronen verzichten möchte. Nur ist ihm mit einer einzigen Hauptvalenz wenig gedient. Wegen der geringen „effektiven" Kernladungszahl der Alkali- und Erdalkalimetalle und den dadurch bedingten großen Atomradien muß diese Bindung nämlich zwangsläufig schwach bleiben. Ein attraktiver Ausweg steht dem Metall in der Betätigung *mehrerer* solcher schwacher Wechselwirkungen offen. Zugleich wird dadurch eine sphärischere und somit günstigere Elektronenverteilung rings um den Atomkern erreicht.

Der Kunstgriff, dessen sich die Metalle zur Erlangung der Mehrbindigkeit bedienen, heißt *Elektronenmangelbindung*. Mit Hilfe solcher Elektronenmangelbindungen vermögen sich in der Tat Lithium und Beryllium mit bis zu 4, größere Metallatome sogar mit 6 oder 8 Bindungspartnern zu umgeben.

In ihrer reinsten Form begegnen wir Elektronenmangelbindungen in Derivaten des Bors und des Aluminiums[1], z. B. im dimeren Trimethylaluminium (*2*). Die besonderen Valenzverhältnisse in ihren beiden

---

[1] *L. Pauling*, Die Natur der chemischen Bindung, Verlag Chemie, Weinheim 1964 (2. Aufl.), 10. Kapitel. *W. N. Lipscomb*, J. chem. Physics **22**, 985 (1954). *W. H. Eberhardt, B. L. Crawford*, und *W. N. Lipscomb*, J. chem. Physics **22**, 989 (1954).

2-Elektronen-3-Zentren-Bindungen lassen sich als Überlappung je eines Orbitals der verbrückenden Kohlenstoffe mit je zwei Aluminium-sp³-Orbitalen kennzeichnen (2 a)[2]. Gleichwertig, aber weniger gebräuchlich ist die Beschreibung mit Hilfe des Valenzstruktur-Modells als mesomere Überlagerung mehrerer polarer und nicht-polarer Grenzformeln (2b, 2c usw.).

$$\begin{array}{ccc} H_3C\diagdown\quad\diagup CH_3\quad\diagup CH_3 & H_3C\diagdown\quad H_3C\diagdown\quad\diagup CH_3 & \\ AlAl & AlAl & \\ H_3C\diagup\quad H_3C\diagup\diagdown CH_3 & H_3C\diagup\diagdown CH_3\diagdown CH_3 & \\ 2b & 2c & \end{array}$$

$$\begin{array}{ccc} H_3C\diagdown\quad{}^\ominus CH_3\quad\diagup CH_3 & H_3C\diagdown\quad\diagup CH_3\quad\diagup CH_3 & \\ Al^\oplusAl & Al^\ominusAl^\oplus & \text{usw.} \\ H_3C\diagup\diagdown CH_3\diagdown CH_3 & H_3C\diagup\diagdown CH_3\diagdown CH_3 & \\ 2d & 2e & \end{array}$$

Derartigen Elektronenmangelbindungen begegnen wir nun auch regelmäßig bei „polaren" Organometallen, d. h. bei organischen Derivaten der Alkali- und Erdalkalimetalle, und zwar sowohl in ihrem kristallinen als auch gasförmigen oder gelösten Zustand. Auf sie verzichtet das Metall normalerweise erst, wenn es durch andere, kräftigere Partialbindungen entschädigt wird. Gut solvatisierende Lösungsmittel und sonstige Donor-Molekeln vermögen so durch Wechselwirkung mit dem Metall die Aggregatstruktur der Organometalle aufzubrechen. Bleibt dabei ein Kohlenstoff-Atom dem Metall unmittelbar benachbart, so haben wir es immer noch — mag die organometallische Bindung auch beliebig polar sein — mit einer *Kontakt-Spezies* zu tun. Gute Donor-Molekeln können aber auch den Kohlenstoff-Rest, insbesondere wenn dieser mesomeriestabilisiert und dadurch in seiner Bindungsbeziehung zum Metall geschwächt ist, aus der letzten verbliebenen Koordinationsstelle am Metall verdrängen. In dem resultierenden *solvens-getrennten Ionenpaar* ist eine Fremdmolekel zwischen den Kohlenstoff und das nunmehr von einer vollständigen Solvathülle umschlossene Metall-Kation eingeschoben; den Zusammenhalt besorgen jetzt allein elektrostatische Anziehungskräfte. In stark polaren Solventien können sich schließlich die Ionen verselbständigen, einzeln dem Ionen-Verband entfliehen und sich frei bewegen. Mit dieser *Ionen-Dissoziation* ist die Aufhebung der organometallischen Bindungsbeziehung in ihrem Endstadium angelangt.

---

[2] *P. H. Lewis* und *R. E. Rundle*, J. chem. Physics **21**, 986 (1953). *R. G. Vranka* und *E. L. Amma*, J. Amer. chem. Soc. **89**, 3121 (1967); *J. C. Huffman* und *W. E. Streib*, Chem. Commun. **1971**, 911.

1.2. Die Koordinationshülle des Metalls in Kontakt-Spezies

1.2.1. Aggregation im Kristallgitter

Beryllium- und Magnesium-Verbindungen müssen, wenn sie eine tetragonale Koordination erlangen wollen, *beide* mögliche Hauptvalenzen zugunsten jeweils zweier Elektronenmangelbindungen opfern. Dimethylberyllium [3] (*3*), Dimethylmagnesium [4] und Diäthylmagnesium [5] ordnen sich auf diese Weise zu scherenförmig gemusterten Kettenstrukturen an. Diäthylberyllium [5] und seine höheren Homologen behalten hingegen aus sterischen Gründen den monomeren Aufbau bei.

$$\text{Be}\overset{\cdot\cdot CH_3\cdot\cdot}{\underset{\cdot\cdot CH_3\cdot\cdot}{\diagup\!\!\!\diagdown}}\text{Be}\overset{CH_3}{\underset{CH_3}{\diagup\!\!\!\diagdown}}\text{Be}\overset{\cdot\cdot CH_3\cdot\cdot}{\underset{\cdot\cdot CH_3\cdot\cdot}{\diagup\!\!\!\diagdown}}\text{Be}$$

3

Wenn *einwertige* Metalle aus mehreren Raumrichtungen von Elektronen umhüllt werden sollen, so bedarf es eines dreidimensionalen Gitters. Aber selbst damit läßt sich im allgemeinen nur eine dreifache echte Koordination erreichen. Betrachten wir dazu das Methyllithium! Die Röntgenanalyse, wenngleich nur auf eine Pulveraufnahme gestützt, deckte wichtige Struktureinzelheiten auf (Abb. 1a und 1b). Im Festkörper schließen sich vier Molekeln zu einer tetrameren Untereinheit zusammen; dabei besetzen vier Lithium-Atome und vier Methyl-Gruppen jeweils die Ecken zweier sich gegenseitig durchdringender Tetraeder. Über dem Schwerpunkt einer jeden Fläche des Kohlenstoff-Tetraeders schwebt ein Lithium-Atom, das zu allen drei Kohlenstoff-Atomen gleichmäßig Elektronenmangelbindungen betätigt [6].

Formal ist auch die vierte Koordinationsstelle des Lithiums besetzt, und zwar durch eine Methyl-Gruppe der benachbarten tetrameren Untereinheit. Diese „fremde" Methyl-Gruppe weist jedoch nicht mit dem freien Elektronenpaar, sondern mit der wasserstoff-bekleideten Rückseite auf das Lithium-Atom, so daß sie — trotz nahezu identischer C-Li-Abstände — sehr viel weniger als die aggregat-eigenen Methyl-Gruppen

---
[3] *A.I. Snow* und *R.E. Rundle*, Acta Cryst. **4**, 348 (1951).
[4] *E. Weiss*, J. organomet. Chem. **2**, 314 (1964).
[5] *E. Weiss*, J. organomet. Chem. **4**, 101 (1965).
[6] *E. Weiss* und *E.A.C. Lucken*, J. organomet. Chem. **2**, 197 (1964).

Die Koordinationshülle des Metalls in Kontakt-Spezies

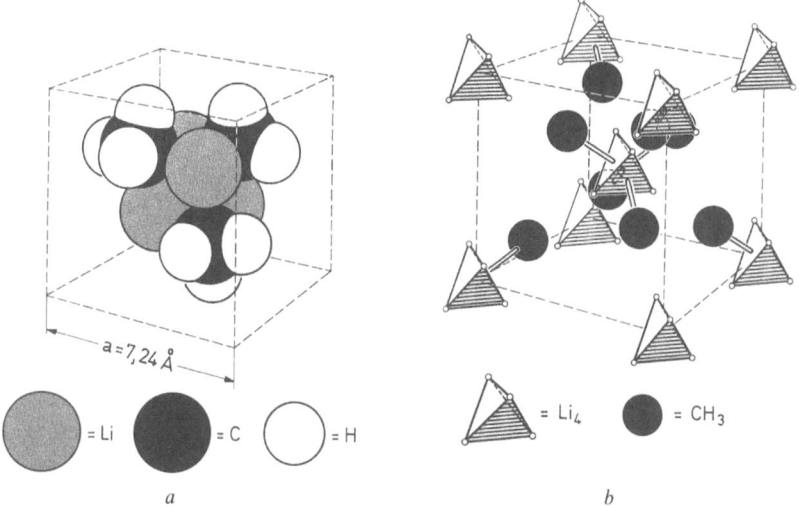

Abb. 1. a Kalottenmodell einer tetrameren Methyllithium-Einheit. b Elementarzelle des Methyllithiums. C—C 3.69 Å, Li—Li 2.56 Å

zur Bindung beitragen kann. Die wahre Elektronenkonfiguration des Lithiums dürfte somit zwischen sp^3- und sp^2-Hybridisierung liegen (4a bzw. 4b).

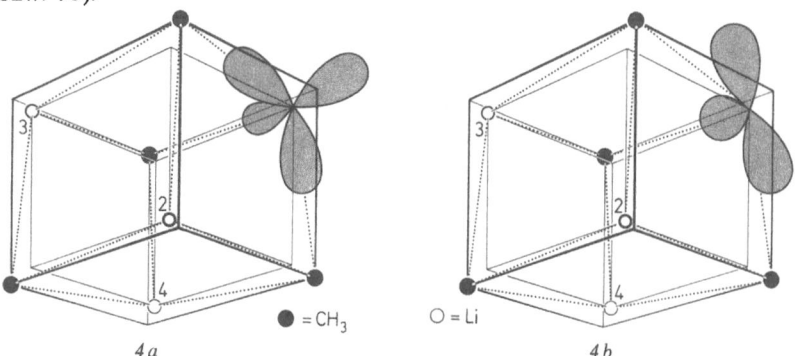

Das Äthyllithium besitzt eine weniger symmetrische Kristallstruktur als das Methyllithium; es setzt sich aber ebenfalls aus tetrameren Untereinheiten zusammen[7]. Die Derivate der schweren Alkalimetalle lassen die Neigung zu höherer Koordination erkennen. Äthylnatrium[8] bildet

---

[7] H. Dietrich, Acta Cryst. 16, 681 (1963).
[8] E. Weiss und G. Sauermann, J. organomet. Chem. 21, 1 (1970).

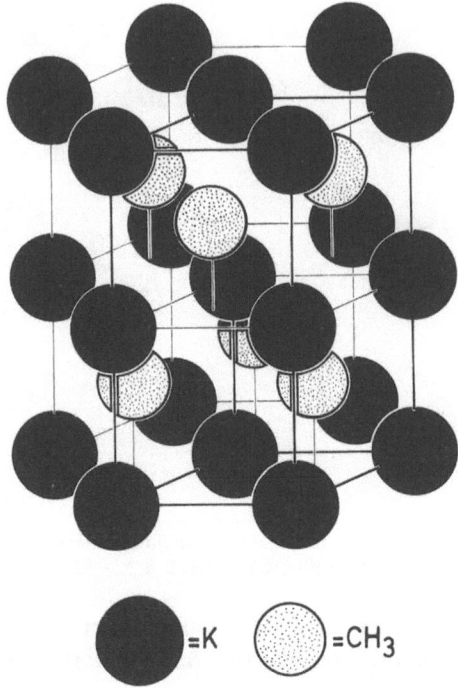

Abb. 2. Gitterstruktur von Methylkalium

ein Schichtengitter, und Methylkalium [9] hat bereits das typische Ionengitter des Nickelarsenids übernommen, in welchem jedes Kalium-Atom von sechs Methyl-Gruppen umgeben ist (Abb. 2).

„Salzartige" Bindungsbeziehungen sind auch aus den Beugungsbildern der Alkalimetall-acetylide und -propinide zu ersehen [10]. Die Röntgenstrukturanalyse des Kalium-Salzes des Cyanoforms bestätigt außerdem den zu erwartenden *planaren* Bau des Tricyanomethyl-Anions [11].

Sandwich-artige Komplexe gewähren dem als Zentralatom dienenden Metall ohnehin optimale Elektronenumhüllung; Aggregatbildung ist somit unnötig. Das Gitter des Di-cyclopentadienyl-magnesiums (5) besteht aus pentagonal-antibiprismatischen, monomeren Einheiten [12]. Ob-

---

[9] *E. Weiss* und *G. Sauermann*, Angew. Chem. **80**, 123 (1968); Chem. Ber. **103**, 265 (1970).
[10] *E. Weiss* und *H. Plass*, Chem. Ber. **101**, 2947 (1968).
[11] *P. Anderson* und *B. Klewé*, Nature **200**, 464 (1963).
[12] *E. Weiss* und *E. O. Fischer*, Z. anorg. allg. Chem. **278**, 219 (1955).

Die Koordinationshülle des Metalls in Kontakt-Spezies

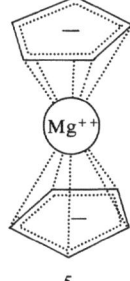
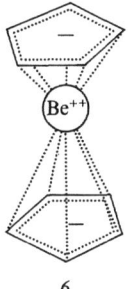

5   6

wohl das Di-cyclopentadienyl-beryllium (6) grundsätzlich analog wie die Magnesium-Verbindung aufgebaut ist, zeigt es im Gegensatz zu dieser in Benzol-Lösung ein beträchtliches Dipolmoment. Das Beryllium-Ion ist nämlich zu klein, um mit beiden Cyclopentadienyl-Ringen, die zueinander einen Mindestabstand einhalten müssen, in enge „Tuchfühlung" zu treten, und hält sich deshalb bevorzugt in der Nähe eines der beiden organischen Reste auf. Dadurch geht die Zentrosymmetrie verloren [13, 14].

1.2.2. Aggregation in der Gasphase

Elektronenbeugungsuntersuchungen zufolge bewahren Organoalkali- und -erdalkalimetalle in der Gasphase häufig eine ähnliche Ordnung wie in der Kristallgitterzelle. Äthyllithium-Dampf enthält bei Sättigungsdichte annähernd gleichviel tetramere und hexamere Aggregate [15], gasförmiges Trimethylsilylmethyllithium ist strikt tetramer [16]. Di-t-butylberyllium [17] ist schon allein wegen seiner großen Raumerfüllung monomer; aber auch Dimethylberyllium und die übrigen Berylliumdialkyle scheinen zumindest überwiegend monomer zu verdampfen [18, 19].

[13] *A. Almenningen, O. Bastiansen* und *A. Haaland*, J. chem. Physics **40**, 3434 (1964).
[14] *E. O. Fischer* und *S. Schreiner*, Chem. Ber. **92**, 938 (1959). — Abweichender Strukturvorschlag: *C. Wong, K. Chao, C. Chik* und *T. Lee*, J. Chines. chem. (Taipeh) **16**, 215 (1969).
[15] *J. Berkowitz, D. A. Bafus* und *T. L. Brown*, J. physic. Chem. **65**, 1380 (1965).
[16] *G. E. Hartwell* und *T. L. Brown*, Inorg. Chem. **5**, 1257 (1966).
[17] *G. E. Coates, F. Glockling* und *N. D. Huck*, J. chem. Soc. (London) **1952**, 4496.
[18] *R. A. Kovar* und *G. L. Morgan*, Inorg. Chem. **8**, 1099 (1969). *A. Almenningen, A. Haaland* und *G. L. Morgan*, Acta chem. Scand. **23**, 2921 (1969). — Vgl. aber auch *G. E. Coates, A. J. Downs* und *P. D. Roberts*, J. chem. Soc. (London) **A 1967**, 1085.
[19] Übersichten: *T. L. Brown*, Advanc. organomet. Chem. **3**, 365 (1965); Accounts chem. Res. **1**, 23 (1968).

1.2.3. Aggregation in gelöstem Zustand

Über den Aggregationszustand der Organometalle in Lösung geben kryoskopische und ebullioskopische Messungen sowie kernresonanzspektroskopische Untersuchungen[19] zuverlässige Auskunft. Organolithium-Verbindungen erweisen sich durchweg wieder zu oligomeren Spezies zusammengeschlossen (Tabelle 1). Dabei ist mitunter das Organolithium in Kohlenwasserstoff-Medien höher aggregiert als in Äther-Lösung. Als typisches Beispiel sei auf das Äthyllithium verwiesen, das im Kristall zu tetrameren Einheiten zusammentritt, in der Gasphase nebeneinander tetramer und hexamer vorliegt und sich in Benzol ausschließlich hexamer vereinigt. In Diäthyläther geht es hingegen wieder tetramer in Lösung.

Tabelle 1. *Aggregationsgrad von Organolithium in verschiedenen Lösungsmitteln*

Organolithium	Aliphatische Kohlenwasserstoffe (Petroläther, Cyclohexan)	Aromatische Kohlenwasserstoffe (Benzol, Toluol)	Diäthyläther	Tetrahydrofuran
Methyllithium [20, 21]	—	—	4	4
Äthyllithium [21–24]	6	6	4	—
Isopropyllithium [24]	4ᵃ	4ᵃ	4	4
n-Butyllithium [20, 23, 24, 25]	6	6	4	4
s-Butyllithium [26, 27]	4	4	—	—
t-Butyllithium [24, 28]	4	4	4	4
Menthyllithium [b, 29]	2	2	—	—
Vinyllithium [30]	—	—	—	3ᶜ
Phenyllithium [20, 31]	—	—	2	2
Allyllithium [32]	—	—	≥1	≥1
Benzyllithium [20, 31]	—	—	≥1	≥1
Trimethylsilylmethyllithium [16, 24, 33]	6	4ᵃ	—	—
Polyisoprenyllithium [34]	2	2	1	1

ᵃ Bei höheren Konzentrationen (10^{-1}–10^0 m) Übergang zum Hexamer.

ᵇ Formel: H₃C–[Cyclohexan mit CH(CH₃)₂ und Li]

ᶜ Die Bestimmung der Aggregationszahl stützt sich hier lediglich auf reaktionskinetische Messungen. Der hier angegebene Wert stimmt mit den gefundenen Daten am besten überein; die alternative Aggregation zu Tetrameren läßt sich jedoch nicht mit Sicherheit ausschließen:

[20] P. *West* und R. *Waack*, J. Amer. chem. Soc. **89**, 4395 (1967).
[21] L. M. *Seitz* und T. L. *Brown*, J. Amer. chem. Soc. **88**, 2174 (1966).

Für das Methyllithium [35], t-Butyllithium [35] und vermutlich auch für anderes tetrameres Organolithium gilt in Lösung das gleiche Bauprinzip zweier sich gegenseitig regelmäßig durchdringender Tetraeder, das wir bereits mit dem Methyllithium-Kristall kennengelernt haben. Für die hexameren Aggregate des Äthyl- und n-Butyllithiums wurde eine Aufreihung der Lithium-Atome in einem *sesselförmig gewellten Sechsring* (7a) vorgeschlagen [36]. Dann wäre wieder jede Alkyl-Gruppe drei Lithium-Atomen zugeordnet (und umgekehrt), aber vermutlich wäre der Abstand zu einem der Lithium-Atome geringer als der zu den beiden anderen. Versuchsweise könnte man die Bevorzugung einer solchen hexameren Struktur gegenüber einer tetrameren mit der Möglichkeit begründen, daß die Elektronenhüllen zweier β-ständiger Wasserstoffe die vierte Koordinationsstelle des Lithiums partiell absättigten (7b).

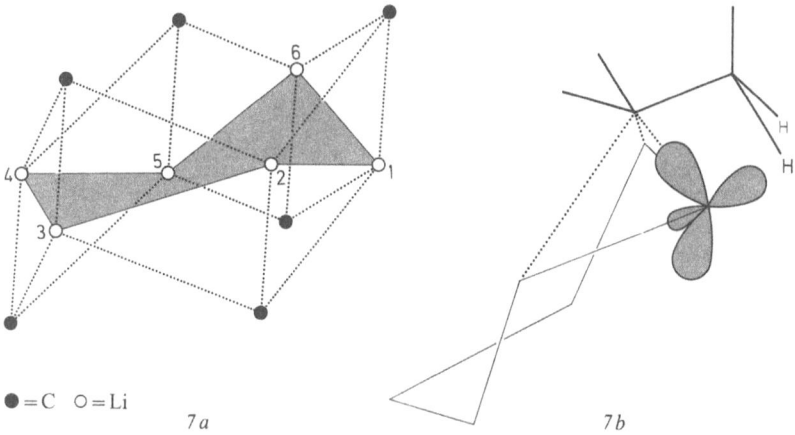

● = C   ○ = Li
7a   7b

[22] *T. L. Brown* und *M. T. Rogers*, J. Amer. chem. Soc. **79**, 1859 (1957).
[23] *T.L. Brown, R.L. Gerteis, D.A. Bafus* und *J.A. Ladd*, J. Amer. chem. Soc. **86**, 2135
[24] *H.L. Lewis* und *T.L. Brown*, J. Amer. chem. Soc. **92**, 4664 (1970).
[25] *D. Margerison* und *J.P. Newport*, Trans. Faraday Soc. **59**, 2058 (1963).
[26] *W.H. Glaze* und *G.M. Adams*, J. Amer. chem. Soc. **88**, 4653 (1966).
[27] *S. Bywater* und *D.J. Worsfold*, J. organomet. Chem. **10**, 1 (1967).
[28] *M. Weiner, G. Vogel* und *R. West*, Inorg. Chem. **1**, 654 (1962). *G.E. Hartwell* und *T.L. Brown*, J. Amer. chem. Soc. **88**, 4625 (1966).
[29] *W.H. Glaze* und *C.H. Freeman*, J. Amer. chem. Soc. **91**, 7198 (1969).
[30] *R. Waack* und *P.E. Stevenson*, J. Amer. chem. Soc. **87**, 1183 (1965).
[31] *G. Wittig, F.J. Meyer* und *G. Lange*, Liebigs Ann. Chem. **571**, 167 (1951).
[32] *P. West, J.I. Purmort* und *S.V. McKinley*, J. Amer. chem. Soc. **90**, 797 (1968).
[33] *R.H. Baney* und *R.J. Krager*, Inorg. Chem. **3**, 1657 (1964).
[34] *M. Morton* und *L.J. Fetters*, J. Polymer Sci. **A2**, 3311 (1964).
[35] *L.D. Keever* und *R. Waack*, Chem. Commun. **1969**, 750.
[36] *M.T. Rogers* und *T.L. Brown*, J. physic. Chem. **61**, 366 (1957).

Anstelle des Sechsrings wird auch ein regelmäßiges *Oktaeder* für die Gestalt des Lithium-Gerüstes der Hexamere in Betracht gezogen [37]. Offen bleibt jedoch beide Male die Ursache der stattlichen Dipolmomente, welche Äthyl- und n-Butyllithium in Benzol aufweisen [38]. Sperrige Substituenten setzen die Aggregationsneigung drastisch herab. Menthyllithium ist selbst in Kohlenwasserstoff-Medium nur dimer, Triphenylmethyl-natrium und Triphenylmethyl-calciumchlorid [38] sind in Äther monomer. Im allgemeinen ist aber auch bei den Derivaten des Natriums, Kaliums und anderer elektropositiver Metalle mit Aggregation zu rechnen. Das Natrium-enolat des Butyrophenons [39] ist, wie gewöhnliche Alkoholate auch [40], oligomer.

Tabelle 2. *Aggregationsgrad einiger reiner Organo-erdalkalimetalle*

Di-organo-erdalkalimetalle	in Benzol	in Diäthyläther[a]	in Tetrahydrofuran
Dimethyl-beryllium [17]	>2	—	—
Diäthyl-beryllium [41]	2	—	—
Diisopropyl-beryllium [42]	2	—	—
Di-n-butyl-beryllium [43]	2	—	—
Di-t-butyl-beryllium [19]	1	—	—
Diphenyl-beryllium [44]	1	—	—
Dimethyl-magnesium [45]	—	1,3—1,7	—
Diäthyl-magnesium [45, 46]	—	1,0—1,3[b]	1
Di-n-pentyl-magnesium [47]	2	—	—
Diphenyl-magnesium [45]	—	1,0—1,8	1

[a] Konzentrationsbereich 0,05—3,0 M.
[b] Außer in Diäthyläther auch in Äthyl-(2-methyl-butyl-)-äther gemessen [45].

[37] Vgl. etwa *T. L. Brown*, Accounts chem. Res. **1**, 27 (1968).
[38] *R. Masthoff* und *G. Krieg*, Z. Chemie **6**, 433 (1966).
[39] *H. D. Zook* und *W. L. Gumby*, J. Amer. chem. Soc. **82**, 1386 (1960).
[40] *V. A. Bessonov, P. P. Alikhanov, E. N. Guryanova, A. P. Simonov, I. O. Shapiro, E. A. Yakovleva* und *A. I. Schatenstein*, Zhur. Obshch. Khim. **37**, 109 (1967); *V. Halaška, L. Lochmann* und *D. Lím*, Coll czech. chem. Commun. **33**, 3245 (1968). *E. Weiss, H. Alsdorf, H. Kühr* und *H. F. Grützmacher*, Chem. Ber. **101**, 3777 (1968); Vgl. auch die Röntgenanalyse von $(H_3C)_3COMgBr \cdot O(C_2H_5)_2$: *P. T. Moseley* und *H. M. M. Shearer*, Chem. Commun. **1968**, 279.
[41] *W. Strohmeier, K. Humpfner, K. Miltenberger* und *F. Seifert*, Z. Elektrochem., Ber. Bunsenges. physik. Chem. **63**, 537 (1959).
[42] *G. E. Coates* und *F. Glockling*, J. chem. Soc. (London) **1954**, 22.
[43] *W. H. Glaze, C. M. Selman* und *C. H. Freeman*, Chem. Commun. **1966**, 474.
[44] *G. Wittig* und *P. Hornberger*, Liebigs Ann. Chem. **577**, 11 (1952).
[45] *F. W. Walker* und *E. C. Ashby*, J. Amer. chem. Soc. **91**, 3845 (1969).
[46] *P. Vink, C. Blomberg, A. D. Vreugdenhil* und *F. Bickelhaupt*, J. organomet. Chem. **15**, 273 (5968).
[47] *W. H. Glaze* und *C. M. Selman*, J. organomet. Chem. **5**, 477 (1966).

Dialkylberyllium tritt in Benzol meistens strikt dimer auf; Di-t-butyl-beryllium und Diarylberyllium-Verbindungen sind monomer. Dialkylmagnesium schließt sich in unpolarem Lösungsmittel ebenfalls zu dimeren und möglicherweise darüber hinaus zu höheren Aggregaten zusammen; in Tetrahydrofuran liegt es jedoch stets monomer vor. In Diäthyläther ist der Aggregationsgrad stark konzentrationsabhängig und streut zwischen 1,0 und 2,0 (Tabelle 2).

1.2.4. Assoziation mit anderen Organometallen

Gleichgewichts-[48] und ^{7}Li-NMR-Messungen[49] zufolge verteilen sich in Mischungen zweier organometallischer Verbindungen ähnlicher Basizität die individuellen organischen Reste statistisch und unter Wahrung des normalen Aggregationsgrades auf die möglichen Mischaggregate. Sofern die Mischungspartner im Reinzustand unterschiedliche Aggregatgrößen aufbauen, wird in der Mischung die kleinere Einheit bevorzugt: Gemeinsame Lösungen von Methyllithium und Äthyllithium sowie von t-Butyllithium und Äthyllithium enthalten tetramere Gebilde der Zusammensetzung $(CH_3Li)_4 \cdot (C_2H_5Li)_{n-4}$ bzw. $(^tC_4H_9Li)_4 \cdot (C_2H_5Li)_{n-4}$ mit n = 0—4 [50].

Der Zusammenschluß verschieden polarer Organometalle zu Mischassoziaten oder gemischten Di-organo-erdalkalimetallen ist gewöhnlich mit Energiegewinn verbunden. So bildet sich aus dem kovalenten Dimethyl-magnesium und dem ionischen Di-cyclopentadienyl-magnesium das energieärmere Austauschprodukt Cyclopentadienyl-methyl-magnesium[51]. Besondere Beachtung verdient das erstaunlich beständige 1:1-Addukt aus Phenyllithium und Phenylnatrium, dessen Struktur zwischen den Grenzsituationen „Assoziat" (8a) und „Lithium-at-Komplex" (8b) liegt[52].

Organomagnesium- und Organozink-Verbindungen vereinigen sich mit Organolithium-Verbindungen außer zu 1:1-, auch zu 2:1- oder 3:1-Addukten[53, 54]. Lösungen, die durch Mischen stöchiometrisch äqui-

---
[48] D. E. Applequist und D. F. O'Brien, J. Amer. chem. Soc. **85**, 743 (1963).
[49] T. L. Brown, Accounts chem. Res. **1**, 23 (1968).
   Weiner und R. West, J. Amer. chem. Soc. **85**, 485 (1963). E. Weiss, Chem. Ber. **97**, 241 (1964). L. M. Seitz und T. L. Brown, J. Amer. chem. Soc. **88**, 2174 (1966).
[51] N. O. House, R. A. Latham und G. M. Whitesides, J. org. Chemistry **32**, 2481 (1967).
[52] G. Wittig, R. Ludwig und R. Polster, Chem. Ber. **88**, 294 (1955). — Zur Begriffsbestimmung und Chemie der at-Komplexe: G. Wittig, Angew. Chem. **70**, 65 (1958); sowie Zitat 59.
[53] D. T. Hurd, J. org. Chemistry **13**, 711 (1948).
[54] L. M. Seitz und T. L. Brown, J. Amer. chem. Soc. **88**, 4140 (1966).

12   Struktur

Li⋯⋯Na   Li$^\ominus$ Na$^\oplus$

8a   8b

valenter Mengen Methyllithium und Dimethyl-magnesium bereitet werden, enthalten nur Li$_2$[Mg(CH$_3$)$_4$], in Gegenwart überschüssigen Methyllithiums außerdem Li$_3$[Mg(CH$_3$)$_5$]. Die Bildungsenthalpien der Organozink- und Organomagnesium-Assoziate liegen im Bereich von 20 kcal/mol [55]. Da diese Komplexe noch im Gleichgewicht mit ihren Komponenten stehen, werden Lithium-Ionen und Alkyl-Gruppen zwischen dem Komplex und einer im Überschuß vorhandenen Komponente rasch ausgetauscht [54].

Als erste at-Komplex-Struktur wurde das Dilithium-tetramethylzinkat (9) röntgenologisch bestimmt [56]. Das Zinkat-Anion präsentiert sich als leicht verzerrtes Tetraeder; die Kohlenstoff-Zink-Bindungen sind verglichen mit denen des Dimethylzinks deutlich aufgeweitet. Die Lithium-Kationen sind in den freien Raum zwischen den komplexen Anionen eingebettet und von je vier Methyl-Gruppen als nächsten Nachbarn umgeben (Abb. 3). Die Wechselwirkungskräfte zwischen Kohlenstoff und Lithium dürften, schon allein aufgrund des großen Abstandes (2,52 Å und 2,84 Å gegenüber 2,28 Å im Methyllithium), allerdings äußerst schwach sein.

Sehr ähnlich ist die Kristallstruktur des Dikalium-tetraäthinylzinkats [57] (10), während im Kalium-trimethyl-zinkat [58] (11) das Zentralatom trigonal-planar von Methyl-Gruppen umgeben ist.

Li$^\oplus$
Li$^\oplus$ [Zn(CH$_3$)$_4$]$^{2\ominus}$ K$^\oplus$
                                              K$^\oplus$ [Zn(C≡CH)$_4$]$^{2\ominus}$ K$^\oplus$[Zn(CH$_3$)$_3$]$^\ominus$

9   10   11

Der Lewissäure-Charakter organometallischer Verbindungen nimmt mit abnehmender Elektropositivität des Metalls zu. In der gleichen

[55] R. Waack und M.A. Doran, J. Amer. chem. Soc. **85**, 2861 (1963).
[56] E. Weiss und R. Wolfrum, Chem. Ber. **101**, 35 (1968).
[57] E. Weiss und H. Plass, J. organomet. Chem. **14**, 21 (1968).
[58] E. Weiss und H. Alsdorf unveröffentlicht.

Die Koordinationshülle des Metalls in Kontakt-Spezies

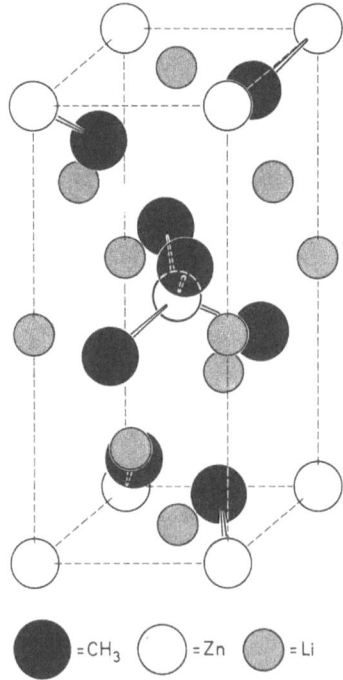

● = CH$_3$ ○ = Zn ◐ = Li

Abb. 3. Elementarzelle des Li$_2$[Zn(CH$_3$)$_4$]

Richtung wächst die Beständigkeit der entsprechenden at-Komplexe (z.B. *12 < 13*), bis diese im Bereich der Halbmetall-Derivate (z.B. *14*) schließlich sogar hydrolysebeständig werden [59].

$$\text{Mg}(⌬)_2 + \text{Li}-⌬ \rightleftharpoons \overset{\oplus}{\text{Li}}\left[\overset{\ominus}{\text{Mg}}(⌬)_3\right] \quad 12$$

$$\text{Sb}(⌬)_5 + \text{Li}-⌬ \rightleftharpoons \overset{\oplus}{\text{Li}}\left[\overset{\ominus}{\text{Sb}}(⌬)_6\right] \quad 13$$

$$\text{B}(⌬)_3 + \text{Li}-⌬ \longrightarrow \overset{\oplus}{\text{Li}}\left[\overset{\ominus}{\text{B}}(⌬)_4\right] \quad 14$$

---

[59] Sammelliteratur über at-Komplexe: *G. Wittig*, Quart. Reviews **20**, 191 (1966). *W. Tochtermann*, Angew. Chem. **78**, 355 (1966).

1.2.5. Assoziation mit Metallsalzen

Das gebräuchliche Verfahren, Phenyllithium aus Brombenzol und Lithium herzustellen, liefert eine klare, ätherische Lösung. Daraus scheiden sich beim Abkühlen farblose, derbe Kristalle ab, die LiC_6H_5, LiBr und $(H_5C_2)_2O$ enthalten [59]. Wie am Beispiel des Methyllithiums gründlicher untersucht worden ist [60], liegen derartige 1:1-Assoziate von Organolithium und Lithiumhalogenid auch in der ätherischen Lösung vor. Eine unstöchiometrische Zusammensetzung der Assoziate ist dann zu beobachten, wenn das Lithiumsalz sehr schwer löslich ist, wie beispielsweise Lithiumbromid und Lithiumjodid in Petroläther [61] und Lithiumchlorid in Diäthyläther [62]. Dann fällt das Lithiumhalogenid rasch aus und reißt nur einen Teil des verfügbaren Organolithiums mit sich.

Lithium-t-butanolat bildet mit primärem, sekundärem und tertiärem Alkyllithium hexan-lösliche 1:1-Assoziate [63]. Die Addukte des Lithiumäthanolats mit dem Äthyllithium sind weniger gut definiert; sie haben die allgemeine Zusammensetzung

$$(LiC_2H_5)_4 \cdot (LiOC_2H_5)_{n-4}$$

In Kohlenwasserstoff-Medium können diese Mischassoziate jedoch wegen mangelnder Solvatation nicht mehr existieren; das Lithiumäthanolat muß sich jetzt außen an die hexameren Äthyllithium-Aggregate „ankleben" [64].

Auch Organoberyllium- und Organomagnesium-Verbindungen neigen stark zur Assoziation mit anorganischen Salzen. Thermometrischen Titrationen [65, 66] zufolge coproportionieren Dialkylmagnesium und Magnesium-dihalogenide in Diäthyläther-Lösung momentan zu Alkylmagnesiumhalogeniden. Als freie Reaktionsenthalpie werden 2—5 kcal/mol gewonnen, d. h., das sog. *Schlenk*-Gleichgewicht [67] (15) liegt weit auf der rechten Seite:

$$R_2Mg + MgBr_2 \rightleftharpoons 2\,R\text{-}MgBr$$
$$15$$

---

[60] *T. V. Talalaeva, A. N. Rodionov* und *K. A. Kocheshkov*, Dokl. Akad. Nauk SSSR **140**, 847 (1961); C. A. **56**, 5989 (1962). *R. Waack, M. A. Doran* und *E. B. Baker*, Chem. Comm. **1967**, 1291. *L. D. McKeever, R. Waack, M. A. Doran* und *E. B. Baker*, J. Amer. chem. Soc. **90**, 3244 (1968).
[61] *W. Glaze* und *R. West*, J. Amer. chem. Soc. **82**, 4437 (1960).
[62] *V. Ladenberger*, Dissertation, Universität Heidelberg, 1966, S. 85—86.
[63] *L. Lochmann, J. Pospíšil, J. Vodnansky, J. Trekoval* und *D. Lím*, Coll czech. chem. Commun. **30**, 2187 (1965).
[64] *T. L. Brown, J. A. Ladd* und *G. N. Newman*, J. organomet. Chem. **3**, 1 (1965).
[65] *M. B. Smith* und *W. E. Becker*, Tetrahedron **22**, 3027 (1966).
[66] *T. Holm*, Tetrahedron Letters **1966**, 3329.
[67] *W. Schlenk* und *W. Schlenk*, Chem. Ber. **62**, 920 (1929).

Die gleiche Feststellung gilt, wie kernresonanzspektroskopische Untersuchungen lehren, auch für *Aryl*-magnesium-Verbindungen [68]. Die ausgeprägte Bevorzugung der Grignard-Assoziate RMgX (X = Halogen) ist jedoch an Diäthyläther als *Lösungsmittel* geknüpft. In den besser solvatisierenden Äthern Tetrahydrofuran [69] und Glykoldimethyläther [70] liegen neben RMgX beträchtliche Mengen R_2Mg und MgX_2 frei vor; die Bildungsenthalpie des Assoziates beträgt nur noch 0,3—1,0 kcal/Mol [69]. Die Assoziate zerfallen sogar vollständig in ihre Komponenten, wenn man Diäthyläther gänzlich durch einen Kohlenwasserstoff ersetzt [71, 72].

In Tetrahydrofuran- und verdünnten (ungefähr 0,1 *m*) Äther-Lösungen sind Grignard-Reagenzien durchweg monomer. In konzentrierteren Äther-Lösungen beteiligen sich in zunehmendem Maß oligomere Spezies $(RMgX)_n$ (vgl. Tabelle 3), denen teils ringoffene, teils cyclische Strukturen (*16* bzw. *17*) zukommen dürften [45, 73].

Tabelle 3. *Durchschnittlicher Aggregationsgrad von ungefähr 1,5 m Grignard-Reagens-Lösungen in Diäthyläther* [46]

Grignard-Verbindung	Aggregationsgrad
Methyl-magnesiumbromid	2,7 [b]
Äthyl-magnesiumchlorid [a]	2,5
Äthyl-magnesiumbromid	2,5
t-Butyl-magnesiumchlorid	2,0
t-Butyl-magnesiumbromid	2,5
n-Decyl-magnesiumbromid	1,0
Phenyl-magnesiumbromid (oder -jodid)	3,5
p-Trifluormethyl-phenyl-magnesiumbromid	2,8
Mesityl-magnesiumbromid	1,0

[a] Daneben ist mit dem Auftreten von Assoziaten $C_2H_5Mg_2Cl_3$ zu rechnen [70].
[b] Aggregationsgrad 3,5 bei c = 3,0 m.

---

[68] *D. F. Evans* und *M. S. Khan*, Chem. Commun. **1966**, 67.
[69] *M. B. Smith* und *W. E. Becker*, Tetrahedron **23**, 4215 (1967).
[70] *T. Psarras* und *R. E. Dessy*, J. Amer. chem. Soc. **88**, 5132 (1966).
[71] *E. Weiss*, Chem. Ber. **98**, 2805 (1965).
[72] Vgl. *E. Weiss*, J. organomet. Chem. **2**, 314 (1964).
[73] *B. J. Wakefield*, Organomet. Chem. Rev. **1**, 131 (1966). *E. C. Ashby*, Quart. Reviews **21**, 259, speziell 276 (1967). *F. W. Walker* und *E. C. Ashby*, J. Amer. chem. Soc. **91**, 3845 (1969).

Alkyl-magnesium-alkoxide bilden in Benzol, in dem sie gut löslich sind, im allgemeinen trimer oder höher aggregierte Spezies [74].

1.2.6. Periphere Solvatation

Dimethylmagnesium geht mit Diäthyläther allenfalls bei −78 °C eine schwache Bindungsbeziehung ein; Diäthylmagnesium bildet bereits bei Normaltemperatur ein kristallines Monoätherat; Diphenylmagnesium ein Diätherat, dessen Kristallgitter aus monomeren Bausteinen zusammengesetzt ist. [75]. Dimethylberyllium und Diäthylberyllium lagern Diäthyläther bereitwillig an; längerkettiges Dialkylberyllium sowie Diphenylberyllium halten Lösungsmittel bereits so hartnäckig fest, daß es sich durch Abpumpen im allgemeinen nicht mehr vollständig entziehen läßt [76]. Die Tendenz ist unverkennbar: Äther werden zur Absättigung der Elektronenlücken am Metall benutzt, und zwar sind sie als Bindungspartner um so begehrter, je weniger dicht das Kristallgitter oder die Aggregate gepackt sind.

Diese Rolle des Lösungsmittels wird durch Röntgenstrukturanalysen des Phenylmagnesiumbromids [77] und Äthylmagnesiumbromids [78] bestätigt, die ein monomer aufgebautes Gitter mit vierfach koordinierten Magnesium-Atomen sichtbar machen (Abb. 4).

Das Solvatationsverhalten der Organolithium-Verbindungen wurde hauptsächlich mittels einer Hochfrequenztritrations-Methode [79] und Dampfdruck-Messungen [80] sowie kernresonanzspektroskopisch [81] studiert. In Äthern, Aminen und anderen Donorsolvenzien ist Alkyllithium durchweg tetramer aggregiert. Wahrscheinlich bindet jedes Methyl-

---

[74] *D. Bryce-Smith* und *I. F. Graham*, Chem. Commun. **1966**. 559. *G. E. Coates* und *D. Ridley*, Chem. Commun. **1966**, 560.
[75] *W. Schlenk*, Chem. Ber. **64**, 734 (1931). *D. O. Cowan* und *H. S. Mosher*, J. org. Chemistry **27**, 1 (1962). *G. D. Stucky* und *R. E. Rundle*, J. Amer. chem. Soc. **85**, 1002 (1963).
[76] *J. Goubeau* und *B. Rodewald*, Z. allg. anorg. Chem. **258**, 162 (1949). *G. Wittig* und *P. Hornberger*, Liebigs Ann. Chem. **577**, 11 (1952). *G. Scheibe*, *F. Baumgärtner* und *M. Genzer*, Angew. Chem. **67**, 512 (1955). *G. Bähr* und *K. H. Thiele*, Chem. Ber. **90**, 1578 (1957). *G. E. Coates* und *M. Tranah*, J. chem. Soc. (London) **A 1067**, 236
[77] *G. Stucky* und *R. E. Rundle*, J. Amer. chem. Soc. **86**, 4825 (1964).
[78] *L. J. Guggenberger* und *R. E. Rundle*, J. Amer. chem. Soc. **86**, 5344 (1964).
[79] *Z. K. Cheema*, *G. W. Gibson* und *J. F. Eastham*, J. Amer. chem. Soc. **85**, 3517 (1963). *F. A. Settle*, *M. Haggerty* und *J. F. Eastham*, J. Amer. chem. Soc. **86**, 2076 (1964).
[80] *R. Waack* und *P. West*, J. organomet. Chem. **5**, 188 (1966). *P. West* und *R. Waack*, J. Amer. chem. Soc. **89**, 4395 (1967). *P. D. Bartlett*, *C. V. Goebel* und *W. P. Weber*, J. Amer. chem. Soc. **91**, 7425 (1969).
[81] *H. L. Lewis* und *T. L. Brown*, J. Amer. chem. Soc. **92**, 4664 (1970).

Die Koordinationshülle des Metalls in Kontakt-Spezies 17

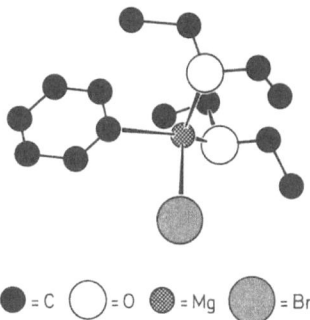

Abb. 4. Kristallstruktur des Phenylmagnesiumbromid-Diätherats

lithium-Aggregat im Durchschnitt vier Tetrahydrofuran-Molekeln (*18*), dagegen — wohl aus sterischen Gründen — nur zwei Diäthyläther-Molekeln (*19*). Von Dimethyläther können wieder vier Molekeln in die Solvathülle aufgenommen werden [80].

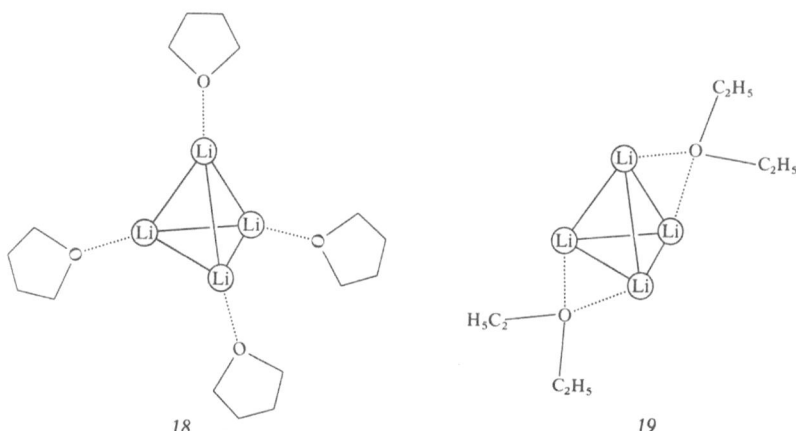

Besser als einfache Äther von der Art des Diäthyläthers oder des Tetrahydrofurans solvatisieren: Trimethylamin und andere Trialkylamine [79], Diazabicyclooctan („DABCO") [82], Pyridin, das sich beispielsweise mit Dimethylberyllium zu dem kristallinen Komplex *20* [83] vereinigt, sowie das polare Hexamethyl-phosphorsäuretriamid [84], das mit

---
[82] C. G. Screttas und J. F. Eastham, J. Amer. chem. Soc. **87**, 3276 (1965).
[83] F. M. Peters, J. organomet. Chem. **3**, 334 (1965).
[84] H. Normant, Angew. Chem. **79**, 1029 (1967).

Diäthylmagnesium ein in Benzol schwerlösliches 2:1-Addukt *(21)* gibt [85]. Besonders wirkungsvoll ist ferner die intramolekulare Solvatation, wie sie uns etwa in dem hochschmelzenden Spiro-Solvat *22* [86] begegnet.

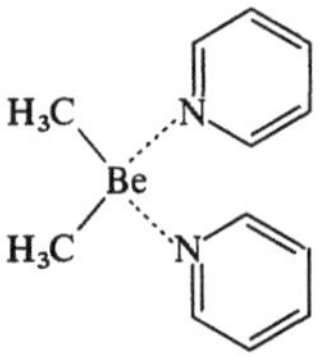

20 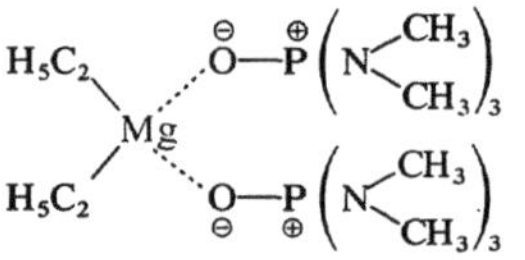 *21* 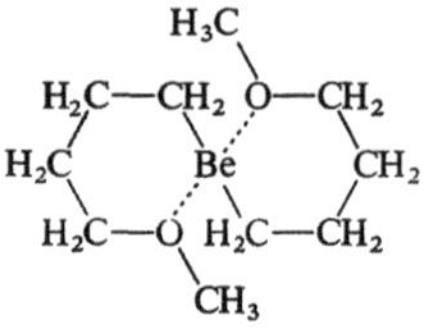 *22*

Zu noch stabileren Solvaten führen *chelatisierende* Lösungsmittel von der Art des Glykoldimethyläthers, Tetramethyläthylendiamins („TMEDA") und 2.2'-Bipyridyls. Typische Beispiele sind die kristallinen Addukte *23* [87], *24* [88], *25* [89] (R = $^nC_4H_9$, C_6H_5, C_6H_5-CH_2 usw.), *26* [90] und das intensiv rote *27* [88].

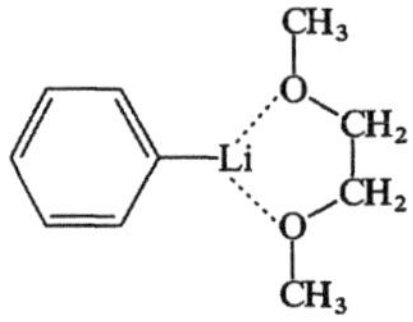

23 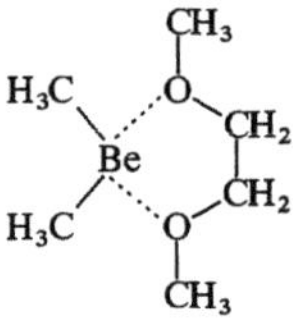 *24*

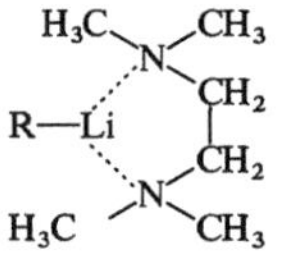

25 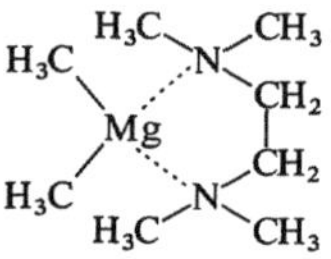 *26* 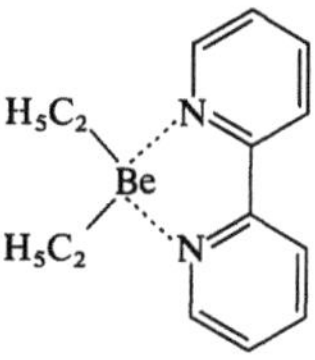 *27*

Bemerkenswerterweise vermögen 1.3-Dioxolane *(28)* nicht einmal mit der Donor-Kapazität des Tetrahydrofurans Schritt zu halten. Dagegen hätte die Tatsache, daß sie ebenfalls über zwei vicinale Äther-

---

[85] *J. Ducom*, Compt. rend. **C 268**, 1259 (1969).
[86] *G. Bähr* und *K. H. Thiele*, Chem. Ber. **90**, 1578 (1957).
[87] *G. Wittig*, Naturwissenschaften **30**, 697 (1942). *G. Wittig* und *R. Polster*, Liebigs Ann. Chem. **599**, 4 (1956).
[88] *G. E. Coates* und *S. I. E. Green*, J. chem. Soc. (London) **1962**, 3340.
[89] *G. G. Eberhardt* und *W. A. Butte*, J. org. Chemistry **29**, 2928 (1964). *G. G. Eberhardt* und *W. R. Davis*, J. Polymer Sci. **A 3**, 3753 (1965). *G. G. Eberhardt*, Organomet. Chem. Rev. **1**, 491 (1966). *A. W. Langer*, Trans. New York Acad. Sci., **1965**, 741.
[90] *G. E. Coates* und *J. A. Heslop*, J. chem. Soc. (London) **A 1966**, 26.

Sauerstoffe verfügen, dazu verleiten können, sie als dem Glykoldimethyläther (*29*) ebenbürtig einzustufen. Ja eigentlich sollten sie dessen Solvatationsfähigkeit noch übertreffen, da sie die *syn*-koplanare Ausrichtung ihrer Sauerstoff-Atome nicht wie dieser mit einem Verlust an Konformationsenergie bezahlen müssen. Ein sorgfältiger Strukturvergleich sieht jedoch den Glykoldimethyläther weit im Vorteil: Er allein vermag zwei einsame Elektronenpaare zum Mittelpunkt des Lithium-Atoms hinzuwenden. Die Unterlegenheit der 1.3-Dioxolane unterstreicht den Charakter der Metall-Solvens-Wechselwirkungen als *gerichteter* Bindungskräfte [91].

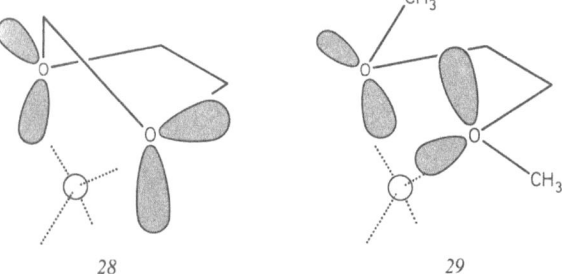

28 *29*

Die schwächsten Solvatationseffekte, die bislang nachgewiesen worden sind, betreffen CC-Doppelbindungssysteme. Spektraluntersuchungen weisen dem But-3-enyl-lithium in Kohlenwasserstoff-Lösung eine hexamere Struktur (*30*) zu, in welcher jeweils eine olefinische Doppelbindung die vierte Koordinationsstelle eines jeden Lithium-Atoms besetzt [92].

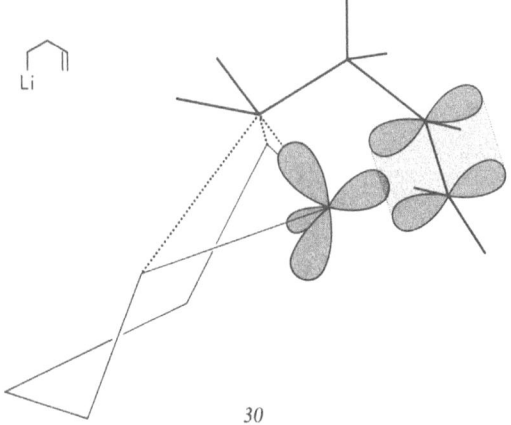

30

---

[91] *M. Schlosser* und *B. O. Wagner*, unveröffentlichte Versuche.
[92] *J. P. Oliver*, *J. B. Smart* und *M. T. Emerson*, J. Amer. chem. Soc. **88**, 4101 (1966).

1.3. Die Polarität organometallischer Bindungen in Kontakt-Spezies

Eingangs haben wir uns bereits mit der Polarität organometallischer Bindungen beschäftigt und als ihre Ursache die schwachen Kern-Valenzelektronenpaar-Wechselwirkungen der Metalle erkannt. Bei einer detaillierteren Betrachtung findet man drei wichtige Faktoren, die *polaritätsverstärkend* wirken sollten:

erhöhte Elektropositivität des Metalls;
verbesserte Absättigung des Metall-Atoms durch Aggregation, Assoziation oder Solvatation;
verstärkte induktive oder mesomere Beanspruchung des Elektronenpaars der organometallischen Bindung durch das potentielle Carbanion.

Daraus läßt sich unmittelbar ableiten, daß es einen graduellen Übergang zwischen Kovalenz-Molekeln und Kontakt-Ionenpaaren geben muß [93]. Die populäre Unterteilung, die für Organometalle nur die Rubriken „vorwiegend kovalent" und „vorwiegend ionisch" kennt, erweist sich, gemessen an der Vielfalt der tatsächlichen Erscheinungsformen, als zu grobe Vereinfachung. Sie übersieht nicht nur, daß ein Kontinuum lückenlos abgestufter Polaritäten besteht, sondern trägt dem besonderen Bindungscharakter selbst jener Organometalle, die als Grenzfälle an den beiden Enden der Polaritätsskala stehen, nicht ausreichend Rechnung. Beispielsweise ist die Existenz einer kovalenten σ-Bindung zwischen Metall und einem Kohlenstoff-Atom des Dicyclopentadienyl-quecksilbers *31* unbestritten. Dennoch isomerisiert sich diese Verbindung durch Metallotropie so rasch, daß die beobachtungsträge Kernresonanzspektroskopie bei Raumtemperatur keine individuellen Spezies mehr zu erkennen vermag [94].

31

Umgekehrt hält im Kristallgitter des 9-Fluorenyl-lithiums (*32*) das carbanionische Elektronenpaar — ungeachtet weitestgehender Delokalisierung im aromatischen System! — das Lithium-„Ion" *bindend* fest. Wie nämlich die kernresonanzspektroskopische Untersuchung einer aus

---
[93] Vgl. L. *Pauling*, Die Natur der chemischen Bindung, Verlag Chemie, Weinheim 1964, S. 62ff.; H. F. *Ebel*, Tetrahedron **21**, 699 (1965); **24**, 459 (1968).
[94] E. *Maslowsky* und K. *Nakamoto*, Chem. Commun. **1968**, 257.

einem solchen Kristall gewonnenen Lösung schlüssig zeigt, werden lediglich *drei* Tetrahydrofuran-Molekeln pro Metall-Atom im Gitter eingebaut [95]. Folglich muß die vierte Koordinationsstelle am Metall von dem Kohlenwasserstoff-Rest besetzt sein.

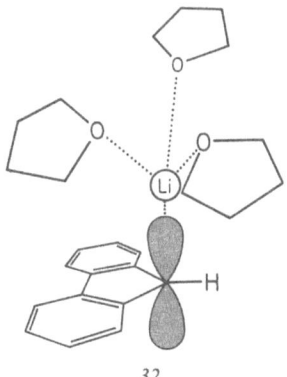

32

Welche Kriterien eignen sich nun zur genaueren Festlegung der Bindungspolarität von Organoalkali- und -erdalkali-metallen? Als erster Anhaltspunkt kann die Elektronendichte am metalltragenden Kohlenstoff dienen, wie sie sich anhand der chemischen Verschiebung des Kernresonanzsignals eines am gleichen Kohlenstoff untergebrachten Wasserstoffatoms bemerkbar macht. So absorbieren Cyclopentadienyllithium und Cyclopentadienyl-natrium bei höherer Feldstärke als Dicyclopentadienyl-magnesium — ein Zeichen, daß die Bindungselektronen mit zunehmender Elektropositivität des Metalls von dort abgezogen werden und an das Kohlenstoff-Skelett heranrücken [96].

Zu präziseren Aussagen kann offenbar die ^{13}C-Kernresonanzspektroskopie verhelfen. Insbesondere eignet sich die ^{13}C-^{1}H-Kopplungskonstante als Maß für den Hybridisierungszustand des potentiellen Carbanions. Für das Methyllithium[97, 98] zeigt diese Methode pyramidale Struktur an — sie entdeckt übrigens auch dank ^{13}C-^{7}Li-Kopplung die Bindungsbeziehung der Lithium-Atome zu jeweils drei Methyl-Grup-

---

[95] *J. A. Dixon, P. A. Gwinner* und *D. C. Lini,* J. Amer. chem. Soc. **87**, 3276 (1965).
[96] *J. R. Leto, F. A. Cotton* und *J. S. Waugh,* Nature **180**, 978 (1957). G. *Fraenkel, R. E. Carter, A. McLachlan* und *J. H. Richards,* J. Amer. chem. Soc. **82**, 5846 (1960). *T. Schaefer* und *W. G. Schneider,* Can. J. Chem. **41**, 966 (1963).
[97] *L. D. McKeever* und *R. Waack,* Chem. Commun. **1969**, 750; *L. D. McKeever, R. Waack, M. A. Doran* und *E. B. Baker,* J. Amer. chem. Soc. **90**, 3244 (1968); **91**, 1057 (1969).
[98] Fehlende ^{6}Li-^{7}Li-Kopplung: *T. L. Brown, L. M. Seitz* und *B. Y. Kimura,* J. Amer. chem. Soc. **90**, 3245 (1968).

pen! —, während der laterale Kohlenstoff des Benzyllithiums [99], jedenfalls in Tetrahydrofuran-Lösung, eine Mittelstellung zwischen trigonaler und tetragonaler Konfiguration einzunehmen scheint.

Das gleiche Problem der Carbanion-Hybridisierung läßt sich auch — unter einem etwas anderen Blickwinkel — mit Hilfe der Elektronenspektroskopie angehen. Der Absorptionsmessung im Bereich des sichtbaren und ultravioletten Lichtes fällt für die Strukturaufklärung organometallischer Verbindungen eine besonders wichtige Rolle zu. Wie man seit langem weiß, sind Alkalimetall-Derivate vom *Allyl-* und *Benzyl-Typ* im Gegensatz zu einerseits den basischen Alkyl-, Alkenyl- sowie Arylmetallen und andererseits den „salzartigen" Metallacetyliden und -enolaten meist intensiv *farbig* [100]. So ist das Allyl-lithium blaßgelb, das Triphenylmethyl-kalium rot und das Bis-p-biphenyl-α-naphthyl-methylnatrium dunkelviolett. Die Farbe zeigt an, daß das Elektronenpaar der organometallischen Bindung in das angrenzende π-Bindungssystem mit einbezogen und dadurch der Chromophor vergrößert worden ist. Diese Wechselwirkung ist von Ladungsdelokalisation und Gewinn an Mesomerieenergie begleitet. Sie wird klein sein, solange der metall-tragende Kohlenstoff eine pyramidal-gewinkelte Konfiguration bewahrt *(33)*, und maximale Werte annehmen, sobald er vollständig eingeebnet ist *(34)*.

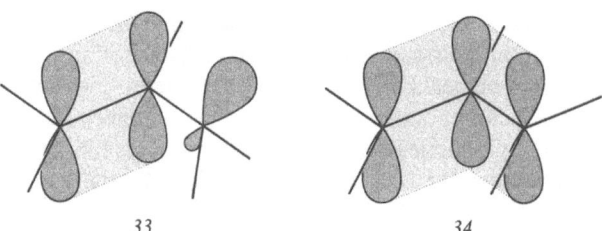

33 34

Die Umhybridisierung des Kohlenstoffs muß selbstverständlich mit einem Verlust der Bindungsenergie in der Metall-Valenz erkauft werden. Dem Widerstreit zwischen Ladungsdelokalisierung und Bewahrung der Metallbindung wird im allgemeinen durch einen Kompromiß Rechnung getragen, der sich in einer mehr oder minder großen Abflachung der Kohlenstoff-Pyramide äußert.

Hand in Hand mit zunehmender *Planarisierung* des metall-tragenden Kohlenstoffs — gleichbedeutend mit einer zunehmenden *Polarisierung*

---

[99] R. *Waack,* L.D. *McKeever* und M.A. *Doran,* Chem. Commun. **1969**, 117.
[100] Auf dieser Beobachtung fußte eine bewährte heuristische Einordnung organoalkalimetallischer Verbindungen gemäß ihrer Reaktivität [K. *Ziegler,* F. *Crössmann,* H. *Kleiner* und O. *Schäfer,* Liebigs Ann. Chem. **473**, 1 (1929)].

Die Polarität organometallischer Bindungen in Kontakt-Spezies 23

der organometallischen Bindung — verlagert sich das Absorptionsmaximum nach längeren Wellen. Typisch ist etwa das Verhalten von Allyl-, Benzyl- und Triphenylmethyl-Derivaten in Tetrahydrofuran- bzw. Diäthyläther-Lösung (Tabelle 4). Eine solche monoton abgestufte Bandenverschiebung in Abhängigkeit von der *Metall-Elektropositivität* darf als sicheres Indiz für das Vorliegen von Kontakt-Spezies gelten (vgl. dagegen Tabelle 6, S. 29).

Tabelle 4. *Elektronenspektren: Die beiden langwelligsten Absorptionsbanden einiger mesomeriefähiger Organometalle in Abhängigkeit vom Metall*

Organometall	Solvens	λ_{max} [nm] (log ε)			
		M = MgBr	M = Li	M = Na	M = K
$CH_2\!=\!CH\!-\!CH_2\!-\!M$	Tetrahydrofuran [101]	256 (3,4)[a, b]	315 (3,7)[b]	375 (3,5)	—
⟨◯⟩—CH_2—M	Tetrahydrofuran [101, 102]	277 (4,3)[c] 327 (3,2)[c]	330 (4,0) 420 (3,0)	355 (4,1) 485 (3,2)	356 [d] [d]
(⟨◯⟩)$_3$C—M	Diäthyläther [102–104]	[d] 318 (4,8)	404[e] (3,7)[a] 435 (3,8)[a]	392[e] (3,6)[a] 481 (3,8)[a]	422[e] (4,1)[f] 488 (4,4)[f]

[a] *J. Hartmann*, unveröffentlicht
[b] Zum Vergleich: Propen ∼250 (<1,0) verbotener Übergang; Propenyl-lithium 280 (2,7); Alkin (1-Hexin) 228 (<1,0)[a] und Alkinyl-lithium (1-Hexinyl-lithium) 233 (2,4)[a] [Übergänge vergleichbar mit $n\to\pi^*$ in Carbonyl-Verbindungen?].
[c] Dibenzylmagnesium anstatt Grignard-Reagens.
[d] Keine Literaturangaben.
[e] Bande nur als Schulter erkennbar.
[f] In Cyclohexylamin anstatt in Diäthyläther gemessen.

Weniger eindeutig äußert sich ein *Lösungsmittelwechsel* auf die Elektronenanregung von Kontakt-Spezies. Cumyl-kalium [102, 105] sowie Polystyryl-lithium, -natrium oder -kalium [105, 106], also α.α-dialkyl-verzweigte Organometalle, zeigen in Benzol, Äther, Dioxan und Tetrahydro-

---

[101] R. *Waack* und M. A. *Doran*, J. Amer. chem. Soc. **85**, 1651 (1963); K. *Kuwata*, Bull. chem. Soc. Japan **33**, 1091 (1960).
[102] H. F. *Ebel* und B. O. *Wagner*, Chem. Ber. **104**, 307, 320 (1971).
[103] L. C. *Anderson*, J. Amer. chem. Soc. **57**, 1673 (1935). Vgl. S. *Boileau*, P. *Sigwalt* und N. *d'Haeyer*, Bull. Soc. chim. France **1968**, 1054.
[104] G. *Häfelinger* und A. *Streitwieser*, Chem. Ber. **101**, 657, 672 (1968).
[105] R. *Asami*, M. *Levy* und M. *Szwarc*, J. chem. Soc. (London) **1962**, 361. F. J. *Hopton* und N. S. *Hush*, Molec. Physics **6**, 209 (1963).
[106] D. J. *Worsfold* und S. *Bywater*, Canad. J. Chem. **38**, 1891 (1960). D. N. *Bhattacharyya*, C. L. *Lee*, J. *Smid* und M. *Szwarc*, J. physic. Chem. **69**, 612 (1965).

furan Spektrengleichheit. Dagegen erscheint die Hauptbande des Benzyllithiums in Benzol bei 292 nm, in Tetrahydrofuran bei 330 nm [107]. Im Falle des 1.1-Diphenyl-hexyl-lithiums, das in einer ganzen Reihe verschiedener Kohlenwasserstoff- und Äther-Medien untersucht wurde, verschiebt sich das Absorptionsmaximum mit steigender Solvationsfähigkeit des Lösungsmittels *stetig* nach längeren Wellen (Tabelle 5)[108].

Tabelle 5. *Solvensabhängigkeit der Elektronenanregung des 1.1-Diphenyl-hexyl-lithiums*

Lösungsmittel	λ_{max} [nm]
Hexan	425[a]
Benzol	426
Di*iso*propyläther	428
Di-n-butyläther	435
Diäthyläther	438
Benzol + 2 Äquiv. Tetrahydrofuran[b]	450
Tetrahydrofuran[c]	496

[a] Breite Bande.
[b] Periphere Solvatation.
[c] Solvensgetrenntes Ionenpaar (vgl. S. 26ff.).

Mit der Einebnung eines Allyl- oder Heteroallyl-Systems tauchen neue Probleme auf. Wenn mit zunehmender Elektropositivität des Metalls die sp^3-Konfiguration des metall-tragenden Kohlenstoffs in eine sp^2-Konfiguration hinübergleitet, wird auch die anfängliche Einfachbindung (*35a*) zum benachbarten olefinischen Kohlenstoff zu einer „1½fach-Bindung" umgestaltet. In dem gleichen Maße wird die Drehung um diese Bindung erschwert, bis schließlich geometrische Isomere mit „innen" (*35b*) und „außen" (*35c*) orientierten Liganden faßbar sind.

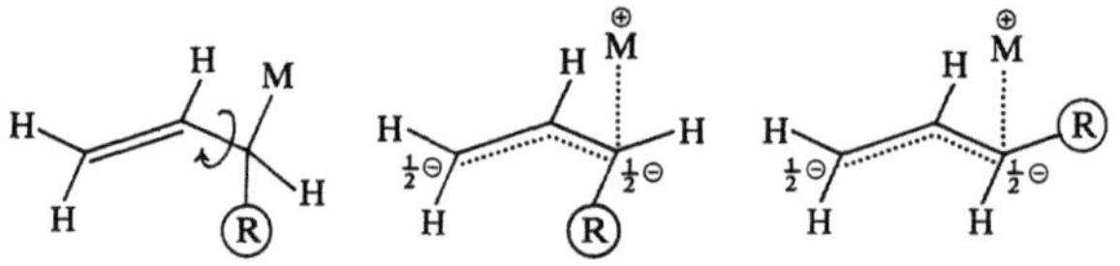

35a   *35b*   *35c*

---

[107] R. *Waack* und M. A. *Doran*, J. Amer. chem. Soc. **85**, 1651 (1963); R. *Waack*, L. D. *McKeever* und M. A. *Doran*, Chem. Commun. **1969**, 117.
[108] R. *Waack* und M. A. *Doran*, Chem. and Ind. **1962**, 1290; J. phys. Chem. **67**, 148 (1963); **68**, 11 (1964). R. *Waack*, M. A. *Doran* und P. E. *Stevenson*, J. Amer. chem. Soc. **88**, 2109 (1966).

Wie aus kernresonanzspektroskopischen Untersuchungen folgt, entscheiden nicht allein sterische Effekte über die Lage des sich zwischen den Rotationsisomeren einstellenden[109] Gleichgewichtes. Während der Phenyl-Rest des metallierten Allylbenzols (36) noch hauptsächlich die sterisch nicht behinderte „außen"-Position („trans" zur benachbarten 1½-Bindung) besetzt[110], sind in einer Ammoniak-Lösung des isoelektronischen Phenylacetaldehyds (37) beide Isomere bereits in annähernd gleichen Mengen vertreten[111]. Nicht unerwartet[112] bevorzugt dann schließlich die Methyl-Gruppe des Butenylbenzol-Anions (38, Phenyl „außen") eindeutig die Innenseite des Allyl-Systems[113].

36: R = H$_5$C$_6$, Y = CH$_2$
37: R = H$_5$C$_6$, Y = O
38: R = H$_3$C, Y = C—C$_6$H$_5$
                         |
                         H

IR-Spektren weisen die gestreckte Zickzackform 39 als das in wäßriger sowie Dimethylsulfoxid-Lösung absolut vorherrschende Rotationsisomer des Malondialdehyd-Anions aus[114].

39

Die IR-Spektroskopie eignet sich auch vor allem zur Beantwortung der Frage nach dem bevorzugten Bindungsort des Metalls in unsymmetrisch substituierten Allyl-metall-Verbindungen und deren Hetero-Ana-

---

[109] Analyse der Konstitutions- und Konfigurationsänderungen von Allylmetall-Verbindungen mittels temperaturabhängiger Kernresonanzspektroskopie: *J. E. Nordlander* und *J. D. Roberts,* J. Amer. Soc. **81,** 1769 (1959). *C. S. Johnson, W. A. Weiner, J. S. Waugh* und *D. Seyferth,* J. Amer. chem. Soc. **83,** 1306 (1961). *G. M. Whitesides, J. E. Nordlander* und *J. D. Roberts,* Discussions Faraday Soc. **34,** 185 (1962). *H. H. Freedman, V. R. Sandel* und *B. P. Thill,* J. Amer. chem. Soc. **89,** 1762 (1967). *P. West, J. I. Purmort* und *S. V. McKinley,* J. Amer. chem. Soc. **90,** 797 (1968). *H. E. Zieger* und *J. D. Roberts,* J. org. Chemistry **34,** 1976 (1969). Vgl. auch *L. A. Fedorov,* Russ. chem. Reviews **39,** 655 (1970).
[110] *V. R. Sandel, S. V. McKinley* und *H. H. Freedman,* J. Amer. chem. Soc. **90,** 495 (1968).
[111] *G. J. Heiszwolf* und *H. Kloosterziel,* Rev. Trav. chim. Pays-Bas **86,** 1345 (1967).
[112] *S. Bank, A. Schriesheim* und *C. A. Rowe,* J. Amer. chem. Soc. **87,** 3244 (1965); *S. Bank,* J. Amer. chem. Soc. **87,** 3245 (1965).
[113] *H. Kloosterziel* und *J. A. A. Van Drunen,* Rec. Trav. chim. Pays-Bas **87,** 1025 (1968). — Weitere einschlägige Befunde: *H. Kloosterziel* und *J. A. A. Van Drunen,* Rec. Trav. chim. Pays-Bas **89,** 37, 270 (1970).
[114] *N. Bacon, W. O. George* und *B. H. Stringer,* Chem. and Ind. **1965,** 1377.

logen[115]. Sie stellt sich unabhängig von dem Grad der Planarität, den das System erreicht hat, da selbst im Falle perfekter Delokalisation das Metall eine Stelle hoher Elektronendichte, also die Nähe eines der beiden Allyl-*Enden*, aufsuchen möchte.

Das — noch beträchtlich „kovalente" — Butenylmagnesiumbromid erweist sich im wesentlichen als Gemisch aus einem *cis*- und einem *trans*-Crotenyl-Derivat (*40* bzw. *42*). Die Konzentration der stellungsisomeren *sekundären* Grignard-Verbindung *41* im Gleichgewicht ist zu gering, um infrarotspektroskopisch aufgespürt werden zu können[116].

In Alkalimetall-enolaten ist, wie die langwellige Verschiebung der Carbonyl-Frequenz um rund 100 cm^{-1} verrät, der Sauerstoff der Ort höchster Ladungsdichte und somit vermutlich auch günstigster Bindungspartner des Metalls[117, 118]. In Natrium-acetonitril scheint sich das Metall teils am Kohlenstoff, teils am Stickstoff aufzuhalten[119].

1.4. Ionentrennung durch Solvatation

Je schwächer eine organometallische Bindung bereits geworden ist, um so verlockender muß es für das Metall sein, auf den Kontakt zum Kohlenstoff gänzlich zu verzichten und stattdessen eine weitere Solvensmolekel in seine Koordinationshülle aufzunehmen. Es resultiert dann ein *solvens-getrenntes Ionenpaar* („Persolvat-Ionenpaar"): zwischen Metall-Kation und Carbanion hat sich eine — aber nur eine einzige! — Lösungsmittelmolekel eingeschoben. Die verbleibende elektrostatische Anzie-

---

[115] Es sei daran erinnert, daß auch die einwandfrei „salzartigen" Alkalimetall-bromide oder Metall-cobalt-carbonyle metall-spezifische Streckschwingungen ausführen [*W. F. Edgell, A. T. Watts, J. Lyford* und *W. M. Risen*, J. Amer. chem. Soc. **88**, 1815 (1966). *B. W. Maxey* und *A. I. Popov*, J. Amer. chem. Soc. **89**, 2230 (1967)].
[116] *B. Gross*, Bull. Soc. chim. France **1967**, 3605.
[117] *H. D. Zook, T. J. Russo, E. F. Ferrand* und *D. S. Stotz*, J. org. Chemistry **33**, 2222 (1968).
[118] Ähnliche Schlußfolgerungen stützen sich auf NMR-Spektren: *G. Stork* und *P. F. Hudrlik*, J. Amer. chem. Soc. **90**, 4462, 4464 (1968).
[119] *C. Krüger*, J. organomet. Chem. **9**, 125 (1967).

hung reicht aus, um ein weiteres „Auseinandertreiben" der Ionen zunächst zu verhindern; das solvens-getrennte Ionenpaar tritt also genau wie eine Kontakt-Spezies als kinetische Einheit in Erscheinung[120].

Ob das Kontakt- oder das solvens-getrennte Ionenpaar energieärmer ist, richtet sich in erster Linie nach der Solvatationsenergie des *Metalls* und der Mesomeriestabilisierung des Carbanions. Eine zusätzliche Stabilisierung ausgedehnt-delokalisierter Carbanionen durch *Van der Waals*-Kräfte spielt demgegenüber eine offenbar untergeordnete Rolle.

Tetrahydrofuran und der chelatisierende Glykoldimethyläther sind die einfachsten Lösungsmittel, mit denen sich die Umgestaltung von Kontaktspezies zu solvens-getrennten Ionenpaaren herbeiführen läßt. Ihnen weit überlegen sind langkettige[121], monocyclische[122,123] oder bicyclische[124] Polyäther von der Art des Tri- oder Tetraglykoldimethyläthers *(43* bzw. *44)* und des Hexaoxacyclooctadecans *(45).* Während nämlich zur vollständigen Umhüllung von Lithium-Ionen vier[125], von Natrium-Ionen vermutlich sechs Molekeln Tetrahydrofuran gebraucht werden, genügt hierzu jeweils eine einzige Polyäther-Molekel — im Hinblick auf die Solvatationsentropie ein außerordentlicher Vorteil.

Die Elektronenspektren zeigen gewöhnlich den Übergang von Kontakt-Spezies zu solvens-getrenntem Ionenpaar zuverlässig an. Durch das Eindringen einer Solvens-Molekel zwischen die paarweise zusammengehaltenen Ionen büßt das Metall jeden unmittelbaren Einfluß auf die Elektronen des Carbanions ein. Der Ladungsüberschuß kann sich von jetzt an ungestört über das ganze mesomeriefähige System ausbreiten. Die Spektren solvens-getrennter Ionenpaare sind daher von der Art des

---

[120] Die Existenz von Kontakt- und solvens-getrennten Ionenpaaren als thermodynamisch definierte Spezies und der *abrupte* Übergang zwischen beiden Arten scheint für Organolithium vom Benzyl-Typ typisch, dagegen für analoge Natrium-, Kalium- und Cäsium-Derivate nicht obligatorisch zu sein: *T. Shimomura, K.J. Tölle, J. Smid* und *M. Szwarc,* J. Amer. chem. Soc. **89**, 796 (1967). *T. Shimomura, J. Smid* und *M. Szwarc,* J. Amer. chem. Soc. **89**, 5743 (1967). — Vergleichende Übersicht über das Auftreten und die Eigenschaften organometallischer Kontakt-Spezies, solvensgetrennter Ionenpaare und freier Ionen: *M. Szwarc,* Accounts chem. Res. **2**, 87 (1969).
[121] *L.L. Chan* und *J. Smid,* J. Amer. chem. Soc. **89**, 4547 (1967). *L.L. Chan, K.H. Wong* und *J. Smid,* J. Amer. chem. Soc. **92**, 1955 (1970).
[122] *C.J. Pedersen,* J. Amer. chem. Soc. **89**, 7017 (1967); J. Amer. chem. Soc. **92**, 386, 391 (1970). *J. Dale* und *P.O. Kristiansen,* Chem. Commun. **1971**, 670.
[123] *T.E. Hogen-Esch* und *J. Smid,* J. Amer. chem. Soc. **91**, 4580 (1969). *W.T. Ford,* J. Amer. chem. Soc. **92**, 2857 (1970).
[124] *B. Dietrich, J.M. Lehn* und *J.P. Sauvage,* Tetrahedron Letters **1969**, 2885, 2889. *J.M. Lehn,* Chimia **25**, 64 (1971); *J.M. Lehn* und *J.P. Sauvage,* Chem. Commun. **1971**, 440; *B. Metz, D. Moras* und *R. Weiss,* Chem. Commun. **1971**, 444.
[125] *R. Waack, M.A. Doran* und *P.E. Stevenson,* J. Amer. chem. Soc. **88**, 2109 (1966).

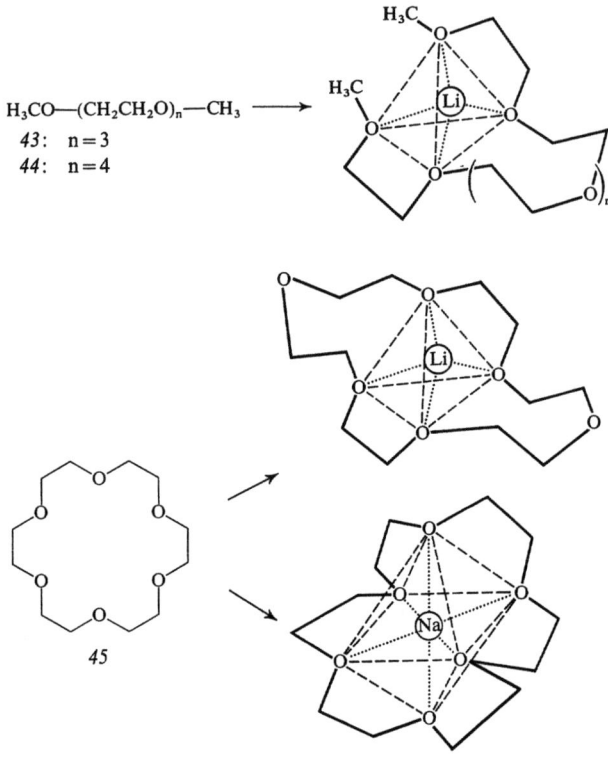

H₃CO—(CH₂CH₂O)ₙ—CH₃
43: n = 3
44: n = 4

45

Kations und außerdem auch — wegen mangelnder Carbanion-Solvens-Wechselwirkungen — von der Art des Lösungsmittels so gut wie unabhängig.

Typisch ist das spektrale Verhalten der 9-Fluorenyl-alkalimetall-Verbindungen. Das Absorptionsmaximum ihrer Kontakt-Spezies verschiebt sich mit wachsendem Kation-Radius nach langen Wellen. Nochmals längerwellig liegt die Hauptbande des solvens-getrennten Ionenpaares, dessen Spektrum, wie zu erwarten, mit dem der freien, dissoziierten Ionen (s. S. 36 ff.) praktisch identisch ist (Tabelle 6).

Ein Sonderfall ist bekannt, der sich nicht in das gewohnte Bild einfügt. Die Spektren der Phenoxydiphenylmethyl-alkalimetall-Verbindungen $(H_5C_6)_2CM$—OC_6H_5 (M = Li, Na, K) sind bereits in Tetrahydrofuran völlig kationunabhängig. Trotzdem verschiebt sich beim Überwechseln in Glykoldimethyläther das Absorptionsmaximum neuerlich um 10 nm langwellig und gewinnt auch an Intensität. Wegen der

Tabelle 6. *Absorptionsmaxima der 9-Fluorenyl-alkalimetall-Verbindungen (in Tetrahydrofuran bei 25 °C)*[126]

	Kation-Radius [Å]	λ_{max} [nm]
$\overset{\ominus}{\text{Li}}$-Kontakt-Ionenpaar	0,60	349
$\overset{\oplus}{\text{Na}}$-Kontakt-Ionenpaar	0,96	356
$\overset{\oplus}{\text{K}}$-Kontakt-Ionenpaar	1,33	362
$\overset{\oplus}{\text{Cs}}$-Kontakt-Ionenpaar	1,66	364
$(C_4H_9)_4\overset{\oplus}{\text{N}}$-Kontakt-Ionenpaar	3,5	368
solvens-getrennte Ionenpaare	4,5	373
freies („dissoziiertes") Fluorenyl-Anion	—	374

strengen Befolgung des *Lambert-Beer*-Gesetzes dürfen in beiden Lösungsmitteln dissoziierte Ionen außer Betracht bleiben[127]. Einen Ausweg aus dem scheinbaren Widerspruch öffnet die Annahme einer neuen Teilchen-Art (*46*) in der Tetrahydrofuran-Lösung. Sie wäre gekennzeichnet durch eine Bindungsbeziehung des Metalls, die zwar kein Kohlenstoff-Atom, dafür aber das Sauerstoff-Atom des Phenoxy-Restes in Anspruch nimmt; erst in Glykoldimethyläther würde das echte solvens-getrennte Ionenpaar (*47*) erreicht.

46 (λ_{max} = 450 nm)   *47* (λ_{max} = 460 nm)

Eine systematische Studie der Fluorenylmetall-Spektren unterstreicht die immense Bedeutung der Kation-Solvatation (Tabelle 7). Das kleine Lithium-Ion verbucht bereits in Tetrahydrofuran-Lösung einen ausreichenden Gewinn an Solvatationsenergie, um ein Vorherrschen der

---
[126] T. E. Hogen-Esch und J. Smid, J. Amer. chem. Soc. **88**, 307, 318 (1966).
[127] G. Wittig und E. Stahnecker, Liebigs Ann. Chem. **605**, 69 (1957).

solvens-getrennten Spezies zu gewährleisten. Dagegen verharren Fluorenylkalium und -cäsium vollständig im Ionen-Kontakt; die Wechselwirkungen zwischen dem großen Cäsium-Ion und dem Tetrahydrofuran sollen sogar so schwach sein, daß selbst das *freie* Kation weitgehend unsolvatisiert bleibt [126].

Tabelle 7. *Anteil der solvens-getrennten Ionenpaare am Ionen-Gleichgewicht der 9-Fluorenyl-alkali-metall-Verbindungen bei 25 °C* [126]

	Lösungsmittel	
	Tetrahydrofuran	Glykoldimethyläther
M = Li	80 %	100 %
M = Na	5 %	95 %
M = K	0 %	10 %
M = Cs	0 %	0 %

Diäthyläther, Dioxan und 2-Methyl-tetrahydrofuran solvatisieren schlechter, Glykoldimethyläther (vgl. Tabelle 7), Oxetan und Pyridin besser als Tetrahydrofuran. Auch Alkylsubstitution am carbanionischen Kohlenstoff fördert die Ladungstrennung: der Anteil des solvens-getrennten Ionenpaares des 9-(2-Hexyl-)9-fluorenyl-lithiums am Ionengleichgewicht ist, je nach Lösungsmittel, 5- bis 50mal höher als der des 9-Fluorenyl-lithiums selbst [128].

Der Aufbau einer Solvathülle rings um ein Metall-Ion ist zwar ein exothermer Prozeß, muß aber wegen der beträchtlichen Zunahme des Ordnungsgrades mit einer hohen negativen Reaktionsentropie erkauft werden. Temperaturerniedrigung begünstigt also das solvens-getrennte Ionenpaar, und umgekehrt Temperaturerhöhung das Kontakt-Ionenpaar. Als Folge davon kommt es beim Abkühlen einer Fluorenylnatrium-Lösung in Tetrahydrofuran zu einer rigorosen Umgestaltung des Spektrums (Abb. 5). Die Bande bei 356 nm wird zugunsten einer neuen Bande bei 373 nm zurückgebildet, bis sie bei −50 °C nur noch als Schulter in der Flanke des neuen, intensiveren Absorptionsmaximums zu erkennen

---

[128] *L.L. Chan* und *J. Smid*, J. Amer. chem. Soc. **90**, 4654 (1968). — Sterische Hinderung scheint *allgemein* die Trennung organometallischer Bindungen zu fördern. So bilden Triphenylmethyllithium und 9-t-Butylfluorenyllithium in Cyclohexylamin ausschließlich solvensgetrennte Teilchen, während entsprechende Lösungen von Fluorenyllithium und Indenyllithium, obgleich *weniger* basisch, noch beträchtliche Anteile an Kontakt-Spezies enthalten (*A. Streitwieser, C.J. Chang, W.B. Hollyhead* und *J.R. Murdoch*, unveröffentlicht; *A. Streitwieser, C.J. Chang* und *D.M.E. Reuben*, unveröffentlicht).

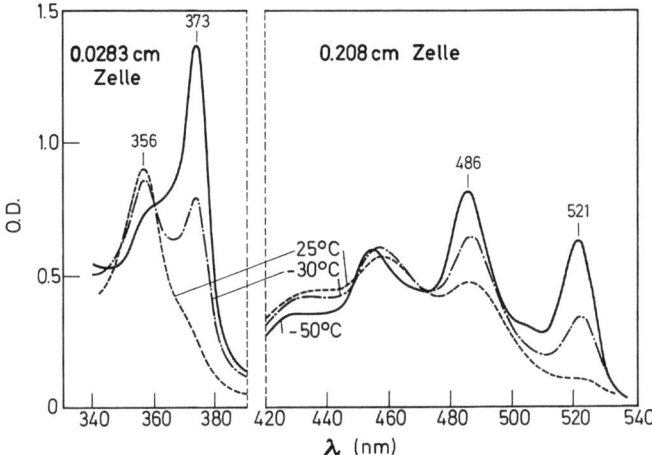

Abb. 5. Temperaturabhängiges Elektronenspektrum des 9-Fluorenyl-natriums in Tetrahydrofuran

ist. Zugleich tauchen im langwelligen Bereich bei 486 und 521 nm zwei neue, intensive Banden auf[126].

Die spektralen Veränderungen lassen sich durch Erwärmen rückgängig machen, sind beliebig reproduzierbar und sprechen weder auf Verdünnung noch auf Zusatz löslicher Natrium-Ionen an. Damit handelt es sich eindeutig um einen reversiblen Übergang zwischen zwei *nichtdissoziierten* Spezies, eben dem Kontakt- und dem solvens-getrennten Ionenpaar. Die Umwandlung ist durch die Enthalpie- und Entropieparameter $\Delta H° = -7$ kcal/mol und $\Delta S° = -33$ Clausius gekennzeichnet[126].

Als eine ebenso leistungsfähige Sonde wie die Elektronenspektroskopie kann auch die *Elektronenspinresonanz* zu Aufklärung der Ionenstruktur herangezogen werden. Freilich ist ihre Anwendbarkeit auf Organometalle mit ungepaarten Elektronen, also auf π-System-Metall-1:1-Addukte (*„Radikalanionen"*)[129], begrenzt. Die auf diesem Gebiet nach beiden Methoden erhaltenen Ergebnisse bestätigen sich gegenseitig in eindrucksvoller Weise.

In Diäthyläther und Dioxan werden die Addukte durchweg als Kontakt-Spezies angetroffen, wovon unter anderem die mit dem Metall-Radius zunehmende Rotverschiebung des Absorptionsmaximums Zeug-

---

[129] Übersichten: *C.B. Wooster*, Chem. Reviews **11**, 37, 48 (1932). *E. DeBoer*, Adv. organomet. Chem. **2**, 115 (Academic Press, New York 1964). *E.T. Kaiser* und *L. Kevan*, (Hsg.), Radical Ions, Interscience Publ., New York, 1968.

nis ablegt [130]. Auch in Tetrahydrofuran bleiben die Ionen des Naphthalin-Natriums (Natrium-naphthalinid, Natrium-dihydronaphthylid, *48*) — ebenso wie die des Fluorenyl-natriums (s. S. 30)! — „auf Tuchfühlung". Lediglich das sperrige Tetraphenyläthylen-Mononatrium (*49*) macht hier eine Ausnahme: sein Ionenpaar ist solvens-getrennt [131, 132].

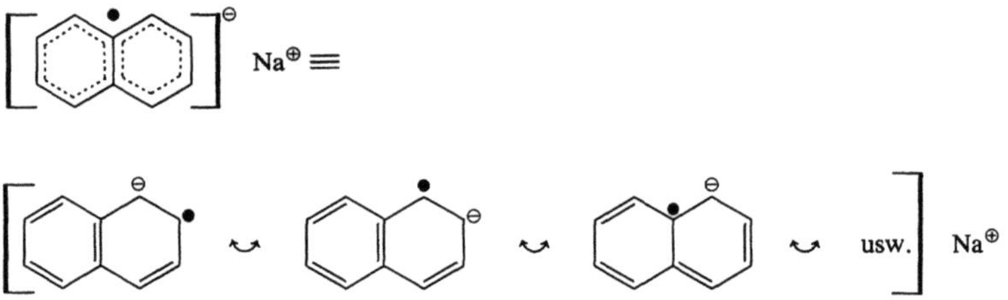

48

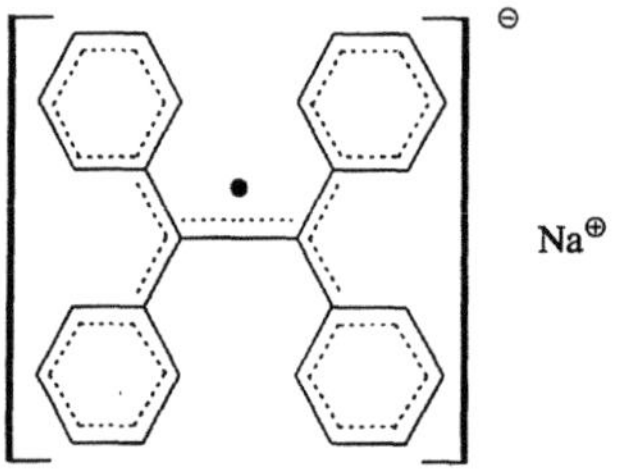

49

Wiederum ganz analog dem 9-Fluorenyl-natrium wird auch das Naphthalin-Natrium beim Überwechseln von Tetrahydrofuran- zu Glykoldimethyläther-Lösung aus der Kontakt-Ionenpaarstruktur entlassen und zum solvens-getrennten Ionenpaar aufgespreitet. Die Strukturänderung spiegelt sich in einer drastischen Vereinfachung des ESR-Spektrums wider: die 100 Signallinien der Kontakt-Spezies, die durch

---

[130] D. J. Morantz und E. Warhurst, Trans. Faraday Soc. **51**, 1375 (1955). H. V. Carter, B. J. McClelland und E. Warhurst, Trans. Faraday Soc. **56**, 343 (1960). A. Matthias und E. Warhurst, Trans. Faraday Soc. **56**, 348 (1960). H. V. Carter, B. J. McClelland und E. Warhurst, Trans. Faraday Soc. **56**, 355 (1960). D. E. Paul, D. Lipkin und S. I. Weissman, J. Amer. chem. Soc. **78**, 119 (1956). P. Balk, G. J. Hoijtink und J. W. H. Schreurs, Rec. Trav. chim. Pays-Bas **76**, 813 (1957). E. DeBoer und S. I. Weissman, Rec. Trav. chim. Pays-Bas **76**, 824 (1957).

[131] R. C. Roberts und M. Szwarc, J. Amer. chem. Soc. **87**, 5542 (1965).

[132] Den UV-Spektren [R. Waack und M. A. Doran, J. Amer. chem. Soc. **85**, 1651 (1963). S. Boileau, P. Sigwalt und N. d'Haeyer, Bull. Soc. chim. France **1968**, 1054] und auch NMR-Spektren [V. R. Sandel und H. H. Freedman, J. Amer. chem. Soc. **85**, 2328 (1963); dort allerdings andere Deutung] zufolge scheint dagegen das Tripehnylmethyl-natrium in Tetrahydrofuran noch den Kontakt-Verbund beizubehalten.

Spinkopplung des ungepaarten Elektrons mit den je vier gleichartigen Wasserstoffkernen in α- und β-Stellung sowie dem Natriumkern (Spin 3/2!) zustande kommen, kollabieren zu einem 25 Linien-Spektrum, sobald die Wechselwirkung mit dem Natrium-Ion unterbunden ist [133, 134].

Liegen beide Teilchenarten nebeneinander in einem dynamischen Gleichgewicht vor, so verringert sich die vom Metall herrührende Aufspaltung in einer von den relativen Konzentrationen abhängigen Weise. Zieht man außerdem die *Temperaturabhängigkeit der Linienbreiten* der Signale und ihre temperaturbedingte Änderung in Betracht, dann gelingt es, dem Übergang zwischen Kontakt- und solvens-getrennten Ionenpaaren Reaktions- und Aktivierungsparameter zuzuordnen. Erneut erweist sich die Kation-Solvatation — und übrigens auch die Ionenpaar-Dissoziation (S. 36 ff.) — als ein exothermer Prozeß, der aber mit stark negativer Entropieänderung belastet ist. Die Aktivierungsbarrieren zwischen den einzelnen Spezies sind niedrig; die Geschwindigkeitskonstanten für die wechselseitige Umwandlung von Kontakt- und solvens-getrennten Ionenpaaren des Naphthalin-Natriums erreichen in Tetrahydrofuran bei $-35\,°C$ 10^8 sec^{-1} [135, 136].

In Diäthyläther existieren nebeneinander zwei Arten von Kontakt-Ionenpaaren. Den Unterschieden in ihren Enthalpien und Entropien zufolge könnte in dem einen Falle das Kation peripher, in dem anderen Falle überhaupt nicht solvatisiert sein. Folgerichtig wäre dann anzunehmen, daß in Tetrahydrofuran die meisten Kontakt-Ionenpaare peripher solvatisiert sind [136].

Unbekannt bleibt der genaue Aufenthaltsort des Natriums. Das ESR-Spektrum verrät lediglich, daß das Metall im Zeitmittel gleich oft in der Nähe eines jeden der vier α-ständigen sowie der vier β-ständigen Wasserstoffe anzutreffen ist. Das bedeutet jedoch keinesfalls, das Natrium müsse in jedem einzelnen Augenblick über dem Mittelpunkt der Naphthalin-Scheibe ruhen (*48a*). Vielmehr könnte es rasch, und somit für die beobachtungsträge ESR-Methode unsichtbar, zwischen verschiedenen Bindungsorten, sei es über einem der beiden Sechsringe (*48b*), sei es über einem einzelnen Kohlenstoff-Atom (*48c*) oder sei es gar neben einer Sechsringkante (*48d*), hin- und herpendeln [137].

---

[133] *N. M. Atherton* und *S. I. Weissman*, J. Amer. chem. Soc. **83**, 1330 (1961). *P. J. Zandstra* und *S. I. Weissman*, J. Amer. chem. Soc. **84**, 4408 (1962).
[134] *C. Carvajal, J. K. Tolle, J. Smid* und *M. Szwarc*, J. Amer. chem. Soc. **87**, 5548 (1965). *P. Chang, R. V. Slates* und *M. Szwarc*, J. physic. Chem. **70**, 3180 (1966).
[135] *N. Hirota, R. Carraway* und *W. Schook*, J. Amer. chem. Soc. **90**, 3611 (1968).
[136] *N. Hirota*, J. Amer. chem. Soc. **90**, 3603 (1968).
[137] Vgl. aber auch *E. DeBoer* und *E. L. Mackor*, J. Amer. chem. Soc. **86**, 1513 (1964).

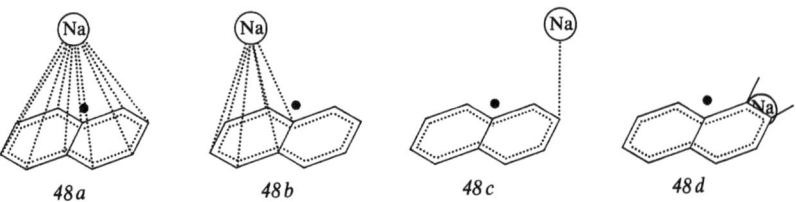

48a   48b   48c   48d

Das ungepaarte Elektron eines Radikalanions kann sich — jedenfalls nach Maßgabe der ESR-Zeitskala — gleichmäßig über zwei konjugierte π-Systeme ausbreiten, auch wenn diese nicht parallel ausgerichtet sind. Eine solche Art Ladungsdelokalisation besteht beispielsweise im (solvens-getrennten) Kalium-Addukt des Hexa-t-butyl-tolans[138] (50).

50

Bei nicht-planarer Verknüpfung zweier Elektronenakzeptor-Systeme *unterschiedlicher* Kapazität entscheidet sich das ungepaarte Elektron für die Molekel-Hälfte mit den größeren Mesomeriemöglichkeiten. Wie das ESR-Aufspaltungsbild lehrt, wird der Elektronenüberschuß des o-Terphenyl-Radikalanions (51) längerfristig nur im Bereich *zweier* Ringe angetroffen, während er im p-Terphenyl-Radikalanion (52) in allen drei aromatischen Ringen delokalisiert ist[139]. Die ESR-Spektroskopie vermag somit, wie selbstverständlich schon die Elektronenanregung[140], auch Auskunft über die *Ausdehnung* eines mesomeren Carbanions zu geben.

51   52

---

[138] H. E. Zimmerman und J. R. Dodd, J. Amer. chem. Soc. **92**, 6507 (1970).
[139] K. H. Hausser, L. Mongini und R. van Steenwinkel, Z. Naturforsch. **19a**, 777 (1964).
[140] Z.B.: K. Hafner und K. Goliasch, Angew. Chem. **74**, 118 (1962). G. Häfelinger und A. Streitwieser, Chem. Ber. **101**, 657, 672, 2785 (1968).

Ionentrennung durch Solvatation

Hetero-atome bewirken einen festeren Zusammenhalt der Kontakt-Spezies. So bildet das intensiv violett gefärbte 1:1-Addukt (*53*) des Benzophenons mit Natrium auch in Glykoldimethyläther praktisch nur Kontakt-Ionenpaare[141]. Der Sauerstoff wird dabei als Bindungsort des Metalls wohl absoluten Vorrang genießen.

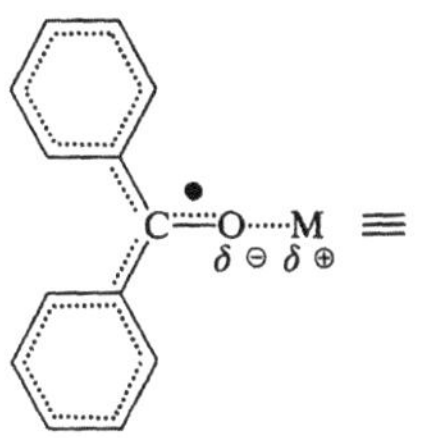

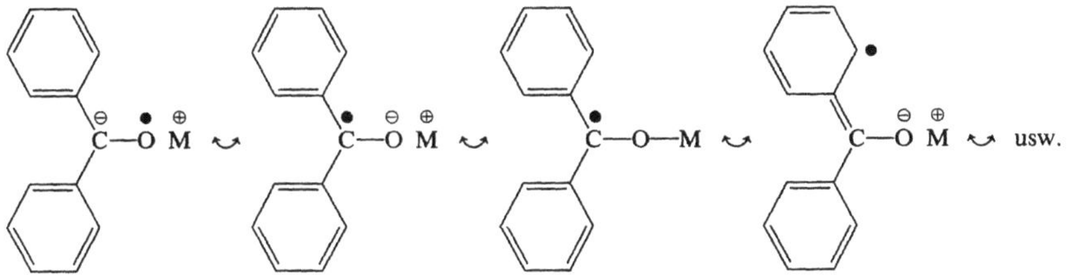

53

Zu einer Einschiebung von Solvens-Molekeln zwischen die entgegengesetzt geladenen Ionen kommt es erst, wenn zwei derartige *Ketyle* (Keton-Metall-1:1-Addukte) zu einem Aggregat zusammentreten. Wie im Falle des Fluorenon-Mononatriums nachgewiesen[142], nimmt dann

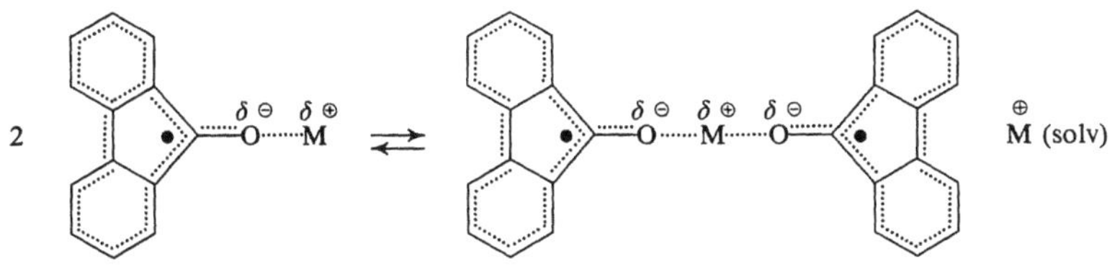

54

---

[141] P. B. *Ayscough* und R. *Wilson*, Proc. chem. Soc. **1962**, 229; J. chem. Soc. (London) **1963**, 5412. — Zur Frage des Auftretens solvens-getrennter Alkalimetall-ketyle sowie dimerer Ketyl-Aggregate („Ionen-Quadrupletts") s. N. *Hirota* und S. I. *Weissman*, J. Amer. chem. Soc. **86**, 2537 (1964). N. *Hirota*, J. Amer. chem. Soc. **89**, 32 (1967).
[142] N. *Hirota* und S. I. *Weissman*, Molec. Phys. **5**, 537 (1962).

das zweite Metall-Kation eine Kontakt-Beziehung zu *beiden* Radikalanionen auf (*54*).

Über je eine kontakt-bewahrende und eine solvens-getrennte Metall-Kohlenstoff-Bindungsbeziehung verfügt auch das Tetraphenyläthylen-Dilithium (*55*) in Tetrahydrofuran-Lösung. Das entsprechende Olefin-*Natrium*-1:2-Addukt betätigt im gleichen Lösungsmittel ausschließlich Kontakt-Ionenbindungen [126, 131, 143].

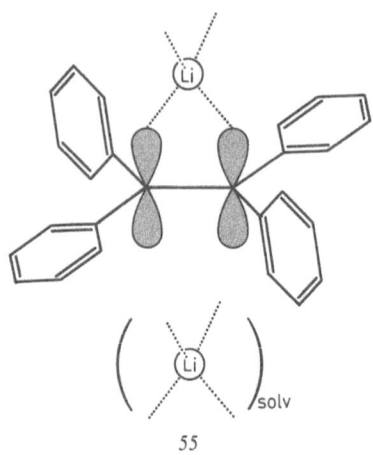

55

1.5. Ionen-Dissoziation

Wir haben bislang zwei Stadien solvensbedingter Bindungsschwächung kennengelernt, die ein anfangs unsolvatisiertes, polares Organometall (*56*) durchlaufen kann: peripher solvatisierte Kontakt-Spezies (*57*)

$$R_3C^{\ominus}\text{---}M^{\oplus} \rightleftarrows R_3C^{\ominus}\text{---}M^{\oplus}\begin{smallmatrix}\text{Solv}\\\text{---Solv}\\\text{Solv}\end{smallmatrix} \rightleftarrows \left\{R_3C^{\ominus}\quad\begin{smallmatrix}\text{Solv}\\\text{M}^{\oplus}\\\text{Solv}\quad\text{Solv}\end{smallmatrix}\right\} \rightleftarrows R_3C^{\ominus} + \begin{smallmatrix}\text{Solv}\\\text{M}^{\oplus}\\\text{Solv}\quad\text{Solv}\end{smallmatrix}$$

56	57	58	59
unsolvatisierte Kontakt-Spezies*	peripher solvatisierte Kontakt-Spezies*	solvens-getrenntes Ionenpaar*	dissoziierte, freie Ionen*

---

* Streng genommen kommt dem Metall in allen Strukturen nur eine *partiell* positive, dem Carbanion in 55 und 56 nur eine *partiell* negative Ladung zu.

[143] *J.F. Garst* und *E.R. Zabolotny*, J. Amer. chem. Soc. **87**, 495 (1965).

und solvens-getrenntes Ionenpaar (58). Eine letzte Station wird schließlich mit den frei beweglichen, dissoziierten Ionen (59) erreicht.

Die elektrolytische Dissoziation eines Organometalls erfordert zweierlei. Zunächst muß die Solvatationsfähigkeit des Lösungsmittels ausreichen, um den Kohlenstoff aus seiner Koordination an das Metall zu verdrängen — mit anderen Worten, die Kontakt-Spezies in ein solvensgetrenntes Ionenpaar überzuführen. Darüber hinaus muß das Lösungsmittel ein gutes Dielektrikum sein, damit die entgegengesetzt geladenen Ionen ihre elektrostatische Anziehung überwinden und auseinanderdriften können.

Solvens-getrennte Ionenpaare und dissoziierte Ionen unterscheiden sich im Spektralverhalten kaum und in ihrer chemischen Reaktivität wenig. Völlige Verschiedenheit herrscht jedoch in elektrochemischer Hinsicht: nur frei bewegliche Ladungsträger vermögen den elektrischen Strom zu leiten. Auf diese Eigenschaft stützt sich der klassische Nachweis einer Dissoziation [144].

Die Dissoziationskonstanten lassen sich aus den Äquivalenzleitfähigkeiten, zumindest im Näherungsverfahren, berechnen [144]. Danach verspüren Organometalle, selbst wenn sie intensiv mesomerie-stabilisiert sind, in Diäthyläther, Tetrahydrofuran und anderen schwach polaren Solvenzien ebenso wenig Neigung, den Ionen-Verbund aufzugeben [145], wie dies für anorganische Metallsalze bekannt ist [146-148]. Beispielsweise wurden für das Cyclopentadienyl-lithium, -natrium und -kalium in Tetrahydrofuran-Lösung Dissoziationskonstanten zwischen 10^{-8} und 10^{-11} abgeschätzt [148]. Für Fluorenyl-lithium, -natrium und -cäsium in Tetrahydrofuran ermittelte man $44 \cdot 10^{-7}$, $7{,}5 \cdot 10^{-7}$ bzw. $0{,}15 \cdot 10^{-7}$ (bei 20 °C) [149]. Ähnlich groß ist die Dissoziationsneigung des Naphthalin-Natrium-1:1-

---

[144] G. Kortüm, Lehrbuch der Elektrochemie, 4. Auflage, Verlag Chemie, Weinheim 1966, Kap. 9, speziell S. 245–250. *F. Accascina* und *R. M. Fuoss*, Electrolytic Conductance, Wiley, New York 1959.

[145] *W. Schlenk* und *E. Marcus*, Ber. dtsch. chem. Ges. **47**, 1664 (1914). *N. W. Kondryew* und *D. P. Manojew*, Ber. dtsch. chem. Ges. **58**, 464 (1925). *N. W. Kondryew* und *A. K. Ssusi*, Ber. dtsch. chem. Ges. **62**, 1856 (1929).

[146] *R. M. Fuoss* und *C. A. Kraus*, J. Amer. chem. Soc. **55**, 1019 (1933). *W. V. Evans*, *F. H. Lee*, J. Amer. chem. Soc. **55**, 1474 (1933). *D. N. Bhattacharyya*, *C. L. Lee*, *J. Smid* und *M. Szwarc*, J. physic. Chem. **69**, 608 (1965).

[147] *C. A. Kraus* und *R. M. Fuoss*, J. Amer. chem. Soc. **55**, 2387 (1933).

[148] *W. Strohmeier*, *F. Seifert* und *H. Landsfeld*, Z. Elektrochem., Ber. Bunsenges. **66**, 312 (1962). *W. Strohmeier*, *H. Landsfeld* und *F. Gernert*, Z. Elektrochem., Ber. Bunsenges. **66**, 823 (1962).

[149] *T. E. Hogen-Esch* und *J. Smid*, J. Amer. chem. Soc. **88**, 318 (1966). — In Cyclohexylamin beträgt die Dissoziationskonstante des Fluorenyllithiums rund 10^{-10} (*A. Streitwieser*, *W. M. Padgett* und *I. Schwager*, J. physic. Chem. **68**, 2922 (1964)).

Adduktes[150] in Tetrahydrofuran und des Polystyryl-cäsiums[151] in Glykoldimethyläther.

Ehe die Einzelionen ihre Unabhängigkeit erlangen können, muß die Dielektrizitätskonstante des Lösungsmittels einen bestimmten Schwellenwert übersteigen. Er dürfte mit dem Pyridin ($\varepsilon = 12$) erreicht sein. In diesem Solvens scheinen Triphenylmethyl-natrium sowie andere Di- und Triarylmethyl-metall-Verbindungen weitgehend dissoziiert aufzutreten[152]. Gleiches wird auch für Lösungen von Cyclopentadienylnatrium in flüssigem Ammoniak vermutet[153]. Ideale Dissoziationsbedingungen gewährt schließlich das Hexamethylphosphorsäuretriamid, worin sogar *beide* Natrium-Kationen des Tetraphenyläthylen-Dinatriums die vollständige Trennung vom Dianion vollzogen haben[154].

Wie ein Blick auf die Liste der gebräuchlichen Lösungsmittel lehrt (Tabelle 8), sind solche hoch polaren Solvenzien leider nur recht begrenzt einsatzfähig. Sie sind allenfalls gegenüber kräftig mesomerie-stabilisierten Organometallen resistent; mit reaktiveren Metall-Derivaten setzen sie sich rasch unter Wasserstoff-Metall-Austausch oder Anlagerungsreaktion um. So täuschte beispielsweise Diäthylzink, das früher gerne zur Messung organometallischer Leitfähigkeiten als Solvens benutzt wurde, regelmäßig erstaunlich hohe Dissoziationsgrade vor. In Wirklichkeit enthielten solche Lösungen gar nicht mehr das ursprüngliche Organometall, sondern einen daraus entstandenen Zink-at-Komplex[156].

Sehr aufschlußreich ist die Konzentrationsabhängigkeit der Äquivalenzkonduktivitäten. Bei vollständiger Dissoziation des Elektrolyten sollte sie konstante Werte annehmen. Sobald jedoch frei bewegliche Einzelionen mit Kontakt-Spezies oder solvens-getrennten Ionenpaaren in einem von Massenwirkungsgesetz beherrschten Gleichgewicht stehen, muß jede Erhöhung des Ionen-Angebots — sei es durch Steigerung der Elektrolyt-Konzentration, sei es durch Zusatz eines Salzes mit einem gemeinsamen Ion — die Äquivalenzleitfähigkeit absinken lassen.

---

[150] P. Chang, R.V. Slates und M. Szwarc, J. physic. Chem. **70**, 3180 (1966). C. Caravajal, J.K. Tolle, J. Smid und M. Szwarc, J. Amer. chem. Soc. **87**, 5548 (1965). N. Hirota, R. Carraway und W. Schook, J. Amer. chem. Soc. **90**, 3611 (1968).
[151] T. Shimomura, J. Smid und M. Szwarc, J. Amer. chem. Soc. **89**, 5743 (1967); vgl. D.J. Worsfold und S. Bywater, J. chem. Soc. (London) **1960**, 5234. D.N. Bhattacharyya, C.L. Lee, J. Smid und M. Szwarc, J. physic. Chem. **69**, 612 (1965). — Dissoziationskonstante des Polystyryl-natriums in Tetrahydrofuran: B.J. Schmitt und G.V. Schulz, Makomolek. Chemie **142**, 325 (1971).
[152] K. Ziegler und H. Wollschitt, Liebigs Ann. Chem. **479**, 123 (1930).
[153] G. Wilkinson, F.A. Cotton und J.M. Birmingham, J. inorg. nucl. Chem. **2**, 95 (1956).
[154] A. Cserhegyi, J. Jagur-Grodzinski und M. Szwarc, J. Amer. chem. Soc. **91**, 1892 (1969).
[156] G. Wittig, Angew. Chem. **70**, 65 (1958).

Tabelle 8. Dielektrizitätskonstanten[155] wichtiger Lösungsmittel sowie deren Beständigkeit gegenüber verschiedenen Klassen organometallischer Reagenzien

	DK (ε^{25})	Alkyl-natrium	Aryl-natrium, Aryl-kalium	Organo-lithium	Organo-beryllium, Organo-magnesium	Aromat-Metall-1:1-Addukte („Radikal-anionen")	Triphenylmethyl-natrium, andere intensiv carbo-mesomeriestabili-sierte Organometalle	Natrium-acetessigester, andere intensiv hetero-mesomeriestabilisierte Organometalle
Wasser	79	−	−	−	−	−	−	+
Dimethylsulfoxid	49	−	−	−	−	−	+	+
Nitromethan	39	−	−	−	−	−	−	+
Acetonitril	38	−	−	−	−	−	−	+
Dimethylformamid	37	−	−	−	−	−	+	+
Methanol	33	−	−	−	−	−	−	+
Hexamethylphosphor-säuretriamid	30	−	−	−	+	+	+	+
Äthanol	24	−	−	−	−	−	−	+
Ammoniak[a]	22	−	−	+	−	+	+	+
Aceton	21	−	−	+	−	−	−	+
Pyridin	12	−	−	+	−	−	+	+
t-Butanol	12	−	−	+	−	−	−	+
Dichlormethan	8,9	−	−	−	+	−	−	+
Glykoldimethyläther	7,4	−	−	+	+	+	+	+
Tetrahydrofuran	7,4	−	−	+	+	+	+	+
Diäthyläther	4,2	−	−	+	+	[b]	−	+
Benzol	2,3	−	+	+	+	[b]	+	+
Hexan	1,9	+	+	+	+		+	+

[a] Bei −33 °C
[b] Aromat-Metall-Addukte lassen sich in reinen Kohlenwasserstoff-Medien nicht herstellen

[155] B. Tchoubar, Bull. Soc. chim. France **1964**, 2069. C. Reichardt, Angew. Chem. **77**, 30 (1965). C. Carvajal, K.J.Tölle, J. Smid und M. Szwarc, J. Amer. chem. Soc. **87**, 5548 (1965). K. Kimura und R. Fujishiro, Bull. chem. Soc. Japan **39**, 608 (1966). A.J. Parker, Advances Phys. Org. Chem. **5**, 173 (1967). C. Reichardt, Lösungsmitteleffekte in der organischen Chemie, Chem. Taschenbuch-Serie, Verlag Chemie, Weinheim 1969.

In der Tat fallen die Leitfähigkeitskurven der meisten organometallischen Lösungen anfänglich mehr oder minder steil ab, wenn man sie von extremer Verdünnung herkommend und in Richtung auf höhere Konzentrationen hin fortschreitend aufträgt. Oftmals wird dieser Rückgang jedoch alsbald von einem Wiederanstieg der Äquivalenzleitfähigkeiten abgelöst. Dies ist ein Zeichen, daß der Elektrolyt nun in zunehmendem Maß Tripelionen (60) und größere „Ionenschwärme" ausbildet [144, 147].

$$3\,R^\ominus + 3\,M^\oplus \rightleftarrows 3\,R^{\delta\ominus}{-}M^{\delta\oplus} \rightleftarrows [RMR]^\ominus + [MRM]^\oplus$$

dissoziierte Kontakt-Spezies 60, Tripelionen
Ionen und/oder
 solvens-
 getrenntes
 Ionenpaar

Das Leitfähigkeitsminimum einer ätherischen Triphenylmethylnatrium-Lösung[157] sowie einer Tetrahydrofuran-Lösung von Cyclopentadienyl-lithium[148] liegt im Konzentrationsbereich zwischen 10^{-2} und 10^{-3} m, im Falle einer Lösung von Fluorenyl-lithium[158] in Cyclohexylamin nahe bei 10^{-3} m.

Besonders komplex ist die Konzentrationsabhängigkeit von Alkyl- und Aryl-Derivaten des Magnesiums und Lithiums. Ihre geringe Dissoziationsneigung äußert sich in geringen Leitfähigkeiten, die gewöhnlich bei 1—2 m Konzentration Maximalwerte annehmen. Das Überwechseln von Diäthyläther zu Tetrahydrofuran erhöht die Leitfähigkeit des Butyllithiums um mehr als zwei Größenordnungen, während die Leitfähigkeit von Organomagnesium je nach Struktur gesteigert oder vermindert, auf jeden Fall aber weit weniger beeinflußt wird[159].

---

[157] *E. Swift*, J. Amer. chem. Soc. **60**, 1403 (1938). *D.C. Hill, J. Burkus, S.M. Luck* und *C.R. Hauser*, J. Amer. chem. Soc. **81**, 2787 (1959).
[158] *A. Streitwieser, W.M. Padgett* und *I. Schwager*, J. physic. Chem. **68**, 2922 (1964).
[159] *N.W. Kondryew* und *A.K. Ssusi*, Ber. dtsch. chem. Ges. **62**, 1856 (1929). *W.V. Evans* und *R. Pearson*, J. Amer. chem. Soc. **64**, 2865 (1942). *W. Strohmeier, H. Landsfeld* und *F. Gernert*, Z. Elektrochem., Ber. Bunsenges. **66**, 823 (1962). *A.D. Vreugdenhil* und *C. Blomberg*, Rec. Trav. chim. Pays-Bas **83**, 1096 (1964).

2. Basizität

2.1. CH-Acidität und Aciditätskonstanten

„Die zwei fundamentalen Probleme der Chemie bestehen in der Voraussage von Gleichgewichtslagen bei reversiblen Reaktionen und der Voraussage von Reaktionsgeschwindigkeiten bei Umsetzungen, die nur in eine Richtung ablaufen"[160]. Die hier angesprochene Aufgabe läßt sich nur dann zufriedenstellend lösen, wenn es gelingt, Reaktivität auf der Grundlage molekularer Strukturen verständlich zu machen.

Die Organometall-Chemie bietet *Struktur/Reaktivitäts-Vergleichen* eine günstige Ausgangslage. Für das reaktive Verhalten einer organometallischen Base R_3CM (*1*) ist ihre Neutralisation (Gl. [1]) durch eine Säure HX so typisch, daß sie als Modellreaktion angesehen werden kann, auf die sich alle sonstigen organometallischen Umsetzungen zurückführen lassen.

$$R_3C-M + H-X \rightleftarrows R_3C-H + M-X \qquad [1]$$
$$\mathit{1}$$

Da in erster Linie der Einfluß des organischen Molekelrumpfes R_3C auf das Neutralisationsverhalten interessiert, wird man bestrebt sein, die Säure HX und das Metall M als variable Größen zu eliminieren. Zu diesem Zweck wählt man für die betrachteten Neutralisationsreaktionen als Norm einen Standardzustand — z.B. unendlich verdünnte wäßrige Lösung bei 25 °C —, der eine vollständige Ionendissoziation des Organometalls *1*, der Säure HX sowie des Metallsalzes MX gewährleistet. Nun vereinfacht sich das Säuren-Basen-Gleichgewicht [1] zum Protonierungsgleichgewicht [2] des Carbanions *2* oder — von rechts nach links gelesen — zum *Dissoziationsgleichgewicht* der „CH-Säure" *3*.

$$R_3\overset{\ominus}{C} + \overset{\oplus}{H} \rightleftarrows R_3C-H \qquad [2]$$
$$\mathit{2}\phantom{+\ \overset{\oplus}{H}\rightleftarrows\ R_3C-}\mathit{3}$$

Stellvertretend für das Organometall *1* erscheint jetzt also das Carbanion *2*. Zwischen beiden besteht eine enge, wenngleich nur qualitativ gül-

---

[160] M.J.S. *Dewar*, Hyperconjugation, Ronald Press, New York 1962, S. 106.

tige Wechselbeziehung. Je energiereicher das Carbanion 2 ist, um so reaktionsfähiger sind auch seine Metall-Derivate. Die Protonaffinität des Carbanions ($C^\ominus$-*Basizität*) und — als deren gegenläufig-proportionale Größe — die Dissoziationsneigung seiner konjugaten Säure (*CH-Acidität*) sind deshalb anschauliche und gebräuchliche Maße für das einer organometallischen Verbindung innewohnende „chemische Potential"[161].

Die durch das Gleichgewicht [2] gekennzeichnete „Eigendissoziation" ist bei inerter Umgebung selbst im Falle stärkster CH-Säuren zu gering, um zuverlässig gemessen werden zu können. Einen ausreichend hohen Dissoziationsgrad erreicht man nur in Gegenwart einer zweiten Base. Diese Base $A^\ominus$ steht ihrerseits mit einer konjugaten Säure HA im Gleichgewicht. Die Überlagerung der beiden individuellen Dissoziationsgleichgewichte [2] und [3] führt zu einem *zwei* Säure-Base-Paare enthaltenden Gleichgewicht [4]:

$$H-CR_3 \quad \xrightleftharpoons{K_{Diss}^{HCR_3}} \quad H^\oplus + CR_3^\ominus \qquad [2]$$

$$H-A \quad \xrightleftharpoons{K_{Diss}^{HA}} \quad H^\oplus + A^\ominus \qquad [3]$$

$$H-CR_3 + A^\ominus \quad \xrightleftharpoons{K^{HCR_3/HA}} \quad CR_3^\ominus + HA \qquad [4]$$

Die *Gleichgewichtskonstante* $K^{HCR_3/HA}$ beschreibt somit die Acidität der CH-Säure HCR_3 *relativ zur Vergleichssäure HA*.

Um umfassendere Aciditätsvergleiche anstellen zu können, bedarf man eines allgemein verbindlichen Bezugssystems. Eine erste Vereinfachung ergibt sich, wenn man bestimmt, daß die Vergleichsbase $A^\ominus$ zugleich *Lösungsmittel* (S) sein soll. Gleichgewicht [4] läßt sich dann gemäß [5] neu formulieren:

$$H-CR_3 + S \quad \xrightleftharpoons{K^{HCR_3/H\overset{\oplus}{S}}} \quad CR_3^\ominus + H\overset{\oplus}{S} \qquad [5]$$

---

[161] *R. P. Bell*, The Proton in Chemistry, Cornell University Press, Ithaca, N.Y., 1959. *A. I. Schatenstein*, Hydrogen Isotope Exchange Reaktions of Organic Compounds in Liquid Ammonia, in: Advances in Physical Organic Chemistry, Band 1, S. 155 f., Academic Press, New York 1963. *D. J. Cram*, Fundamentals of Carbanion Chemistry, Academic Press, New York 1964. *A. Streitwieser* und *J. H. Hammons*, Acidity of Hydrocarbons, in: Progress in Physical Organic Chemistry, Band 3, S. 41 f. Interscience Publishers, New York 1965. *H. Fischer* und *D. Rewicki*, Acidic Hydrocarbons, in: Progress in Organic Chemistry, Band 7, S. 116 f., Butterworths, London 1968. *H. F. Ebel*, Die Acidität der CH-Säuren, Thieme Verlag, Stuttgart 1969.

Laut Massenwirkungsgesetz gilt für die Gleichgewichtskonstante $K^{HCR_3/H\overset{\oplus}{S}}$ die Beziehung [6]. Um zu wirklich „konstanten" Werten zu gelangen, müssen die Säure- und Base-Mengen in Form von *Aktivitäten* (runde Klammern!) ausgedrückt werden, die sich aus den *Konzentrationen* (eckige Klammern!) durch Korrektur mittels *Aktivitätskoeffizienten* herleiten.

$$\frac{(\overset{\ominus}{CR_3}) \cdot (\overset{\oplus}{HS})}{(HCR_3) \cdot (S)} = \frac{f_{\overset{\ominus}{CR_3}} \cdot f_{\overset{\oplus}{HS}}}{f_{HCR_3} \cdot f_S} \cdot \frac{[\overset{\ominus}{CR_3}] \cdot [\overset{\oplus}{HS}]}{[HCR_3] \cdot [S]} = \frac{K_{Diss}^{HCR_3}}{K_{Diss}^{H\overset{\oplus}{S}}} = K^{HCR_3/H\overset{\oplus}{S}} \qquad [6]$$

Da in ausreichend verdünnter Lösung die Aktivität des Lösungsmittels S praktisch unveränderlich ist, kann sie mit der Gleichgewichtskonstanten zu einer neuen Konstanten, der *Aciditätskonstanten* $K_S^{HCR_3}$, verschmolzen werden (Gl. [7]).

$$\frac{(\overset{\ominus}{CR_3}) \cdot (\overset{\oplus}{HS})}{(HCR_3)} = (S) \cdot K^{HCR_3/H\overset{\oplus}{S}} = K_S^{HCR_3} \qquad [7]$$

Durch Übereinkunft ist das bevorzugte Standardsystem für Aciditätsvergleiche die unendlich verdünnte, wäßrige Lösung bei 25 °C. Aciditätskonstanten, die auf diese *Standardbedingungen* bezogen sind, werden allgemein mit der Abkürzung K_a gekennzeichnet* (Gl. [8]).

$$\frac{(\overset{\ominus}{CR_3}) \cdot (\overset{\oplus}{H_3O})}{(HCR_3)} = K_a \qquad [8]$$

Tabelliert werden gewöhnlich die negativen Logarithmen der Aciditätskonstanten, die pK_a- bzw. pK_S-Werte.

2.2. Messung von CH-Aciditäten

2.2.1. CH-Acidität in wäßrigem Medium

Zur Ermittlung einer Aciditätskonstanten K_S gemäß Gl. [6] genügt es, wegen der wechselseitigen Mengenabhängigkeiten nur *eine* der drei

---

* Entgegen dieser ursprünglich vorgesehenen, engeren Eingrenzung werden mit K_a heute vielfach alle auf *irgendeinen* Standardzustand bezogenen Aciditätskonstanten kenntlich gemacht (z. B. $K_{a, DMSO}$).

in Gl. [7] erscheinenden Konzentrationen zu kennen. Dem realen, statt idealen Verhalten der Lösung wird teils durch Extrapolation auf unendliche Verdünnung, teils durch Korrektur anhand anderweitig hergeleiteter Aktivitätskoeffizienten Rechnung getragen.

In wäßriger Lösung ist die Proton-Aktivität gewöhnlich am einfachsten mit Hilfe der Indikator-Titration, der potentiometrischen Titration (meist mittels Glaselektrode) oder der Leitfähigkeitsmessung festzustellen. Daneben wird aber oftmals auch — durch Spektrometrie oder wieder Konduktometrie — die Carbanion-Aktivität und gelegentlich sogar auch die Aktivität der unveränderten CH-Säure gemessen.

Etwas anders geht die Messung mittels Relaxationstechnik[162] vor, die zunehmend an Bedeutung gewinnt. Hier werden die beiden Elementarschritte des Gleichgewichtes [5] getrennt untersucht. Aus den Geschwindigkeitskonstanten der Vorwärts- und Rückwärtsreaktion ergibt sich dann die Gleichgewichtskonstante gemäß $k_{vor}/k_{rück} = K^{HCR_3/HS^{\ominus}}$.

Die in Wasser bestimmten Aciditätskonstanten überstreichen den Bereich zwischen $pK_a = -11$ und $+16$ (Tabelle 9)[161]. Die schwächeren dieser Säuren müssen freilich im alkalischen Milieu gemessen werden; nur Hydroxyl-Ionen, nicht mehr das Wasser selbst, garantieren jetzt noch ausreichende Deprotonierung der CH-Säure. Das neue Säuren-Basen-Gleichgewicht [9] läßt sich mit Hilfe des Ionenprodukts [10] des Wassers an die Bestimmungsgleichung [8] der Aciditätskonstanten K_a anschließen (Gl. [11]).

$$H-CR_3 + \overset{\ominus}{OH} \overset{K^{HCR_3/\overset{\ominus}{OH}}}{\rightleftarrows} \overset{\ominus}{CR_3} + H_2O \qquad [9]$$

$$\overset{\oplus}{H} + \overset{\ominus}{OH} \overset{K_W}{\rightleftarrows} H_2O \qquad [10]$$

$$K_a^{HCR_3} = K^{HCR_3/\overset{\ominus}{OH}} \cdot K_W \qquad [11]$$

Mit Säuren, deren Aciditätskonstanten der des Wassers ($pK_a = 15{,}7$) nahekommen, ist freilich die Meßgrenze endgültig erreicht. Noch schwächere Säuren müssen in weniger aciden Lösungsmitteln vermessen werden, da auch bei Zusatz von Natriumhydroxid oder einer anderen Hilfsbase die in Wasser erzielbaren Carbanion-Konzentrationen zu gering wären, um noch ausreichend genau erfaßbar zu sein.

---

[162] M. *Eigen*, Angew. Chem. **75**, 489 (1963).

Tabelle 9. *Aciditätskonstanten pK_a in Wasser bei 25°C* [a]

CH-Säure	pK_a
Wasser	15,7
Cyclopentadien	14,5 [b, c]
Chlor-aceton	13,6
Bis-methylsulfonyl-methan	12,5
Bis-phenylsulfonyl-methan	11,2
Nitromethan	10,2
Tri-fluorenylidenmethyl-methan [d]	9,4 [c]
Pentandion-(2,4) (Acetylaceton)	9,0
Dibenzoyl-methan	9,0 [c]
Tris-[7H-dibenzo-(c,g)-fluorenyliden-methyl]-methan [e]	5,9 [c]
Cyclohexandion-(1,3)	5,3
Cyclopentandion-(1,3)	4,5
Barbitursäure	4,0
Dinitromethan	3,6
Nitroform $CH(NO_2)_3$	+ 0,2 [f]
Cyanoform $CH(CN)_3$	− 5,1 [c]
Pentacyan-cyclopentadien	−11 [b, c]

[a] Häufig steht die CH-Säure über ein gemeinsames, delokalisiertes Anion mit einer tautomeren NH- oder OH-Säure im Gleichgewicht (z. B. Keto-Enol-Tautomerie). In allen diesen Fällen ist die betreffende *Gesamtacidität* tabelliert.
[b] Ungenauer Wert.
[c] Messung in nicht-wäßrigem oder Mischmedium; auf Wasser umgerechnet.
[d] Formel:

$$\left(\underset{3}{\bigcirc\!\!\!=\!CH} \right) CH$$

[e] Formel:

$$\left(\underset{3}{\bigcirc\!\!\!=\!CH-} \right) CH$$

[f] Bei 20°C.

2.2.2. CH-Acidität in polar-aprotischen Medien und deren wäßrigen Mischungen

Mit zahlreichen CH-Säuren, deren Acidität für eine pK_a-Bestimmung in Wasser nicht mehr ausreicht, können Aciditätsmessungen in basischeren Medien ausgeführt werden. Hierfür kommen insbesondere Alkohole, Amine und polar-aprotische Solvenzien wie Dimethylsulfoxid sowie deren wäßrige Mischungen in Frage. Zur Messung eignen sich grundsätzlich die gleichen Methoden wie im wäßrigen Medium. Neben der universell anwendbaren spektrometrischen Erfassung der Carbanion-Konzentration kann vor allem auch die potentiometrische Titration herangezogen werden, seit sich eine modifizierte Glaselektrode in Methanol, Dimethylformamid und Dimethylsulfoxid als reversibel auf $H^{\oplus}$-Aktivitätsänderungen ansprechend erwiesen hat [163]. Es ist also jederzeit möglich, Aciditätskonstanten zu messen, die sich auf einen anderen Standardzustand als den wäßrigen beziehen. Dies ist beispielsweise für eine große Anzahl von CH-Säuren in Dimethylsulfoxid geschehen (Tabelle 10, erste Spalte, s. S. 50).

Das eigentliche Problem besteht in der Art des Aciditätsvergleiches. Selbstverständlich dürfen die in einem anderen Medium gemessenen pK_S-Werte nicht einfach in die pK_a-Skala des wäßrigen Systems einbezogen werden. Selbst strukturell ähnliche Meßmedien können zu beachtlichen Aciditätsabweichungen Anlaß geben. So ist beispielsweise die Essigsäure in Wasser viel saurer ($pK_a = 4{,}76$) als gegenüber dem schwächeren Protonakzeptor Methanol ($pK_{CH_3OH} = 9{,}72$) [164].

Eingedenk dieses Dilemmas (und außerdem natürlich auch wegen experimenteller Schwierigkeiten), verzichtet man häufig überhaupt auf die Ermittlung von Aciditätskonstanten in nicht-wäßrigen Medien und begnügt sich stattdessen mit bloßen Gleichgewichtsmessungen. Dazu wird zwischen zwei CH-Säuren RH und R'H sowie ihren konjugaten Basen das Gleichgewicht [12] eingestellt. Die Konstante $K^{RH/R'H}$, die dessen Lage charakterisiert, entspricht — nach Korrektur der benutzten Konzentrationen durch Aktivitätskoeffizienten — der Differenz der Säureexponenten der beiden CH-Säuren in dem jeweiligen Solvens (Gl. [13]).

$$R{-}H + \overset{\ominus}{R}' \xrightleftharpoons{\frac{K^{RH}}{K^{R'H}}} R + R'{-}H \qquad [12]$$

$$\log K^{RH} - \log K^{R'H} = \log \frac{K^{RH}_S}{K^{R'H}_S} = \Delta pK_S^{R'H/RH} \qquad [13]$$

Solche Gleichgewichtsmessungen können grundsätzlich nur zu einer *Skala relativer Aciditäten* führen. Aus Gründen der Anschaulichkeit zieht man es jedoch im allgemeinen vor, numerisch festgelegte pK-Werte statt pK-Differenzen zu tabellieren. Deshalb wird gerne einer Schlüsselsubstanz der Meßreihe ein fiktiver pK-Wert, der fortan als Bezugspunkt der neuen

---

[163] *I.M. Kolthoff* und *T.B. Reddy*, Inorg. Chem. **1**, 189 (1962). *C.D. Ritchie* und *R.E. Uschold*, J. Amer. chem. Soc. **89**, 1721 (1967).
[164] *E. Grunwald* und *E. Price*, J. Amer. chem. Soc. **86**, 4517 (1964).

Aciditätsskala dient, zuerteilt. Dies geschieht meist, indem man einen in anderem Medium — vorzugsweise Wasser — gemessenen pK-Wert einfach für das fragliche neue Lösungsmittel übernimmt (vgl. z. B. Tabelle 12, S. 54). Mit diesem Trick wird natürlich die thermodynamisch gesicherte Grundlage verlassen. Solche „Relativskalen" zeigen zwar thermodynamisch exakte Aciditäts*spannen* an; ihre pK-Werte weichen aber alle um denselben — unbekannten — Betrag von den *wahren*, auf das Solvens S bezogenen Säurenstärken ab.

Der umgekehrte Weg erscheint auf Anhieb noch viel weniger attraktiv. Würde man die in polarem Medium gemessenen Gleichgewichtslagen unbesehen dazu benutzen, um eine „fremde" — etwa die auf den wäßrigen Standardzustand bezogene — Aciditätsskala zu verlängern, so würde nun auch die Gültigkeit der Aciditäts*spannen* preisgegeben. Dennoch kann ein derartiges „Anstücken" einer Aciditätsskala mit Hilfe von Gleichgewichtsmessungen, die in einem anderen Solvens ausgeführt worden sind, unter einer bestimmten Voraussetzung zu thermodynamisch vollkommen korrekten Säureexponenten führen.

Die Grundbedingung, die erfüllt sein muß, kann gemäß Beziehung [14] formuliert werden und heißt *Aktivitätskoeffizienten-Postulat*. Es fordert, daß der Aktivitätskoeffizienten-Quotient $f_A^\ominus/f_{HA}$ für die zwei in Frage stehenden Lösungsmittel, d. h. für Meßsolvens und für Bezugssolvens, sowie beliebige Mischungen hiervon stets den gleichen Wert besitzt und außerdem unabhängig von der Art der gerade betrachteten Säure HA ist. In diesem Falle löschen sich die Aciditätskoeffizienten zweier in Säuren-Basen-Beziehung stehender Säuren HR und HR' sowie ihrer konjugaten Basen immer wieder aus [15] und folglich *bleibt die Aciditätsdifferenz in beiden betrachteten Lösungsmitteln unverändert gleich*.

$$\left(\frac{f_A^\ominus}{f_{HA}}\right) = \text{struktur- und solvens-konstant} \qquad [14]$$

$$\frac{f_R^\ominus}{f_{HR}} \cdot \frac{f_{HR'}}{f_{R'}^\ominus} = 1 \qquad [15]$$

Nehmen wir an, die Aciditätskonstanten verschiedener Säuren HA-1 – HA-5 seien in wäßrigem Medium gemessen, für HA-5 – HA-10 seien Aciditätsdifferenzen in Dimethylsulfoxid bestimmt worden! Wäre die Gültigkeit des Aktivitätskoeffizienten-Postulates erwiesen, dürfte jetzt die auf das wäßrige System bezogene Aciditätsskala unter Benutzung der im Dimethylsulfoxid gemessenen pK-Werte bis zur Säure HA-10 hin verlängert werden (Abb. 6).

In der Praxis muß man freilich meist darauf verzichten, mit Hilfe einer oder mehrerer solcher „Ankersubstanzen", wie in unserem Beispiel

48 Basizität

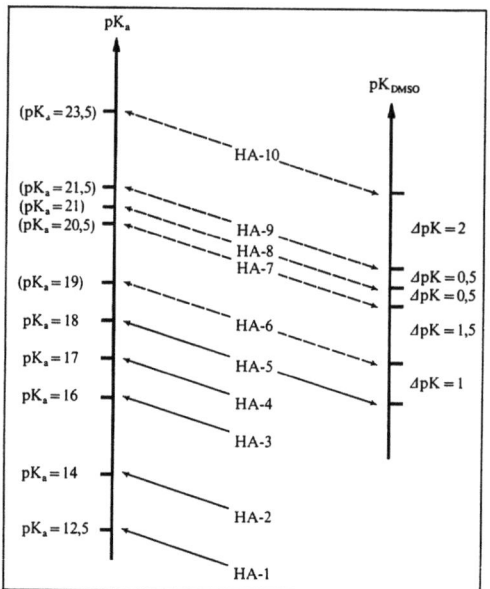

Abb. 6.
Projektion von in anderem Medium (Dimethylsulfoxid) gemessenen *pK-Differenzen* — die absoluten Werte seien unbekannt! — auf die pK-Skala des wäßrigen Mediums

HA-5 eine ist, unmittelbar den Sprung von dem einen reinen Solvens zum anderen zu tun. Vielmehr wird man sich meist schrittweise, d.h. über Lösungsmittel-Mischungen, von — beispielsweise — wäßrigem Medium zu Dimethylsulfoxid vortasten. Der Übergang zwischen den beiden reinen Solventien wird dann mit *Indikator-Säuren*, die — schon aus Löslichkeitsgründen — meist dem Anilin-Typ angehören, bewerkstelligt.

Wie läßt sich nachprüfen, ob alle verwendeten Indikatoren dem Aktivitätskoeffizienten-Postulat gehorchen? Die Aktivitätskoeffizienten müssen dazu selbst keineswegs bekannt sein. Es genügt, wenn sich das Säuren-Basen-Gleichgewicht aller Indikator-Paare als lösungsmittelunabhängig erweist. Gleichbedeutend damit ist die Feststellung, daß alle Indikatoren die gleiche Aciditätsfunktion h_- (Gl. [16]) bzw. H_--Funktion (Gl. [17]) befolgen[165-167].

---

[165] *L.P. Hammett* und *A.J. Deyrup*, J. Amer. chem. Soc. **54**, 2721 (1932).

[166] Ausweitung des *Hammett*schen Konzeptes auf Neutralsäuren, deren Basen negative Ladung tragen (H_-- statt H_0-Funktion): *N.C. Deno*, J. Amer. chem . Soc. **74**, 2039 (1952). *E. Grunwald* und *B.J. Berkowitz*, J. Amer. chem. Soc. **73**, 4939 (1951). *R. Stewart* und *J.P. O'Donnell*, Canad. J. Chem. **42**, 1694 (1964). *E.C. Steiner* und *J.M. Gilbert*, J. Amer. chem. Soc. **87**, 382 (1965).

[167] Zusammenfassungen: *L.P. Hammett*, Physical Organic Chemistry, McGraw-Hill, New York 1940. *J. Hine*, Reaktivität und Mechanismus in der Organischen Chemie, 2. Aufl., Thieme Verlag, Stuttgart 1966. *E.S. Gould*, Mechanismus und Struktur in der Organischen Chemie, 2. Auflage, Verlag Chemie, Weinheim 1964. *K. Bowden*, Chem. Reviews **66**, 119 (1966). *C.H. Rochester*, Acidity Functions, Academic Press, New York 1970.

$$K_a = \frac{f_{A^\ominus}}{f_{HA}} \cdot \frac{A^\ominus}{HA} \cdot (HS)^\oplus = \frac{A^\ominus}{HA} \cdot h_- \qquad [16]$$

$$pK_a = -\log \frac{A^\ominus}{HA} + H_- \qquad [17]$$

Diese Forderung ist beispielsweise für das Indikatorpaar 4-Nitroanilin und 2.4-Dinitro-diphenylamin in Wasser-Dimethylsulfoxid-Mischungen in sehr guter Näherung erfüllt (Abb. 7)[168].

Wenn man nun aber, gestützt auf eine derart festgelegte H_--Funktion, die pK_a-Werte strukturell stark abweichender CH-Säuren bestimmen will, so muß natürlich das Aktivitätskoeffizienten-Postulat auch für die Kombination Indikator/CH-Säure gelten. Wie sich herausgestellt hat, ist damit im allgemeinen leider nicht zu rechnen[168-169]. Die strukturellen Abweichungen zwischen einem Indikator vom Anilin-Typ und einer CH-Säure von der Art des Triphenylmethans oder des Indens sind zu eklatant, als daß daraus nicht auch ein sehr unterschiedliches Solvatationsverhalten resultieren müßte. Selbst zwischen so nahe verwandten Substanzen wie Fluoren und 9-Phenyl-fluoren bestehen — vielleicht wegen des Unterschieds im Ausmaß der Ladungsdelokalisation — erstaunlich große Diskrepanzen (Abb. 7)[168].

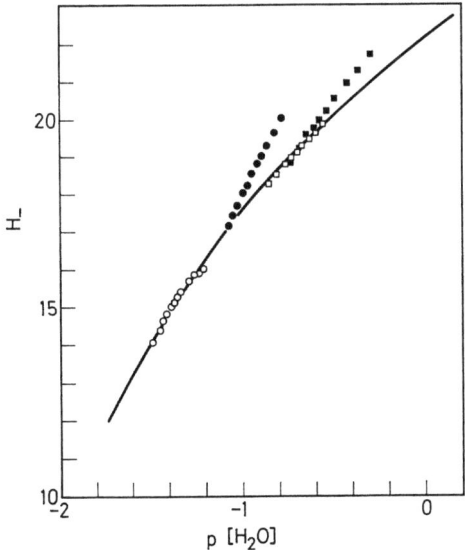

Abb. 7. Basenstärke H_- wäßriger Dimethylsulfoxid-Lösungen, jeweils 0,01 m KOH enthaltend sowie ○ 2,4-Dinitro-diphenylamin, □ 4-Nitro-anilin, ● 9-Phenylfluoren, ■ Fluoren

---

[168] *E. C. Steiner* und *J. D. Starkey*, J. Amer. chem. Soc. **89**, 2751 (1967).
[169] *C. D. Ritchie* und *R. E. Uschold*, J. Amer. chem. Soc. **89**, 2752 (1968).

Es erscheint heute trotz zahlreicher und vielversprechender Bemühungen[170] (Tabelle 10) fraglich, ob H_--Funktionen bei der Ermittlung von CH-Acidiäten eine dauerhafte praktische Bedeutung zufallen wird.

Tabelle 10. *Aciditätskonstanten in Dimethylsulfoxid bei 25° C*

CH-Säure	pK_{DMSO} [a, b]	$pK_a (H_-)$ [c]
Triphenylmethan	28,8	—
Fluoren	20,5	22,1 [d]
9-Methyl-fluoren	19,7	21,8 [d]
Inden	18,5	—
9-Phenyl-fluoren	16,4	18,6
Nitromethan	15,9	10,2
Pentandion-(2,4) (Acetyl-aceton)	13,4	9,0
Malodinitril	11,0	11,1
Fluoraden [e]	10,5	—
9-Carbomethoxy-fluoren	10,3	12,9

[a] Bezüglich annähernd 10^{-3} m Lösungen, ohne Korrektur der Ionenstärken.
[b] Lit.: Fußnote [171].
[c] Lit.: Fußnote [170].
[d] Bezüglich eines *angenommenen* Wertes pK_a (9-Phenylfluoren) = 18,6.
[e] Formel:

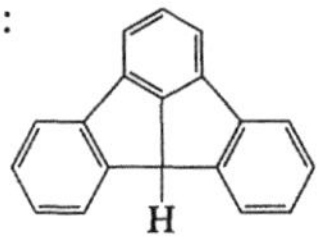

2.2.3. CH-Acidität in wenig polaren Medien

CH-Aciditätsmessungen in wenig polaren oder unpolaren Medien — Äthern, Aminen* und reinen Kohlenwasserstoffen — sind besonders problematisch; also gerade in jenen Lösungsmitteln, denen in der organometallischen Synthese die größte praktische Bedeutung zukommt. Echte, auf das Solvens als Protonakzeptor bezogene *Aciditätskonstanten* wären nur noch unter äußersten Schwierigkeiten erhältlich. Bislang wurde selbst auf den Versuch einer solchen Zuordnung verzichtet.

---

[170] K. Bowden und R. Stewart, Tetrahedron **21**, 261 (1965). D. Dolman und R. Stewart, Canad. J. Chem. **45**, 911 (1967). K. Bowden und A. F. Cockerill, Chem. Commun. **1967**, 989; J. chem. Soc. (London) B **1970**, 173.
[171] C. D. Ritchie, R. E. Uschold, J. Amer. chem. Soc. **90**, 2821 (1968).
 * *Trialkylamine* gehören unstrittig zu den wenig polaren Solvenzien. Dagegen muß man das *Ammoniak* wohl schon den polaren Lösungsmitteln zurechnen. Das neuerdings viel benutzte *Cyclohexylamin* steht an der Grenze zwischen den beiden Kategorien.

Noch viel einschneidender ist die Tatsache, daß in wenig polaren Medien gemessene *Aciditätsdifferenzen* — und damit alle willkürlich verankerten Skalen relativer Aciditäten — ihre Gültigkeit als thermodynamisch exakte Größen eingebüßt haben. Erinnern wir uns: In wenig polarer Lösung tritt ein Organometall ganz überwiegend als Kontakt-Spezies auf. Der konduktometrisch erfaßbare Anteil freier Ionen ist minimal. Somit wird in einer Ummetallierungsreaktion, die unter Beteiligung zweier Organometalle RM und R'M sowie deren konjugaten CH-Säuren RH und R'H abläuft, das Säuren-*Basen*-Gleichgewicht [18] durch das Säuren-*Derivate*-Gleichgewicht [19] völlig überdeckt. Bei dem üblichen Nachweis der Organometalle durch Photometrie oder chemische Abwandlung werden zusammen mit den freien Carbanionen auch alle nicht-dissoziierten Metall-Verbindungen erfaßt.

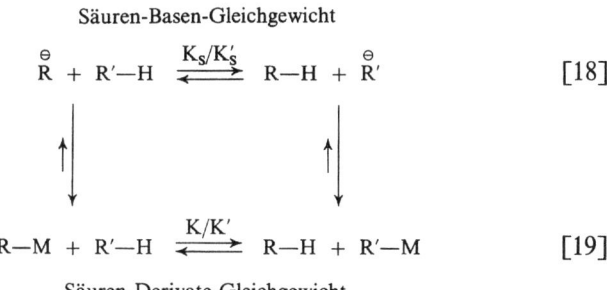

Weitere Komplikationen treten hinzu. Die nicht dissoziierten Teilchen können entweder solvensgetrennte Ionenpaare oder Kontakt-Spezies bilden. Dabei mag in derselben Meßserie bald die eine, bald die andere Teilchenart vorherrschen. So bewahren in Cyclohexylamin sicherlich sowohl das Lithium-cyclohexylamid als auch die meisten Organometalle — etwa alle Acetylide ebenso wie alle Cäsium-Verbindungen — den Kontakt-Verbund. Dagegen dürfte das Triphenylmethyl-lithium dank Ladungsdelokalisierung und kräftiger Kation-Solvatation die Struktur eines solvens-getrennten Ionenpaares bevorzugen. Die Folge ist eine frappierende Temperaturabhängigkeit der Lage des Umprotonierungsgleichgewichtes zwischen Triphenylmethan plus Lithium-cyclohexylamid einerseits und Triphenylmethyl-lithium plus Cyclohexylamin andererseits[172].

Wenn trotz solcher offensichtlicher Mängel Gleichgewichtsmessungen in Diäthyläther und Cyclohexylamin zu „vernünftigen" und nützlichen Aciditätsskalen führten (Tabelle 11 bzw. 12), so liegt dies an der

---
[172] A. Streitwieser, C.J. Chang, W.B. Hollyhead und J.R. Murdoch, unveröffentlicht.

Carbanion-Ähnlichkeit der betrachteten Organometalle. Wenn nämlich die Protonaffinitäten in einer Reihe „freier" (vom Gegenion dissoziierter) Carbanionen und in einer zweiten Reihe, bestehend aus zugehörigen organometallischen Verbindungen, parallel laufen, sind die Gleichgewichtskonstanten von Ummetallierungsreaktionen den wahren Aciditätsspannen zumindest proportional (Beziehung [20]).

$$pK = a \cdot pK_S \qquad [20]$$

Ihrer Natur als „partielle Carbanionen" entsprechend sollten die Organometalle die Stabilitätsunterschiede der freien Carbanionen (ΔpK_S) allerdings nur in verkleinertem Maßstab (ΔpK) widerspiegeln. Man erwartet für den Proportionalitätsfaktor a somit einen Wert <1. Mit anderen Worten: Aciditätsskalen sind, wenn aus Gleichgewichtsreaktionen nicht-dissoziierter Organometalle hergeleitet, im Vergleich zur

Tabelle 11. *Aciditätsskala, auf Gleichgewichtsmessungen in Diäthyläther*[a] *beruhend („Conant-Wheland-McEwen-Skala")* [173]

Säure	Position des aciden Wasserstoffs	pK
Cumol	α	37
Cycloheptatrien	7	36
Diphenylmethan[c]	α	35
Triphenylmethan	α	33
Anilin	N	27
Fluoren	9	25
Inden	3	21
Phenylacetylen	ω	21
9-Phenyl-fluoren	9	21
Acetophenon	α	19
t-Butanol[b]	O	19
Äthanol[b]	O	18
Pyrrol[b]	N	16,5
Methanol[b,c]	O	16

[a] Manche Messungen stattdessen in reinem Benzol oder Benzol-Alkohol-Gemischen. Vgl. auch [b].

[b] Anscheinend waren bei der Messung erhebliche Mengen an freiem Alkohol (Amin) zugegen. Damit sind beträchtliche solvensbedingte Aciditätsverschiebungen wahrscheinlich (s. S. 98ff.). Außerdem stützen sich eine Reihe von polarimetrisch durchgeführten Messungen auf die ungeprüfte Annahme, der Drehwert einer Mischung aus optisch aktivem Alkohol und zugehörigem Alkoholat setze sich rein *additiv* aus den individuellen spezifischen Drehungen zusammen.

[c] Niederschlagsbildung, also Messung in heterogenem System.

[173] *J.B. Conant* und *G.W. Wheland*, J. Amer. chem. Soc. **54**, 1212 (1932). *W.K. McEwen*, J. Amer. chem. Soc. **58**, 1124 (1936). *R.D. Kleene* und *G.W. Wheland*, J. Amer. chem. Soc. **63**, 3321 (1941). *H.J. Dauben* und *M.R. Rifi*, J. Amer. chem Soc. **85**, 3041 (1963).

wahren pK$_S$-Skala „gestaucht" (Abb. 8). Außerdem sind sie grundsätzlich von der Art des beteiligten Metalls abhängig.

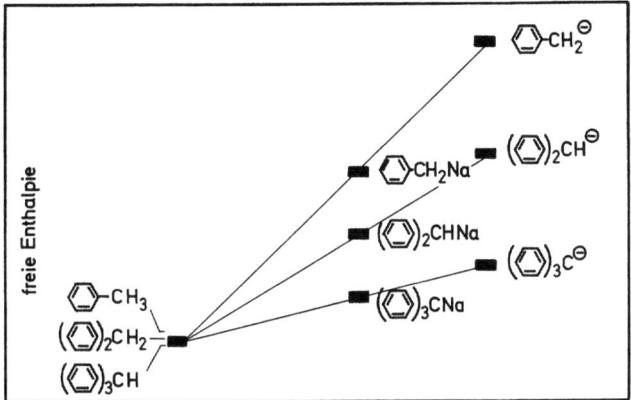

Abb. 8. Relative freie Enthalpien der Reihen Benzylnatrium/Diphenylmethylnatrium/ Triphenylmethylnatrium und Benzyl-/Diphenylmethyl-/Triphenylmethyl-Anion bezüglich der zugrunde liegenden CH-Säuren Toluol/Diphenylmethan/Triphenylmethan

Tabelle 12. *Aciditätsskala, auf Gleichgewichtsmessungen in Cyclohexylamin beruhend*[174]

CH-Säure	pK	
	a	b
(C$_6$H$_5$)$_2$CH$_2$	—	33,1
(C$_6$H$_5$)$_3$CH	—	31,5
(C$_6$H$_5$)$_2$C=CH–CH$_2$–C$_6$H$_5$	26,4	26,6
(H$_3$C)$_3$C–C≡C–H	25,5	—
C$_6$H$_5$–C≡C–H	23,2	—

---

[174] A. Streitwieser, J. H. Hammons, E. Ciuffarin und J. I. Brauman, J. Amer. chem Soc. **89**, 59 (1967). A. Streitwieser, E. Ciuffarin und J. H. Hammons, J. Amer. chem. Soc. **89**, 63 (1967). A. Streitwieser und D. M. E. Reuben, J. Amer. chem. Soc. **93**, 1794 (1971).

Tabelle 12 (Fortsetzung)

CH-Säure	pK	
	a	b
Fluoren (CH$_2$)	22,8	22,7
Inden (CH$_2$)	20,2	19,9
9-Phenylfluoren (CH)	18,5[c]	18,5[c]

[a] Gleichgewichtsmessungen mit Lithium als Gegenion.
[b] Gleichgewichtsmessungen mit Cäsium als Gegenion.
[c] Dieser pK-Wert wurde willkürlich festgesetzt. Vgl. auch C.D. Ritchie und R.E. Uschold, J. Amer. chem. Soc. **89**, 2752 (1967).

2.2.4. Gleichgewichtsmessungen von Halogen/Metall- und Metall/Metall-Austauschreaktionen

Je weiter die Untersuchungen in Richtung nach geringeren CH-Aciditäten hin ausgedehnt werden, um so schwieriger und fragwürdiger werden sie. Die Ummetallierung versagt, wenn sie zur Aciditätsabschätzung der schwächsten CH-Säuren vom Typ des Benzols und Äthans benutzt werden soll. Aryl- und Alkyl-Verbindungen des Natriums oder Kaliums sind in den wegen ihrer Resistenz allein noch in Frage kommenden paraffinischen Lösungsmitteln praktisch unlöslich; Organolithium und Organomagnesium wären zwar löslich, aber ihre Metallierungskraft reicht zur Deprotonierung von Alkanen und Aromaten nicht aus.

Ein Ausweg besteht darin, vom *Wasserstoff/Metall-Austausch* [21] auf andersartige, leichter zustande kommende Austauschprozesse auszuweichen, etwa auf den *Halogen/Metall-Austausch* mit Jodiden[175] [22] oder den *Metall/Metall-Austausch* mit Organoquecksilber-Verbindungen[176] [23].

$$R\text{—}Na + R'\text{—}H \rightleftarrows R\text{—}H + R'\text{—}Na \qquad [21]$$

$$R\text{—}Li + R'\text{—}J \rightleftarrows R\text{—}J + R'\text{—}Li \qquad [22]$$

$$R_2Mg + R'_2Hg \rightleftarrows RMgR' + RHgR' \rightleftarrows R_2Hg + R'_2Mg \qquad [23]$$

Damit haben nun, nachdem bereits vorher Organometalle stellvertretend für Carbanionen akzeptiert wurden, auch die CH-Säuren ihren Platz im ursprünglichen Säuren-Basen-Gleichgewicht an andere Derivate abtreten müssen. Der daraus resultierende neue Fehler dürfte allerdings nicht hoch zu veranschlagen sein. Die Differenzen der Bindungsenergien zwischen RH und RJ — oder 2RH und R_2Hg — sollten weitgehend von der Natur des Organylrestes R unabhängig sein.

Das Metall — im Falle eines Metall/Metall-Austausches das *elektropositivere* Metall! — bevorzugt somit auch in Austauschsystemen vom Typ [22] und [23] die Bindung zum elektronegativeren Kohlenstoff-Rest. Die Austausch*richtung* läßt sich im allgemeinen also zuverlässig abschätzen, wenn man das polare Organometall idealisierend als rein ionische Verbindung auffaßt.

Für den *quantitativen* Reaktionsverlauf gilt aber die gleiche Feststellung, die bereits für die Ummetallierung im unpolaren Medium getroffen worden ist: Aufgrund von Austauschgleichgewichten hergeleitete pK-Werte sind nur als untere Grenzwerte der wahren Säureexponenten aufzufassen. Die wahren Aciditätsspannen müssen, wenn sie sich als Gleichgewichtskonstanten der Austauschsysteme manifestieren, um so mehr schrumpfen, je weniger die organometallische, „carbanionoide" Spezies dem freien Carbanion ähnelt.

Folgerichtig müßten dann die Organolithium-Verbindungen LiR und LiR', die sich im Jod-Lithium-Austausch ([22]) miteinander ins Gleichgewicht setzen, wegen der größeren Elektropositivität des Lithiums extremere Gleichgewichtslagen einhalten als die entsprechenden Organomagnesium-Verbindungen im Quecksilber-Magnesium-Austausch ([23]). In Wirklichkeit sind jedoch die mit Hilfe der beiden Austauschprozesse abgeleiteten zwei CH-Aciditäts-Rangfolgen gleichmäßig „gespreizt" (Tabelle 13). Einiges spricht für die Vermutung, die erwarteten größeren

---

[175] *D. E. Applequist* und *D. F. O'Brien*, J. Amer. chem. Soc. **85**, 743 (1963).
[176] *R. E. Dessy, W. Kitching, T. Psarras, R. Salinger, A. Chen* und *T. Chivers*, J. Amer. chem. Soc. **88**, 460 (1966).

Stabilitätsänderungen träfen zwar für die *monomeren* Organolithium-Verbindungen zu, würden jedoch durch deren unterschiedliche Aggregationsneigung wieder weitgehend verwischt. Auf Aggregationsunterschiede sind wohl auch die — trotz gleichartigem Hybridisierungszustand — stark abweichenden Gleichgewichtsstabilitäten von Phenyllithium und Vinyllithium (Tabelle 13) zurückzuführen*.

Tabelle 13. *Aciditätsskalen, auf Gleichgewichtslagen von Jod/Lithium- und Quecksilber-Magnesium/Austauschreaktionen beruhend* [175, 176]

CH-Säure	pK	
	J/Li-Austausch	Hg/Mg-Austausch
$H_5C_2-\overset{H}{\underset{H}{C}}-CH_3$ [a]	43,6	43,3
H_3C-CH_3	42,5	43
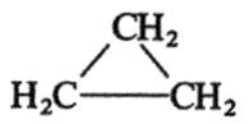 $H_2C\overset{CH_2}{\underset{}{-}}CH_2$ (Cyclopropan)	40	39,7
$CH_2=CH_2$	36,6	39,3
 ⌬ (Benzol)	39 [b]	39 [b]

[a] CH-Acidität der Wasserstoffe in 2-Stellung.
[b] Willkürlich festgelegter Wert.

2.2.5. Kinetische Acidität

Man kann nun noch einen Schritt weiter gehen, indem man ganz auf thermodynamische Reaktionssteuerung verzichtet und auf kinetische Daten ausweicht. Anstelle einer Gleichgewichtskonstanten, welche die *Bildungstendenz* eines (partiellen) Carbanions kennzeichnet, wird nun die *Geschwindigkeit* der Carbanion-Bildung in den Rang eines CH-Acidität-Maßes erhoben. Damit fällt dem *Übergangszustand 4*, der ja partiell carbanionischen Charakter besitzt und der ferner nach der Theorie der

---
* Kinetischen Aciditätsmessungen zufolge ist das Phenyl-Anion wenigstens um eine pK-Einheit *stabiler* als das Vinyl-Anion (*M.J. Maskornick* und *A. Streitwieser*, unveröffentlicht).

Messung von CH-Aciditäten

Reaktionsgeschwindigkeiten[177] als mit der CH-Säure im Gleichgewicht stehend aufzufassen ist, die Vertretung — nicht zugänglicher — freier Carbanionen zu.

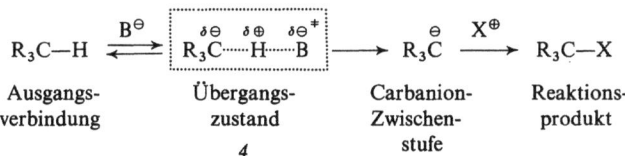

| Ausgangs-
verbindung | Übergangs-
zustand
4 | Carbanion-
Zwischen-
stufe | Reaktions-
produkt |

Zustandekommen und Geschwindigkeit einer Deprotonierung lassen sich bequem nachweisen und messen. Verfügt man über einen optisch aktiven Kohlenwasserstoff, so kann man dessen basen-katalysierte *Racemisierung*, die über das konfigurativ labile Carbanion abgewickelt wird, verfolgen[178]. Oder das intermediäre Carbanion wird durch reaktive *elektrophile Agenzien* abgefangen, ehe es das abstrahierte Proton zurückfordern kann. Besonders bewährt haben sich elementares Halogen[179], elementarer Sauerstoff[180] sowie vor allem Amine und Alkohole, die über bewegliches Deuterium oder Tritium verfügen[181].

Die Vorzüge dieses Vorgehens sind nicht zu übersehen. Zunächst entfallen alle Komplikationen, die durch Unlöslichkeit oder Aggregatbildung organometallischer Reagenzien hervorgerufen werden können. Außerdem aber ist der Anwendung etwa des Wasserstoff-Isotopenaustausches keine experimentelle Grenze gesetzt; selbst so schwache CH-Säuren wie die Cycloalkane sind geeignete Substrate. Jedoch, wie ist es mit der Zuverlässigkeit kinetischer Daten als Aciditätsmaße wirklich bestellt?

Der postulierte Zusammenhang zwischen *kinetischer* und *thermodynamischer* CH-Acidität, d.h. Deprotonierungsgeschwindigkeit k und

---

[177] *H. Eyring*, Chem. Reviews **17**, 65 (1935). *S. Glasstone, K.J. Laidler* und *H. Eyring*, The Theory of Rate Processes, McGraw Hill, New York 1941.

[178] *C.L. Wilson*, J. chem. Soc. **1936**, 1550. *D.J. Cram*, Fundamentals of Carbanion Chemistry, Academic Press, New York 1965, S. 86—137 (Kap. 3).

[179] *A. Lapworth*, J. chem. Soc. (London) **85**, 30 (1904). *R.G. Pearson* und *J.M. Mills*, J. Amer. chem. Soc. **72**, 1692 (1950). *R.P. Bell* und *T. Spencer*, Proc. Roy. Soc. (London) **A 251**, 41 (1959).

[180] *G.A. Russell, E.G. Janzen, H.D. Becker* und *F.J. Smentowski*, J. Amer. chem. Soc. **84**, 2652 (1962). *G.A. Russell* und *E.G. Janzen*, J. Amer. chem. Soc. **84**, 4153 (1962). *J.E. Hofmann, A. Schriesheim* und *D.D. Rosenfeld*, J. Amer. chem. Soc. **87**, 2523 (1965).

[181] *S.K. Hsü, C.K. Ingold* und *C.L. Wilson*, J. chem. Soc. (London) **1938**, 78. *R.P. Bell*, Quart. Reviews **13**, 169 (1959). *A.I. Schatenstein*, Isotopenaustausch und Substitution des Wasserstoffs in Organischen Verbindungen, VEB Deutscher Verlag der Wissenschaften, Berlin 1963.

Aciditätskonstante K_S, läßt sich in die Form des *Brönsted*schen Katalysegesetzes [182] ([24]) kleiden.

$$\log k = a \cdot \log K_S + b \qquad [24]$$

Einfache Überlegungen auf der Grundlage des *Polanyi-Hammond*-Postulates [183, 184] lassen lineare Abhängigkeiten nur innerhalb enger Aciditätsbereiche erwarten. Für schwache CH-Säuren sollte der Korrelationskoeffizient a wegen der hohen Carbanion-Ähnlichkeit des Übergangszustandes nahe bei 1 liegen, für verhältnismäßig starke CH-Säuren hingegen nur ungefähr 0,5 betragen (Abb. 9).

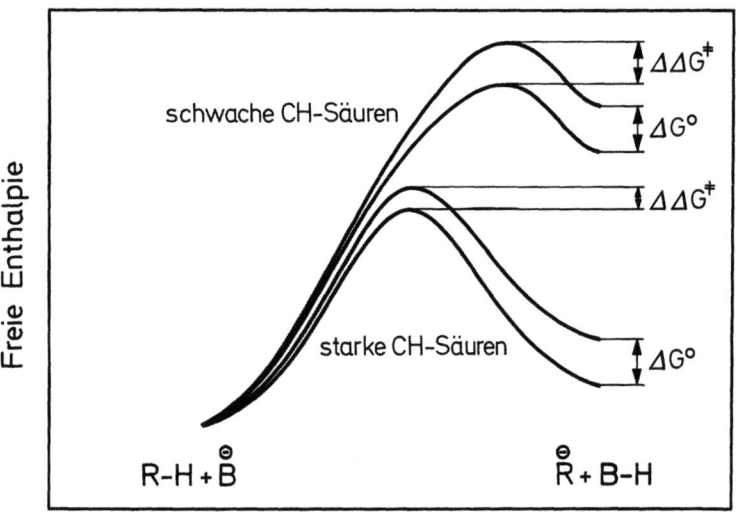

Abb. 9. Idealer Zusammenhang zwischen kinetischer und thermodynamischer Acidität: $\Delta\Delta G^{\ddagger} \sim \Delta G^0$ ($a \sim 1$), wenn Carbanionen $R^{\ominus}$ energiereich, d. h. CH-Säuren RH wenig acid; $\Delta\Delta G^{\ddagger} \sim \frac{1}{2}\Delta G^0$ ($a \sim 0{,}5$), wenn Carbanionen $R^{\ominus}$ energiearm, d. h. CH-Säuren RH stärker acid

In Wirklichkeit sind die Verhältnisse viel verwickelter. Der Korrelationskoeffizient a ist nur dann näherungsweise konstant, wenn CH-Säuren ähnlicher Acidität und zugleich ähnlicher Struktur verglichen werden (Abb. 10). Vor allem Gruppenhäufung in der Umgebung der

---

[182] *J. N. Brönsted* und *K. J. Pederson*, Z. physik. Chem. **108**, 185 (1924).
[183] *M. Polanyi*, Atomic Reactions, Williams & Norgate, London 1932.
[184] *G. S. Hammond*, J. Amer. chem. Soc. **77**, 334 (1955).

aciden CH-Bindung kann die kinetische Acidität über Gebühr herabsetzen [185, 186].

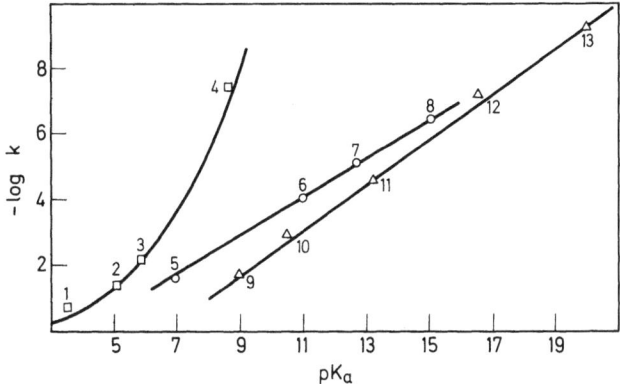

Abb. 10. Graphische Darstellung der Beziehung zwischen der Deprotonierungsgeschwindigkeit k und der CH-Säurestärke pK_a ausgewählter CH-acider Verbindungen in Wasser bei 25 °C [185]

1	$O_2N—CH_2—NO_2$	8	$(H_5C_2OCO)_2CH—C_2H_5$
2	$O_2N—CH_2—COCH_3$	9	$H_3CCO—CH_2—COCH_3$
3	$O_2N—CH_2—COOC_2H_5$	10	$H_3CCO—CH_2—COOC_2H_5$
4	$O_2N—CH_2—CH_3$	11	$H_5C_2OCO—CH_2—COOC_2H_5$
5	$(H_3CCO)_2CH—Br$	12	$H_3CCO—CH_2—Cl$
6	$(H_3CCO)_2CH—CH_3$	13	$H_3CCO—CH_3$
7	$\begin{matrix}H_3CCO\\H_5C_2OCO\end{matrix}\!\!>\!\!CH—C_2H_5$		

Besonders seltsam ist das Verhalten *α-nitro-substituierter* CH-Säuren. Hier übertreffen die Unterschiede der Protonbeweglichkeiten (log k/k') die Differenzen der Säureexponenten (ΔpK_S). Der Korrelationskoeffizient a nimmt also einen Wert >1 an [187]!

Das Fehlen genauer Kenntnisse über den Mechanismus basenkatalysierter elektrophiler Substitutionen, insbesondere des H/D-Austausches, erhöht noch die Fragwürdigkeit, mit der die Benutzung kinetischer Daten als Gradmesser der CH-Acidität behaftet ist. Grundsätzlich ist immer damit zu rechnen, daß die CH-Säure von der Base $B^\ominus$

---

[185] *R. G. Pearson* und *R. L. Dillon*, J. Amer. chem. Soc. **75**, 2439 (1953).
[186] Vgl. auch *H. F. Ebel* und *G. Ritterbusch*, Liebigs Ann. Chem. **704**, 15 (1967).
[187] *F. G. Bordwell*, *W. J. Boyle* und *K. C. Yee*, J. Amer. chem. Soc. **92**, 5926 (1970).

zunächst zu einem *Carbanion-Wasserstoffbrücken-Assoziat*[188] *5* deprotoniert wird[189]. Dessen Reprotonierung zur CH-Säure scheint mitunter rascher als jeder andere Reaktionsschritt abzulaufen, insbesondere als die Aufnahme von Deuterium im Zuge einer direkten oder durch das Carbanion 6 vermittelten Überführung in das entsprechende Carbanion-Deuteriumbrücken-Assoziat 7.*

$$\begin{array}{c} \\ \end{array}$$

> C—H $\overset{B^\ominus}{\rightleftarrows}$ > C$^\ominus$·······H—B   5

D—B ↓ > C$^\ominus$ 6

> C—D $\rightleftarrows$ > C$^\ominus$·······D—B   7

Aber selbst wenn diese — an sehr kleinen Isotopeneffekten erkenntliche[188, 190] — rasche Rückkehr unterbleibt, so handelt es sich bei dem Assoziat 5 lediglich um ein „maskiertes" Carbanion. Der ihm vorgeschaltete Übergangszustand braucht deshalb dem zugehörigen *freien* Carbanion 6 nur entfernt zu ähneln.

Ungeachtet aller derartiger grundsätzlicher Einwände hat sich die Methode des basenkatalysierten Wasserstoffisotopenaustausches in der Praxis als sehr taugliches Instrument zur Aciditätsbestimmung bewährt und behauptet.

2.2.6. Elektrochemische Messungen

Man kann sich eine CH-Säure RH, anstatt unmittelbar im Säure-Base-Gleichgewicht, auch auf dem Umweg über das Carbokation R$^\oplus$ und das Radikal R$^\bullet$ in das konjugate Carbanion R$^\ominus$ übergeführt denken. Der Anschluß zwischen RH und R$^\oplus$ läßt sich dann am ehesten mit Hilfe

---

* Es gelte [DB]/[HB] ≫ 1. Dann sind 6 → 5 und 7 → 5 vernachlässigbar klein.
[188] *D. J. Cram, C. A. Kingsbury* und *B. Rickborn*, J. Amer. chem. Soc. **83**, 3688 (1961). *A. Streitwieser* und *H. F. Koch*, J. Amer. chem. Soc. **86**, 404 (1964). *J. E. Hofmann, A. Schriesheim* und *R. E. Nichols*, Tetrahedron Letters **1965**, 1745. *A. Streitwieser, J. A. Hudson* und *F. Mares*, J. Amer. chem. Soc. **90**, 649 (1968). *M. Schlosser* und *V. Ladenberger*, Chem. Ber. **104**, 2873 (1971).
[189] Im Gegensatz zu Carbanionen mit intensiv delokalisierter negativer Ladung [vgl. *W. T. Ford*, J. Amer. chem. Soc. **92**, 2857 (1970)] sollten Carbanionen ohne Mesomeriestabilisierung sogar ausgesprochen gute Wasserstoffbrücken-Akzeptoren sein.
[190] Z. B.: *A. Streitwieser, W. R. Young* und *R. A. Caldwell*, J. Amer. chem. Soc. **91**, 527 (1969).

des zugehörigen Alkohols ROH als weiterer Zwischenstation herstellen:

$$R-H \underset{}{\overset{K_s}{\rightleftarrows}} R:^{\ominus}$$

$$R-OH \underset{}{\overset{K_R^{\oplus}}{\rightleftarrows}} R^{\oplus} \underset{}{\overset{E_{\frac{1}{2}}^{I}}{\rightleftarrows}} R^{\bullet}$$

mit vertikalen Verbindungen und $E_{\frac{1}{2}}^{II}$

Die Enthalpiedifferenzen, die den Übergängen zwischen $R^{\oplus}$ und $R^{\bullet}$ bzw. $R^{\bullet}$ und $R^{\ominus}$ zuzuordnen sind, lassen sich als Halbstufenpotentiale $E_{\frac{1}{2}}^{I}$ und $E_{\frac{1}{2}}^{II}$ durch reversible Wechselstrom-Polarographie in Acetonitril oder insbesondere Hexamethylphosphorsäuretriamid exakt messen[191]. Auch die Lage des Gleichgewichtes zwischen dem Carbokation $R^{\oplus}$ und dem Alkohol ROH, durch die Gleichgewichtskonstante $K_R^{\oplus}$ gekennzeichnet, ist zuverlässig erfaßbar[192]. An einer Stelle klafft jedoch eine Lücke im thermodynamischen Kreisprozeß. Die Stabilitätsunterschiede zwischen dem Alkohol ROH und dem Kohlenwasserstoff RH sind einem sicheren experimentellen Zugriff entzogen. Hier muß man sich mit der — vertretbaren — Annahme behelfen, die Differenz der freien Enthalpien $(G^{\circ}_{ROH}-G^{\circ}_{RH})$ sei zumindest näherungsweise von der Struktur des organischen Restes R unabhängig. Damit lassen sich dann Säureexponenten pK berechnen (Tabelle 14).

Tabelle 14. *Bestimmung von Aciditätskonstanten durch reversible polarographische Reduktion von Carbenium-tetrafluoboraten oder -perchloraten*[191]

CH-Säure[a]	Substituent	pK
Cyclopropenyl (R, R, H, R)	R = C₆H₅	51
Cycloheptatrienyl (R, H)	R = H	36
$(R-C_6H_4-)_3C-H$	R = (H₃C)₂N	34,7
	R = H₃CO	33,7
	R = H₃C	33,4
	R = Cl	33,6
	R = H	33[b]

[a] Gemeint sind die CH-Aciditäten der Benzyl- bzw. Allyl-Position.
[b] Durch Vereinbarung festgelegter Bezugswert.

---

[191] *R. Breslow* und *K. Balasubramanian*, J. Amer. chem. Soc. **91**, 5182 (1969). *R. Breslow* und *W. Chu*, J. Amer. chem. Soc. **92**, 2165 (1970). Vgl. auch *H. Volz* und *W. Lotsch*, Tetrahedron Letters **1969**, 2275.
[192] *N. C. Deno, J. J. Jaruzelski* und *A. Schriesheim*, J. Amer. chem. Soc. **77**, 3044 (1955).

Das geschilderte Verfahren setzt die Existenz faßbarer Carbenium-Salze voraus. In Fällen, da diese Bedingung nicht erfüllt ist, kann man sich mit der elektrochemischen Reduktion von Organoquecksilber-Salzen [193, 194] oder Diorganoquecksilber-Verbindungen [194, 195] (8) behelfen.

$$\text{R—Hg—R} \xrightarrow{2e} \text{Hg} + 2\overset{\ominus}{\text{R}} \xrightarrow{\text{rasch}} 2\text{RH}$$
$$8$$

Die polarographische Reduktion solcher Organoquecksilber-Verbindungen verläuft freilich durchweg *irreversibel*. Es braucht daher nicht zu verwundern, daß zwischen den ermittelten Halbstufenpotentialen $E_{\frac{1}{2}}$ und der Carbanion-Stabilität kein linearer Zusammenhang besteht. Eine sinnvolle Beziehung zwischen Reduktionsneigung und CH-Säurestärken ergibt sich erst, wenn auch der sog. Durchtrittsfaktor α berücksichtigt wird (Gl. [25]). Der Korrelationskoeffizient β wird durch Vergleich elektrochemischer Meßdaten mit anderweitig bekannten Aciditätskonstanten festgelegt.

$$pK = \beta \cdot \alpha \cdot E_{\frac{1}{2}} + \text{const} \qquad [25]$$

Die polarographische Meßmethode überspannt einen eindrucksvoll weiten Aciditätsbereich (Tabelle 15). Sie gestattet wie kaum ein anderes Verfahren, die Messungen bis in das Gebiet schwächster CH-Säuren auszudehnen. Freilich muß man sich auch über ihre Mängel im klaren sein. Der gewichtigste Einwand richtet sich gegen die elektro*kinetische* Natur der Organoquecksilber-Reduktion. Rückschlüsse von Geschwindigkeitsdaten auf Gleichgewichtszustände sind grundsätzlich nur mit großen Vorbehalten möglich. Dies gilt um so mehr, als der Durchtrittsfaktor α, womit dem irreversiblen Reduktionsablauf Rechnung getragen werden soll, nicht immer mit der wünschenswerten Präzision erfaßbar ist.

Solvenseinflüsse auf das Reduktionspotential sind vermutlich unerheblich. Die intermediären Carbanionen dürften — unter anderem legt es das gleichförmige Verhalten dreier Diorganoquecksilber-Verbindungen in reinem und in wäßrigem Dimethylformamid nahe (Tabelle 15) — weitgehend unsolvatisiert freigesetzt werden. Spezifische Wechselwirkungen zwischen Carbanionen und Elektrodenoberfläche sind dagegen

---

[193] R. E. Dessy, W. Kitching, T. Psarras, R. Salinger, A. Chen und T. Chivers, J. Amer. chem. Soc. **88**, 460 (1966).
[194] K. P. Butin, I. P. Beletskaya, A. N. Kashin und O. A. Reutov, J. organomet. Chem. **10**, 197 (1967).
[195] K. P. Butin, A. N. Kashin, I. P. Beletskaya, L. S. German und V. R. Polishchuk, J. organomet. Chem. **25**, 11 (1970).

nicht ohne weiteres auszuschließen. Insgesamt sollten daher tiefgreifende Unterschiede zu den Verhältnissen bestehen, wie sie bei Gleichgewichtsreaktionen in polaren und unpolaren Medien herrschen.

Tabelle 15. *Aciditätsskala, erstellt aufgrund irreversibler polarographischer Reduktion quecksilberorganischer Verbindungen*[193, 194]

CH-Säure	Stellung der aciden CH-Bindung	pK
$H_3C-CH_2-CH_3$	2	60[a]
CH_4	—	57[a]
$H_3C-CH_2-CH_2-CH_3$	1	50[a]
H_3C-CH_3	—	44[a]
Benzol	—	37[a,b]
$H_2C=CH_2$	—	36[b]
Toluol	α	35[a,b]
$H_2C=CH-CH_3$	3	32[b]
$H_2C=CH-Cl$	α	31[b]
Pentachlorbenzol	—	30,5[b]
F_3CH	—	25,5[a]
$CH_3-COOCH_3$	α	24[a,b]
Pentafluorbenzol	—	23[b]
$(H_3C)_3C-CO-CH_3$	α	20,5[b]
$F_2C=CH-F$	—	20[a]
$H_5C_6-C\equiv C-H$	ω	18,5[b]
$Cl_2C=CH-Cl$	—	18[b]
Cyclopentadien	5	15,5[b]
Cl_3CH	—	15[a]
$CH_3-CO-CH_2-COOC_2H_5$[c]	α	11[b]
HCN[c]	—	9,5[b]
Br_3CH	—	9[a]
$(F_3C)_3CH$	—	7[a]

[a] Messung in reinem Dimethylformamid.
[b] Messung in „60-proz.", wäßrigem Dimethylformamid.
[c] Mit Hilfe dieser beiden, aus dem wäßrigen Medium übernommenen Werte wurde die Aciditätsskala „justiert".

2.3. Acidität und Struktur

2.3.1. Hybridisierungseffekte

Bindungslängen[196] und Bindungswinkel[197] sind das Ergebnis eines Widerstreites zwischen *anziehenden* Kern-Elektron-Wechselwirkungen und *abstoßenden* Elektron-Elektron-Wechselwirkungen. Die tetraedrische Gestalt bedeutet, wie leicht einzusehen ist, so für das Methan (9) den bestmöglichen Kompromiß. Umgekehrt sollten *Derivate* des Methans Bindungswinkel, die von 109,5° abweichen, besitzen. Dies gilt insbesondere auch für das Methyl-Anion (10), das aus dem Methan durch Proton-Abstraktion freigelegt wird. Das seines Protons beraubte, „einsame" Elektronenpaar steht nur noch im Potentialfeld eines einzigen Atomkerns und wird daher bestrebt sein, sich mehr als bisher in dessen Nähe aufzuhalten. Das Orbital verkürzt und verbreitert sich dabei; es wird insgesamt also kugeliger. Die Orbitalexpansion in der Umgebung des Kohlenstoff-Kerns erhöht die abstoßenden Wechselwirkungen mit den drei übrigen Valenzen. Diese weichen zurück, indem sie die gemeinsamen Bindungswinkel verkleinern*.

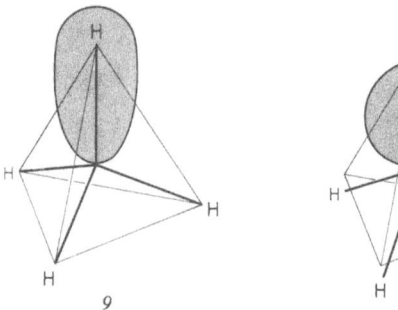

---

[196] *L.S. Bartell*, J. chem. Physics **32**, 827 (1960).
[197] *R.J. Gillespie*, Angew. Chem. **79**, 885 (1967). *L.S. Bartell*, J. chem. Educ. **45**, 754 (1968). Vgl. *N.V. Sidgwick* und *H.M. Powell*, Proc. Roy. Soc. A **176**, 153 (1940). *R.J. Gillespie* und *R.S. Nyholm*, Quart. Reviews **11**, 339 (1957).
* Zum Unterschied von Methyl-Radikal und -Kation besitzt also das Methyl-Anion pyramidal-gewinkelte Gestalt. Da jedoch seine Einebnung mit nur geringem Energieaufwand verbunden ist (vermutlich 6 kcal/mol; vgl. S. 91), vermag das Carbanion leicht über den planaren Zwischenzustand in die spiegelbildliche Konfiguration umzuklappen. Mit anderen Worten: optisch aktive Carbanionen und Organometalle racemisieren normalerweise äußerst rasch. Nur Cyclopropyl- und Alkenyl-metalle können dank hoher Inversionsbarrieren ihre Konfiguration bei Raumtemperatur bewahren (s. S. 93).

Acidität und Struktur 65

Die genaue Konfiguration des Methyl-Anions, in freier Form oder in Verbindung mit einem stark elektropositiven Metall wie Kalium, ist unbekannt. Immerhin beobachten wir die erwartete Verzerrung der CH_3-Pyramide bereits deutlich im Dimethylberyllium[198], dessen HCH-Winkel nur noch etwa 105° betragen. Außerdem können wir die Ammoniak-Molekel aufgrund ihrer isoelektronischen Verwandtschaft als Modell für das nicht faßbare Methyl-Anion heranziehen. Die HNH-Bindungswinkel des Ammoniaks (104,5°) sind im Vergleich zu der Tetraederkonfiguration des Ammonium-Ions (109,5°) beträchtlich verengt.

Ein einsames Elektronenpaar beansprucht also in der Länge weniger, in der Breite mehr Platz als eine CH-Bindung[199]. Beide Faktoren können die Acidität von CH-Säuren entscheidend beeinflussen. Die Verkürzung des Orbitals in der Längsrichtung macht sich allerdings nur selten praktisch bemerkbar. Im Falle des trans-Styrylchlorids (11), das die Planarität nur um den Preis erheblicher van der Waals-Abstoßung ertrotzen kann, wurde sie als die Ursache der erhöhten Protonbeweglichkeit des α-ständigen Wasserstoffs erkannt („*sterische Acidifizierung*")[200].

Die Tendenz des einsamen Elektronenpaares zur Orbitalverbreiterung spiegelt sich dagegen allenthalben in den Carbanion-Stabilitäten

---

[198] A. Almenningen, A. Haaland und G. L. Morgan, Acta chem. Scand. **23**, 2921 (1969).
[199] Die alte Streitfrage, ob ein einsames Elektronenpaar oder eine CH-Bindung raumerfüllender sei, läßt sich also nicht pauschal beantworten. Das einsame Elektronenpaar des Piperidins ist nach Auskunft des Konformerengleichgewichtes nur unwesentlich „kleiner" als dessen NH-Bindung [H. Booth, Chem. Commun. **1968**, 802; J. B. Lambert, D. S. Bailey und B. F. Michel, Tetrahedron Letters **1970**, 691. Vgl. N. L. Allinger, J. A. Hirsch und M. A. Miller, Tetrahedron Letters **1967**, 3729; D. W. Scott, J. chem. Thermodynamics **1971**, 649], weil die betrachtete sterische Wechselwirkung *seitlich* angreift. Dagegen vermag der Ersatz einer CH-Bindung durch ein Stickstoff-Atom sterische Hinderung ganz nachdrücklich zu mindern, wenn der störende Ligand *frontal* angeordnet ist [F. Vögtle und A. H. Effler, Chem. Ber. **102**, 3071 (1969)].
[200] M. Schlosser und V. Ladenberger, Chem. Ber. **100**, 3901 (1967).

wider. Sie erklärt insbesondere auch die herausragende CH-Acidität niedriggliedriger mono-, bi- und tricyclischer Kohlenwasserstoffe (z. B. *12—17*). Dank der Ringspannung sind hier nämlich die CCC-Bindungswinkel bereits auf der Stufe der CH-Säure zu einer steilen Pyramide verengt. Die Breitenausdehnung des carbanionischen Elektronenpaares ist ohne weiteres Zusammendrängen der Liganden und somit ohne Energieaufwand möglich („*Hybridisierungseffekt*").

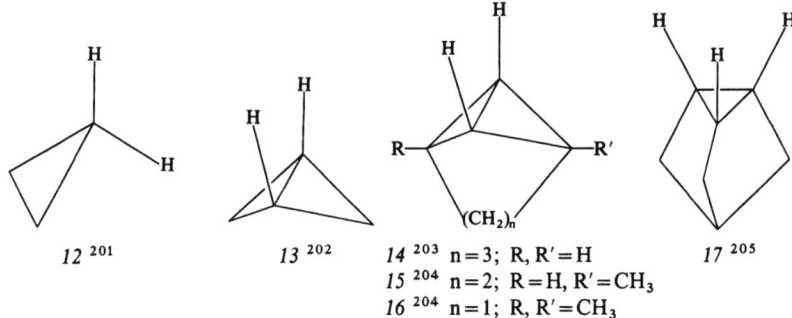

12 [201]   *13* [202]   *14* [203] n=3; R, R'=H   *17* [205]
                              15 [204] n=2; R=H, R'=CH$_3$
                              16 [204] n=1; R, R'=CH$_3$

Sehr aufschlußreich ist in diesem Zusammenhang das Ringgröße/Reaktivitäts-Profil (Abb. 10) der basen-katalysierten Ent-tritiierung isotopenmarkierter Cycloalkane. Die Austauschgeschwindigkeit nimmt bis zum Achtring hin monoton mit zunehmender Ringgliederzahl ab[206] (Abb. 11). Das gegenteilige Verhalten wäre zu erwarten, würden anstelle der Carbanionen andersartige Teilchen als kurzlebige Zwischenstufen durchlaufen: die Reaktionsgeschwindigkeit des — exergonen! — Zerfalls von Cycloalkyl-peroxycarbonsäure-t-butylestern[207] wächst bis zu den mittleren Ringen hin stetig an. Auch für die endergone Radikalerzeugung, etwa durch Azoalkan-Thermolyse[207], sowie insbesondere für die Carbokation-Freisetzung wie bei der Acetolyse von Cycloalkyltosyla-

---

[201] *E. J. Lanpher, L. M. Redmen* und *A. A. Morton*, J. org. Chemistry **23**, 1370 (1958).
[202] *K. B. Wiberg, G. M. Lampman, R. P. Ciula, D. S. Connor, P. Schertler* und *J. Lavanish*, Tetrahedron **21**, 2749 (1965).
[203] *G. L. Closs* und *L. E. Closs*, J. Amer. chem. Soc. **85**, 2022 (1963).
[204] *G. L. Closs* und *R. B. Larrabee*, Tetrahedron Letters **1965**, 287.
[205] *M. Schlosser*, unveröffentlicht; vgl. *M. Schlosser* und *V. Ladenberger*, Angew. Chem. **78**, 547 (1966).
[206] *A. Streitwieser, R. A. Caldwell* und *W. R. Young*, J. Amer. chem. Soc. **91**, 529 (1969). *A. Streitwieser* und *W. R. Young*, J. Amer. chem. Soc. **91**, 529 (1969). *A. Streitwieser* und *D. R. Taylor*, Chem. Commun. **1970**, 1248.
[207] *P. Lorenz, C. Rüchardt* und *E. Schacht*, Tetrahedron Letters **1969**, 2787. *C. Rüchardt*, Angew. Chem. **82**, 845 (1970).

ten[208] sind ansteigende Profile typisch, wenngleich sich hier die sechsgliedrigen Ringe mit einem empfindlichen Reaktivitätsrückgang der allgemeinen Tendenz entziehen (Abb. 11).

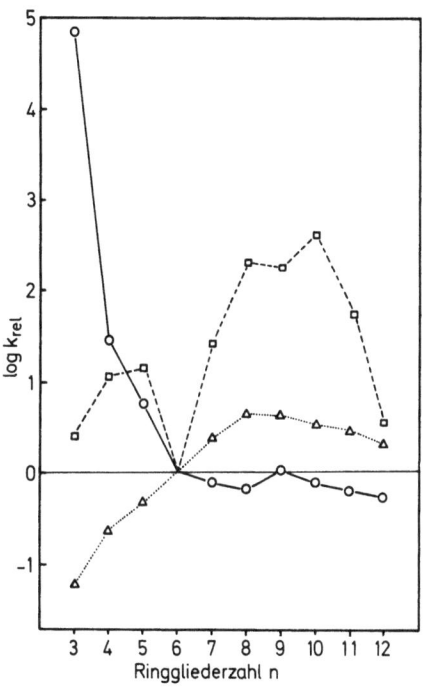

Abb. 11. Abhängigkeit der relativen Reaktionsgeschwindigkeiten von der Ringgröße bei je einer Reaktion mit Carbokation, Kohlenstoff-Radikal- und Carbanion-Zwischenstufe (Sechsring-Relativgeschwindigkeit $\equiv 1$)

[208] R. Heck und V. Prelog, Helv. chim. Acta **38**, 1541 (1955). Vgl. H. C. Brown, R. S. Fletcher und R. B. Johannesen, J. Amer. chem. Soc. **73**, 212 (1951). H. C. Brown und G. Ham, J. Amer. chem. Soc. **78**, 2735 (1956). — Freilich kommt die Solvolyse sekundärer Tosylate gewöhnlich gar nicht gemäß S_N1 ($C^\oplus$-Zwischenstufe!) zustande, sondern unter nucleophiler Solvensbeteiligung (vgl. u. a. P. v. R. Schleyer, J. L. Frey, L. K. M. Lam und C. J. Lancelot, J. Amer. chem. Soc. **92**, 2542 (1970)).

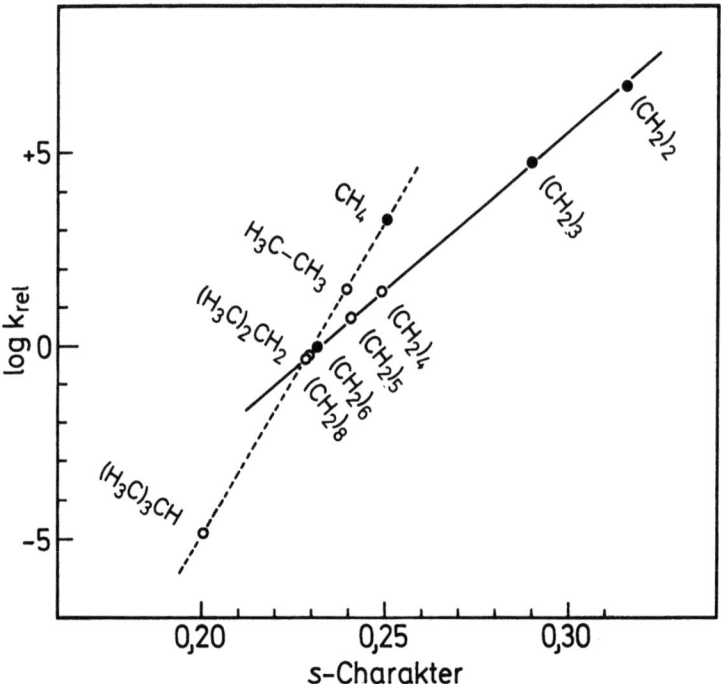

Abb. 12. Relativgeschwindigkeiten des basen-katalysierten Wasserstoffisotopen-Austausches in Abhängigkeit von dem s-Charakter des wasserstoff-bindenden Kohlenstoff-Orbitals.

Für ein $sp^{\lambda_i^2}$-Hybridorbital (λ_i = „Mischungskoeffizient", λ_i^2 = „Hybridisierungsindex") gilt:

$$s\text{-Anteil} = \frac{1}{1+\lambda_i^2}$$

Nur in vier Fällen (schwarze Kreise!) sind sowohl die relativen kinetischen CH-Aciditäten[206] als auch brauchbare Molekelgeometrien[209] (und somit Hybridisierungsgrade) bekannt: Methan, Äthylen, Cyclopropan und Cyclohexan. Unter der Annahme einer Linearbeziehung zwischen der kinetischen Acidität[206] von Cycloalkanen und ihrem Hybridisierungszustand gelangt man zu folgenden Aussagen über die HCH-Bindungswinkel: Cyclobutan 109,3°, Cyclopentan 108,5°, Cyclooctan 107,2°. Unter der Annahme eines gleichmäßigen Beitrages jeder Methyl-Gruppe in der Reihe Methan—Äthan—Propan—Isobutan vermag man aufgrund der Bindungswinkel[209] die folgenden relativen Protonbeweglichkeit (bezüglich Cyclohexan = 1) vorauszusagen: Äthan, $3,5 \cdot 10^1$, Propan (Methylen-Gruppe!) $5,5 \cdot 10^{-1}$, Isobutan (Methin-Gruppe!) $1,6 \cdot 10^{-5}$.

---

[209] Äthylen, ∢HCH 117° [K. Mislow, Einführung in die Stereochemie, Verlag Chemie, Weinheim 1967, S. 18]. Cyclopropan ∢HCH 114° [K. Mislow, Einführung in die Stereochemie, Verlag Chemie, Weinheim 1967, S. 18. Vgl. auch A. Almenningen, O. Bastiansen und P.N. Skancke, Acta chem. Scand. 12, 1215 (1958). O. Bastiansen und P.N. Skancke, Advanc. chem. Phys. 3, 323 (1960). W.H. Flygare, A. Narath und W.D.

Der beobachtete Zusammenhang zwischen Ringgestalt und Carbanion-Bildungstendenz ist sogar zahlenmäßig erfaßbar. Wie die Abb. 12 veranschaulicht, besteht zwischen der Austauschgeschwindigkeit und dem s-Elektronen-Anteil am wasserstoffbindenden Kohlenstoff-Orbital, also zwischen der Protonbeweglichkeit und dem Hybridisierungszustand der Cycloalkan-CH-Bindungen, eine *Linearbeziehung**.

Interessanterweise fügt sich das Äthylen ganz ausgezeichnet in diese Linearbeziehung ein. Dieses Verhalten braucht nicht einmal sehr zu verwundern. Mit „Bogenbindungen" formuliert, ist das Äthylen (*18*) eine „Zweiring"-Verbindung und darf deshalb als niedrigstgliedriges Cycloalkan („Cycloäthan") aufgefaßt werden.

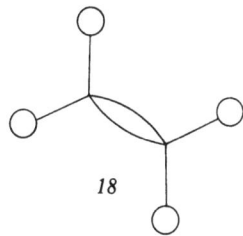

18

Gwinn, J. chem. Phys. **36**, 200 (1962). *C.A. Coulson* und *T.H. Goodwin*, J. chem. Soc. (London) **1963**, 3161.Vgl. aber auch *O. Bastiansen* und *A. de Meijer*, Acta chem. Scand. **20**, 516 (1966)]. Cyclobutan, ∢HCH 110° [*O. Bastiansen* und *A. de Meijer*, Angew. Chem. **78**, 142 (1966)]. Cyclohexan, ∢CCC 111,3° [*M. Davis* und *O. Hassel*, Acta chem. Scand. **17**, 1181 (1963)]. Cyclooctan, ∢HCH 106° [Annahmewert: *M. Dobler*, *J.D. Dunitz* und *A.Mugnoli*, Helv. chim. Acta **49**, 2492 (1966)]. Äthan, ∢HCC 110,5° [*K. Hedberg* und *V. Schomaker*, J. Amer. chem. Soc. **73**, 1486 (1951). Vgl. auch *L.G. Smith*, J. chem. Phys. **17**, 139 (1949)]. Propan, ∢CCC 112,4° [*R.A. Bonham, L.S. Bartell* und *D.A. Kohl*, J. Amer. chem. Soc. **81**, 4765 (1959). *N. Norman* und *H. Mathisen*, Acta chem. Scand. **15**, 1747 (1961)]. Isobutan, ∢CCC 111,3° [*D.R. Lide*, J. chem. Phys. **33**, 1519 (1960). *G.H. Pauli, F.A. Momany* und *R.A. Bonham*, J. Amer. chem. Soc. **86**, 1286 (1964)].

* Freilich stützt sich die Festlegung des Hybridisierungsgrades nur in zwei Fällen — Cyclopropan und Cyclohexan — auf die unmittelbare Kenntnis der Molekelgeometrie (Umrechnungsformeln: *K. Mislow*, Einführung in die Stereochemie, Verlag Chemie, Weinheim 1967, S. 11—22). Die Hybridisierung des Cyclobutans, Cyclopentans und Cyclooctans läßt sich jedoch mit Hilfe einer empirisch gefundenen Abhängigkeit von der ^{13}C-^{1}H-Kopplungskonstanten abschätzen [*C.S. Foote*, Tetrahedron Letters 1963, 579. Vgl. *N. Muller* und *D.E. Pritchard*, J. chem. Phys. **31**, 768, 1471 (1959). *J.N. Schoolery*, J. chem. Phys. **31**, 1427 (1959). *C. Juan* und *H.S. Gutowsky*, J. chem. Phys. **37**, 2198 (1962). *G.L. Closs*, Proc. chem. Soc. (London) **1962**, 152. — Vgl. aber auch neuere und teilweise revidierte Werte für Cycloalkene: *P. Laszlo* und *P.v.R. Schleyer*, J. Amer. chem. Soc. **85**, 2017 (1963). *V.S. Watts* und *J.H. Goldstein*, J. chem. Physics **46**, 4165 (1967). *M.A. Cooper* und *S.L. Mannatt*, Org. Magn. Res. **2**, 511 (1970). Das Postulat einer Linearbeziehung zwischen $J_{^{13}C^1H}$ und Hybridisierungsgrad scheint einstweilen nur für die Reihe der Cycloalkane begründet zu sein].

70   Basizität

Sinnentsprechend ist das Acetylen („Bicyclo[0.0.0]-äthan", 19) Anfangsglied einer analogen Reihe von Cycloalkenen. In dieser Reihe wächst die Protonbeweglichkeit der olefinisch gebundenen Wasserstoffe wiederum stetig mit der Zunahme der Ringspannung und des s-Anteils des bindenden Kohlenstoff-Orbitals. Wenngleich in der Cycloalken-Reihe auf zahlenmäßige Korrelation verzichtet werden muß — zuverlässige, kinetische oder thermodynamische Aciditätswerte fehlen, und außerdem können hier keine Hybridisierungsgrade bestimmt werden * —, so bestätigt das Aciditätsgefälle zumindest qualitativ die Erwartung. Cyclopenten (22) unterzieht sich bereits wesentlich rascher als ringoffene Olefine der Metallierung [210] und dem Wasserstoffisotopenaustausch [211]. Die Carbanion-Stabilität steigt dann weiter steil an: Die Protonbeweglichkeit erhöht sich vom Cyclopenten (22) über das Cyclobuten (21) und das Cyclopropen (20) zum Acetylen (19) hin mit jeder Stufe um 2—4 Größenordnungen [211]. 1.3.3-Trimethyl-cyclopropen [212] wird von Methyllithium, Acetylen bereits von Grignard-Reagenzien rasch metalliert.

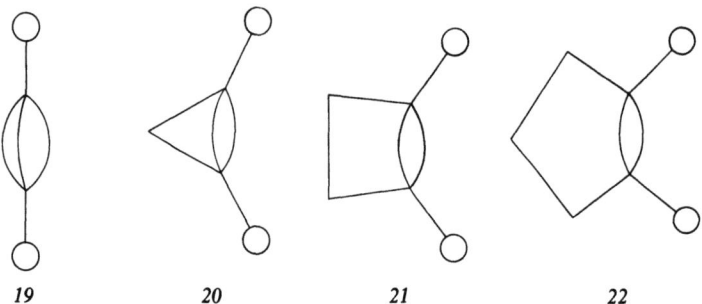

19   20   21   22

Umgekehrt vermindert sich die Acidität olefinisch gebundener Wasserstoffe, wenn das Kohlenstoff-Skelett eines cyclischen oder offenkettigen cis-Alkens durch sterischen Zwang auseinandergespreizt wird. Typisch ist in dieser Hinsicht das cis-Di-t-butyl-äthylen (24), das bei Basen-Katalyse beinahe 30mal langsamer als das ungespannte

---

* Es ist nicht gerechtfertigt, das wasserstoff-bindende Orbital des Acetylen-Kohlenstoffs als genau sp-hybridisiert anzusehen. Die von den Orbitalen eingeschlossenen Winkel sind nicht mit den sich an Atomschwerpunktslagen orientierenden Bindungswinkeln identisch!

[210] R. A. Finnegan und R. S. McNees, Chem. and Ind. **1961**, 1450.
[211] G. Schröder, Chem. Ber. **96**, 3178 (1963).
[212] G. L. Closs und L. E. Closs, J. Amer. chem. Soc. **85**, 99, 2022 (1963).

t-Butyl-äthylen (23) ein Wasserstoffisotop in die Vinyl-Stellung aufnimmt.

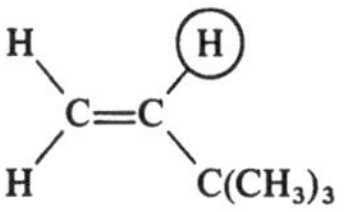

$$23, k_{rel} = 1 \qquad 24, k_{rel} = 0{,}036$$

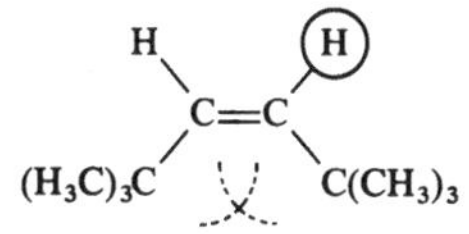

Hybridisierungseffekte beeinflussen auch die Acidität *aromatisch* gebundener Wasserstoffe. So wird unter Lithiumcyclohexylamid-Katalyse aus der 1-Stellung des Biphenylens[213] (25) 70mal rascher als aus der 2-Position Tritium eliminiert[214]. Aufgrund seiner ungewöhnlichen Bindungswinkel[215] läßt sich für das Benzo[1,2:4,5]dicyclobuten (26) eine noch vielfach gesteigerte Protonbeweglichkeit der aryl-gebundenen Wasserstoffe vorhersagen.

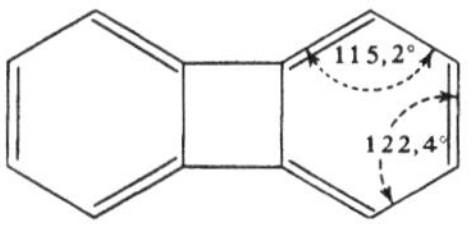

25 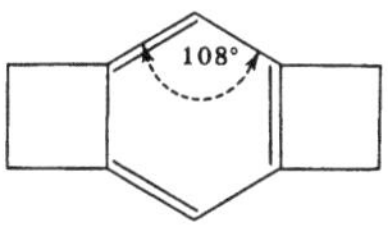   26

2.3.2. Induktive Effekte

Jede Substitution des Methans (28) ist von einer Veränderung des Kohlenstoff-Tetraeders begleitet. Im Propan (27) beanspruchen die CC-Bindungen auf Kosten der CH-Bindungen einen größeren Winkelabstand[216]. Umgekehrt rücken im Difluormethan (29) die Fluor-Atome näher zusammen und räumen den CH-Valenzen mehr Platz ein, als ihnen in einem regelmäßigen Tetraeder zustünde[217].

---

[213] Röntgenstrukturanalyse: *J.K. Fawcett* und *J. Trotter*, Acta cryst. **20**, 87 (1965).
[214] *A. Streitwieser, G.R. Zieger, P.C. Mowery, A. Lewis* und *R.G. Lawler*, J. Amer. chem. Soc. **90**, 1357 (1968).
[215] *S.G.G. MacDonald* und *J. Lawrence*, Chem. and Ind. **1965**, 86.
[216] *D.R. Lide*, J. chem. Physics **33**, 1514 (1960). Vgl. *F.A. Momany, R.A. Bonham* und *W.H. McCoy*, J. Amer. chem. Soc. **85**, 3077 (1963).
[217] *D.R. Lide*, J. Amer. chem. Soc. **74**, 3550 (1952).

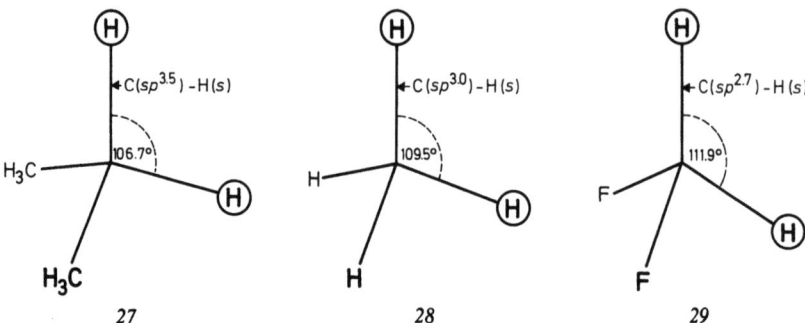

27   *28*   *29*

Wie kommen diese Abweichungen zustande? Das Elektronenpaar, das die CC-Bindung des Äthans herstellt, muß aus Symmetriegründen bezüglich der beiden Kohlenstoffkerne gleiche Aufenthaltswahrscheinlichkeiten besitzen. Im Propan sind die CC-Bindungen ungleichseitig substituiert, hier wird die höchste Elektronendichte nun zwar nicht mehr genau im Mittelpunkt zwischen den beiden Kohlenstoff-Kernen, wohl aber ganz in der Nähe davon, erreicht.

Wesentlich unsymmetrischer sind die Elektronen in einer CH-Bindung verteilt. Der von allen Seiten her zugängliche Wasserstoff-Kern ist für das Elektronenpaar ein viel attraktiverer Zielpunkt als der durch andere Valenzen und eine innere Elektronenschale abgeschirmte Kohlenstoff-Kern[218]. Somit wird sich der Schwerpunkt der Elektronendichte zum Wasserstoff-Kern hin verlagern. Als Folge ist das Orbital einer CH-Bindung (*31*) in der Umgebung des Kohlenstoffes schlanker als ein CC-Bindungsorbital (*30*) und kann sich mit einem geringeren Abstand zu den Nachbarbindungen als dieses begnügen, wenn in einem Alkan die Bindungswinkel optimal aufgeteilt werden sollen.

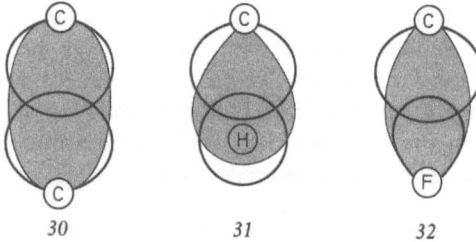

30   *31*   *32*

Das Fluor ist ein besonders „egoistischer" Teilhaber an einer Kovalenz. Dank seiner hohen effektiven Kernladungszahl vermag es

---

[218] In diesem Sinne ist Wasserstoff tatsächlich „elektronegativer" als Kohlenstoff. Vgl. P.M.E. *Lewis* und R. *Robinson,* Tetrahedron Letters **1970**, 2783; dort weitere Literatur.

das gemeinsame Elektronenpaar weit zu sich herüberzuziehen. Entsprechend groß ist die Orbitalkontraktion in der Umgebung des Kohlenstoffs (32).

Wie wir gesehen haben, äußern sich die „induktiven" Effekte elektronenarmer oder elektronenreicher Liganden immer auch in Bindungswinkeländerungen. Man mag nun versucht sein, den s-Charakter einer CH-Bindung als einziges Kriterium ihrer Acidität anzusehen. Das wäre verkehrt. Denn die Linearbeziehung zwischen Hybridisierung der CH-Säure und ihrer Acidität gilt nur innerhalb einer Reihe gleichartig substituierter Verbindungen, etwa Cycloalkanen. Sie versagt, sobald CH-Säuren mit unterschiedlicher Zahl oder Art von Liganden verglichen werden. Beispielsweise ist trotz ähnlicher HCH-Winkel Methan viel acider als Cyclobutan und Difluormethan viel acider als Cyclopropan.

In diesem Zusammenhang darf nicht übersehen werden, daß es ja gar nicht auf die Hybridisierung der *CH-Säure*, sondern allein auf die des *Carbanions* ankommt. Und wir haben vermutet (S. 64ff.), daß (nichtmesomeriestabilisierte) Carbanionen grundsätzlich steiler gewinkelt sind als die konjugate CH-Säure. So genügt die Kenntnis der genauen Bindungswinkel der CH-Säure nicht. Vielmehr gilt es auch zu fragen, ob eine Hybridisierungsänderung mit geringem oder großem Energieaufwand bezahlt werden muß.

Propan, Methan und Difluormethan sollten sich in dieser Hinsicht sehr verschiedenartig verhalten. Sicherlich werden die schlanken, tropfenförmigen CF-Bindungen, nachdem sie bereits vor den „kleinen" Wasserstoff-Atomen zurückweichen, sich zugunsten des räumlich anspruchsvollen einsamen Elektronenpaares bereitwillig weiter einschränken. Im Gegensatz dazu haben die aufgeblähten, elektronenreichen CC-Bindungen des Propans keinerlei Platz zu verschenken. Sie werden jeder Expansion eines benachbarten Elektronenpaares — und somit auch der Carbanion-Bildung — hartnäckigen Widerstand entgegensetzen*.

Induktive Ligandeffekte pflanzen sich durch Polarisierung und Umhybridisierung der Nachbarbindungen auch an entferntere Wasserstoff-Atome fort. Wie ein Vergleich der *Hammett*schen Reaktionskonstanten ρ einer Reihe von CH-Säuren (33—36; Abb. 13) sowie analoger $^{\oplus}$NH-Säuren (37—39) lehrt, vermindert sich der Einfluß kerngebundener Liganden auf die kinetische oder thermodynamische Acidität mit jedem dazwischentretenden Atom auf ungefähr die Hälfte.

---

* Hinzu kommt natürlich die sterische Hinderung, die bei einer Verkleinerung des CCC-Bindungswinkels durch Van der Waals-Abstoßung der Methyl-Wasserstoffe hervorgerufen würde.

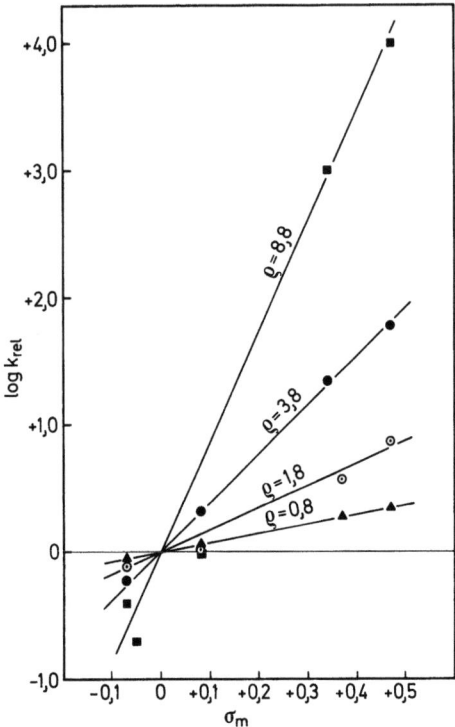

Abb. 13. Linearbeziehungen zwischen der CH-Acidität meta*-substituierter Benzole (33), Toluole (34), Styrylchloride (35) sowie Phenylacetylene (36) und *Hammett*schen σ-Konstanten

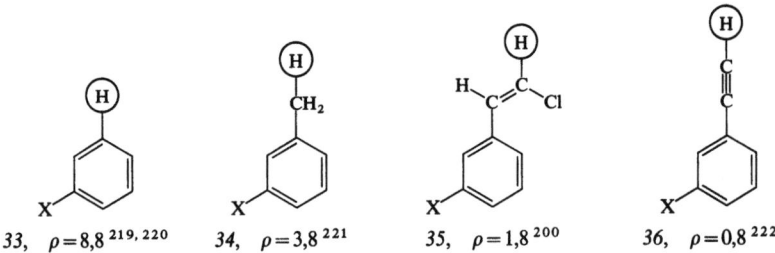

33, $\rho = 8{,}8$ [219, 220]   34, $\rho = 3{,}8$ [221]   35, $\rho = 1{,}8$ [200]   36, $\rho = 0{,}8$ [222]

---

* Auch die entsprechenden *para*-substituierten CH-Säuren erfüllen weitgehend die Hammett-Beziehung; lediglich die para-substituierten *Toluole* unterliegen begreiflicherweise stärkeren Abweichungen.

[219] G. E. Hall, R. Piccolini und J. D. Roberts, J. Amer. chem. Soc. **77**, 4540 (1955). A. Streitwieser und F. Mares, J. Amer. chem. Soc. **90**, 644 (1968).

[220] A. I. Schatenstein, Advanc. phys. org. Chem. **1**, 155, speziell 187—188 (1963).

[221] A. Streitwieser und H. F. Koch, J. Amer. chem. Soc. **86**, 404 (1964).

[222] C. Eaborn, G. A. Skinner und D. R. M. Walton, J. chem. Soc. (London) **B 1966**, 922.

Acidität und Struktur

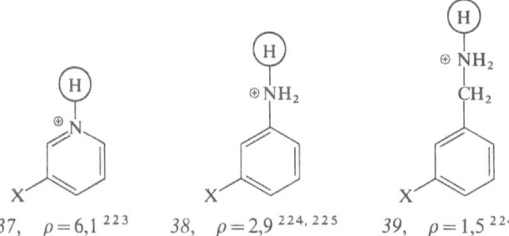

37, $\rho = 6{,}1$ [223]   38, $\rho = 2{,}9$ [224, 225]   39, $\rho = 1{,}5$ [224]

Die gute Transmission induktiver Effekte durch aromatische, olefinische und acetylenische CC-Bindungen deutet auf leichte Verschiebbarkeit von π-Elektronen hin. Damit dürfte auch verständlich werden, weshalb die Protonbeweglichkeit aromatischer CH-Bindungen vom Benzol (40) über das Naphthalin (41) zu den mehrkernigen Aromaten hin stetig ansteigt [226]. Die π-Elektronen, die vor dem einsamen Elektronenpaar zurückweichen, finden um so mehr „Auslauf", je ausgedehnter das konjugierte System ist.

40   $k_{rel} \equiv 1$

41   $k_{rel} = 9{,}8$ $k_{rel} = 4{,}4$

---

[223] A. Bryson, J. Amer. chem. Soc. **82**, 4871 (1960).
[224] L. M., Litvinenko und V. A. Dadali, Zhur. org. Khim. **2**, 374 (1966); C.A. **65**, 2105c (1966). — Der Substituenteneinfluß wurde in einer kinetisch gesteuerten Sulfonylierung ermittelt. $^{\oplus}$NH-Aciditätsmessungen unter Gleichgewichtsbedingungen würden vermutlich noch größere Unterschiede zwischen den Reihen 38 und 39 aufzeigen.
[225] Vgl. auch die Zusammenstellung bei P. R. Wells, Chem. Reviews **63**, 182, 184 (1963).
[226] E. N. Jurygina, P. P. Alichanow, E. A. Israilewitsch, P. N. Manotschkina und A. I. Schatenstein, Zhur. fiz. Khim. **34**, 587 (1960).

Eine offene Frage ist, in welchem Ausmaß polare Liganden auch unmittelbar „*durch den Raum*"[227], also in einer von Bindungswinkel- und Orbitaländerungen unabhängigen Weise, Carbanion-Bildungstendenzen beeinflussen. Die ungewöhnlich hohe Acidität der ortho-ständigen Wasserstoffe des Fluorbenzols führte zu Überlegungen[228], ob nicht das entsprechende Carbanion durch den benachbarten CF-Dipol auch elektrostatisch stabilisiert werde (*42*).

42

Im allgemeinen scheinen jedoch induktive Effekte gegenüber Änderungen der räumlichen Ligandausrichtung recht unempfindlich zu sein. Anders wäre kaum die vorzügliche Linearbeziehung, die zwischen der Protonbeweglichkeit an der ortho-Stellung substituierter Benzole (geometrisch starr!) und den Aciditätskonstanten substituierter Essigsäuren (konformationell wahlfrei!) besteht[220], zu erklären.

2.3.3. Der *p*-mesomere Effekt ungesättigter Kohlenwasserstoff-Reste

Wenn schon — wie im Falle der Aryl-Anionen vermutet (S. 75) — ein senkrecht stehendes Orbital *p*-Elektronen zum Zurückweichen veranlassen kann (*43*): um wieviel leichter müßte sich doch dann ein parallel ausgerichtetes carbanionisches Orbital ausdehnen können (*44*)!

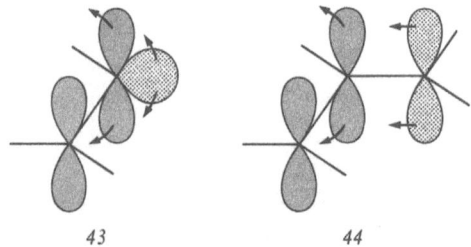

43 *44*

---

[227] *M.J.S. Dewar* und *P.J. Grisdale*, J. Amer. chem. Soc. **84**, 3548 (1962). *A. Streitwieser* und *R.G. Lawler*, J. Amer. chem. Soc. **85**, 2854 (1963); **87**, 5388 (1965).
[228] *A. Streitwieser* und *F. Mares*, J. Amer. chem. Soc. **90**, 644, speziell 647 (1968).

Betrachten wir dazu das „Vinyl-methyl"-Anion (45): Seine Ausdehnung in Richtung auf das mittlere Kohlenstoff-Atom stößt auf wenig Widerstand, da die neu hinzukommende Elektronendichte zumindest großteils zum Nachbar-Kohlenstoff weitergeleitet werden kann. In dem Maße, wie sich nun das carbanionische Orbital zur Molekelmitte hin ausdehnt, richtet es sich — den anderen Orbitallappen vergrößernd — auf und zieht sich von den CH-Bindungen zurück. Diese rücken in den freiwerdenden Raum nach: das Carbanion wird mehr und mehr eingeebnet; die CC-Bindungsabstände gleichen sich zunehmend an (46). Der Abfluß an Elektronendichte aus dem Carbanion kommt erst zum Stillstand, wenn der Elektronenüberschuß gleichmäßig auf die beiden endständigen Kohlenstoff-Atome verteilt und ein planares, symmetrisches Allyl-Anion (47) erreicht ist*.

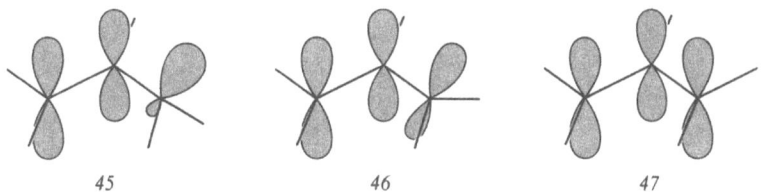

45   46   47

Es mag paradox anmuten, daß mesomere Carbanion-Stabilisierung das anionische Zentrum einebnet, während Ringspannung oder induktive Effekte die Kohlenstoff-Pyramide steiler machen. Überhaupt scheinen auf den ersten Blick Ladungs*delokalisation* und die bisher besprochenen Mechanismen der Carbanion-Stabilisierung, die auf eine Expansion des einsamen Elektronenpaares in der Umgebung *eines* — nämlich des „eigenen" — Kohlenstoffkernes hinauslaufen, wenig miteinander gemein zu haben. In Wirklichkeit führen aber beide Phänomene zum gleichen Resultat. Beide Male werden durch Umverteilung von Elektronendichte die abstoßenden Elektronenpaar-Elektronenpaar-Wechselwirkungen vermindert und die anziehenden Elektron-Atomkern-Wechselwirkungen verstärkt. Der wesentliche Unterschied besteht nur darin, daß bei mesomerer Stabilisierung der Elektronenüberschuß in das Anziehungsfeld *zweier* oder *mehrerer* Atomkerne gebracht wird.

Der Mesomeriegewinn wächst, wenn mehr Atome an der Ladungsdelokalisation beteiligt werden, also mit der *Zahl* der mesomeren Grenz-

---

* Weniger anschaulich, aber zweifellos physikalisch objektiver ist eine *ab initio*-Behandlung (SCF-CI) des Allyl-Anions: *S. D. Peyrimhoff* und *R. J. Buenker*, J. chem. Physics **51**, 2528 (1969).

formeln. Ebenso wichtig ist aber deren *Gleichrangigkeit*. Das Allyl-Anion (*48*) erfährt durch die Überlagerung von lediglich zwei, aber energiegleichen, Grenzstrukturen eine ebenso kräftige Stabilisierung wie das Benzyl-Anion (*49*) durch seine vier Grenzstrukturen, von denen jedoch drei den aromatischen Bindungszustand aufgegeben und dadurch an Gewicht verloren haben (Abb. 14).

$$\overset{..}{C}H_2\overset{\ominus}{\text{---}}\overset{..}{C}H\text{---}\overset{..}{C}H_2 \equiv CH_2=CH\overset{\ominus}{\text{---}}CH_2 \backsim \overset{\ominus}{C}H_2\text{---}CH=CH_2 \qquad 48$$

49

Abb. 14. Freie Enthalpien des Allyl- und Benzyl-Anions sowie ihrer — „isoliert" betrachteten — mesomeren Grenzstrukturen

Nicht unbedingt muß eine angrenzende Mehrfachbindung die Stabilität eines Carbanions erhöhen. Die Bildungstendenz des Cyclopropenyl-Anions[229] (*50*), das elektronisch dem „antiaromatischen"[229] Cyclobutadien (*51*) ähnelt, erweist sich im Vergleich zum Cyclopropyl-Anion als drastisch herabgesetzt.

---

[229] *R. Breslow* und *K. Balasubramanian*, J. Amer. chem. Soc. **91**, 5182 (1969). — Zur Theorie der „Antiaromatizität" s. *M.J.S. Dewar*, J. Amer. chem. Soc. **74**, 3341, 3345, 3350, 3353, 3355, 3357 (1952).

Acidität und Struktur 79

Umgekehrt verdankt das Cyclopentadienyl-Anion (*52*) — das „Benzol der Carbanion-Chemie" — seine ungewöhnlich hohe Bildungstendenz außer einer perfekten Ladungsdelokalisation der Erlangung eines aromatischen Elektronensextetts. Quasiaromatisch, nämlich dem Naphthalin bzw. Phenanthren analog, sind das Indenyl- und Fluorenyl-Anion (*53* bzw. *54*).

52 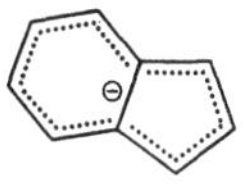   *53* 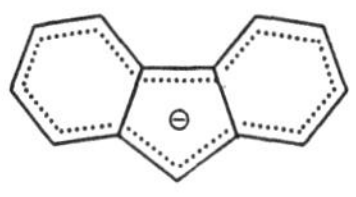   *54*

Für die erstaunliche CH-Acidität des Fluoradens (pK = 11) spielt sowohl die isoelektronische Verwandtschaft des Fluoradenyl-Anions (*55*) mit dem energiearmen Kohlenwasserstoff (*56*) als auch das Nachlassen sterischen Zwanges bei der Deprotonierung eine ausschlaggebende Rolle.

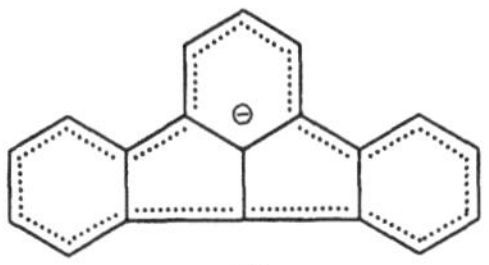

55 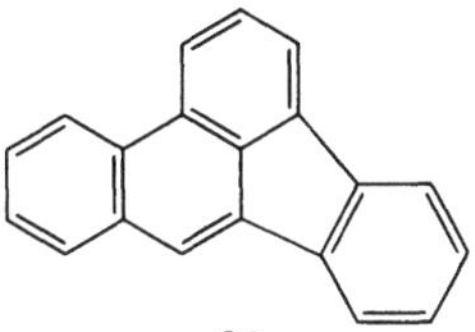   *56*

Die Vorliebe mesomerie-stabilisierter Carbanionen für Planarität spiegelt sich klar in einem S_N1-typischen Ringgröße/Reaktivitäts-Profil (vgl. S. 66f.) ihrer Bildungstendenzen wider. Die CH-Acidität nimmt vom Phenylcyclopropan[230] (*57*) über das Phenylcyclohexan[231] (*58*) hin zu und steigt von da aus über das Cumol[230] (*59*) zum Phenylcyclopentan[231] (*60*) weiter an; ganz im Einklang mit der Erfahrung, daß der Fünfring die trigonale Einebnung eines seiner Zentren unterstützt, während sich Dreiring und Sechsring dem widersetzen.

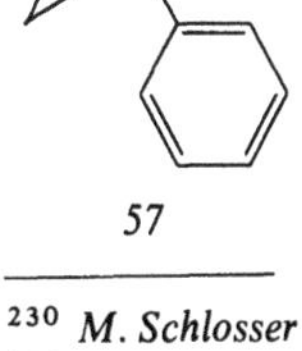

57 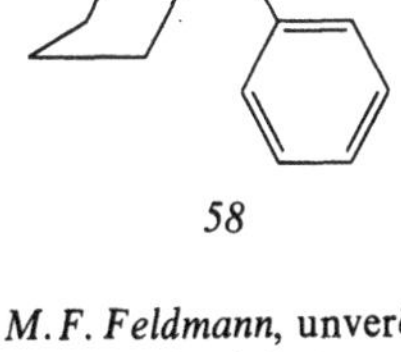   *58* 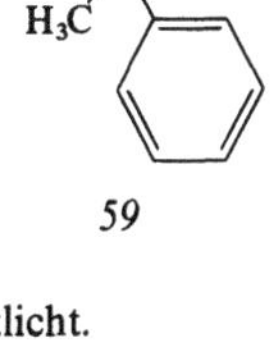   *59* 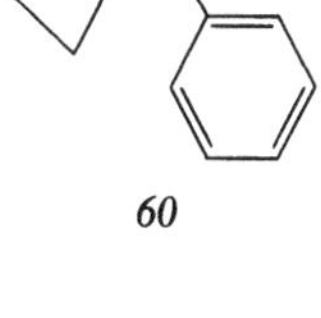   *60*

---

[230] M. Schlosser und M. F. Feldmann, unveröffentlicht.
[231] R. D. Kleene und G. W. Wheland, J. Amer. chem. Soc. **63**, 3321 (1941).

80 Basizität

Die Planarität der carbanionischen Zentren scheint freilich nur eine wünschenswerte, keine unerläßliche Voraussetzung für p-Mesomerie zu sein. In mehreren Fällen ist die Annahme tetragonaler, vorwiegend nur halbseitig mit einem angrenzenden π-System überlappender Carbanionen recht plausibel (s. S. 94, 97). Im Einklang damit stehen quantenchemische Berechnungen, wonach das Anilin, wenn am Stickstoff pyramidal gewinkelt (61), bereits zwei Drittel des maximalen, der planaren Molekel (62) vorbehaltenen Mesomeriegewinnes für sich verbuchen kann [232].

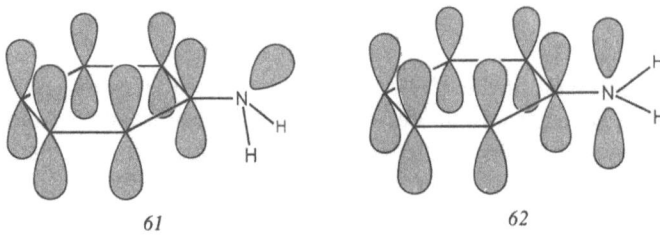

61 62

Unabdingbar für jede p-Mesomerie ist jedoch die — zumindest annähernd — kolineare Ausrichtung der in Wechselwirkung tretenden Orbitale. Das Paradebeispiel einer geometrisch bedingten *Mesomeriesperre* bietet des Triptycen (63). Dessen Brückenkopf-Wasserstoffe sind nur noch in formaler Hinsicht benzyl-ständig. Eine mesomere Ausbreitung des einsamen Elektronenpaares vom Brückenkopf auf die aromatischen Ringe ist wegen der Orthogonalität der zugehörigen Orbitale unmöglich. Die Protonbeweglichkeit der Brückenkopf-Wasserstoffe, weil lediglich durch schwache induktive und hybridisierungsändernde Effekte acidifiziert, wird bereits von den *aromatischen* Wasserstoffen des Triptycens übertroffen [233].

k/k_{Benzol} 0,24 21,0 2,8

63

---

[232] *M.J.S. Dewar*, The Molecular Orbital Theory of Organic Chemistry, McGraw Hill, New York 1969, S. 408—409.
[233] *A. Streitwieser, G.R. Ziegler, P.C. Mowery, A. Lewis* und *R.G. Lawler*, J. Amer. chem. Soc. **90**, 1357 (1968). *A. Streitwieser* und *G.R. Ziegler*, J. Amer. chem. Soc. **91**, 5081 (1969).

Unterschiedliche Orbitalausrichtung erklärt auch die völlig ungleichen kinetischen CH-Aciditäten diastereotoper Wasserstoffe in konformativ starren, cyclischen Polyenen. So unterzieht sich lediglich das *axiale* Wasserstoff-Atom des Bicyclo[3.2.1]-octadiens [234] (*64*), des Tricyclo-[4.3.1.0]-deca-2.4.7-triens [235] (*65*) und des 1.2.3.4-Tetraphenyl-9H-tribenzocycloheptens [236], eines Derivates des Cycloheptatriens (*66*), einem

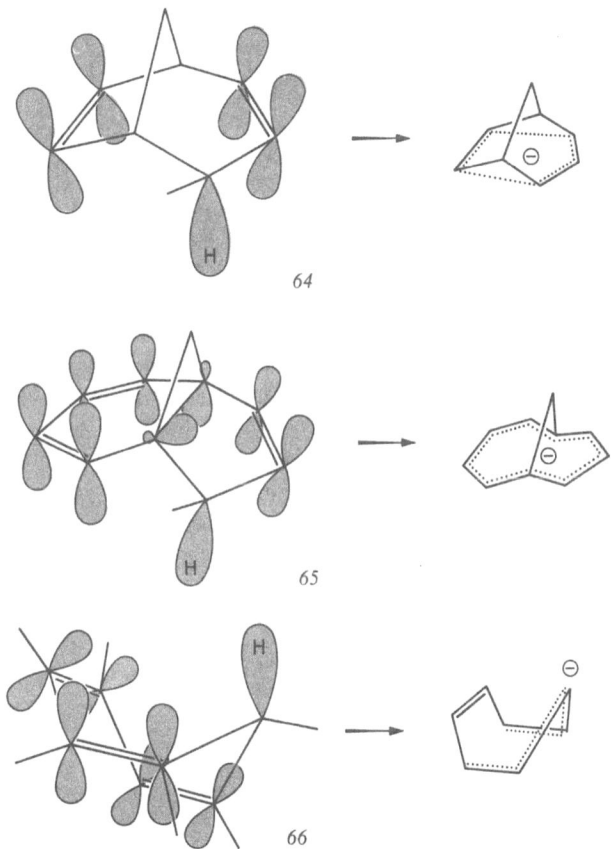

---

[234] *J. M. Brown* und *E. N. Cain,* J. Amer. chem. Soc. **92**, 3821 (1970). — Gemeint ist der Austausch in CD$_3$OD. Der andersartige Verlauf in DMSO-d$_6$ dürfte weniger typisch sein. Vgl. hierzu: *D. J. Cram, C. A. Kingsbury* und *B. Rickborn,* J. Amer. chem. Soc. **83**, 3688 (1961). *C. Cerceau, M. Laroche, A. Pazdzerski* und *B. Blouri,* Bull. Soc. chim. France **1970**, 2323.

[235] *R. Radlick* und *W. Rosen,* J. Amer. chem. Soc. **89**, 5308 (1967).

[236] *W. Tochtermann, H. O. Horstmann, C. Degel* und *D. Krauß,* Tetrahedron Letters **1970**, 4719. Ähnliche Befunde: *P. T. Lansbury, J. F. Bieron* und *A. J. Lacher,* J. Amer. chem. Soc. **88**, 1482 (1966).

raschen Wasserstoffisotopenaustausch. Die alternative Proton-Abstraktion aus äquatorialer Stellung kann nicht konkurrieren, da sie einen Übergangszustand zu durchlaufen hätte, der aus geometrischen Gründen jeder Mesomeriemöglichkeit entbehrt.

2.3.4. Der *p*-mesomere Effekt carbo- und hetero-funktioneller Gruppen

Die CH-Acidität steigt in der isoelektronischen Reihe Propen (67), Äthyliden-imin (68) und Acetaldehyd (69) sprunghaft an.

$$H_3C-CH=CH_2 \longrightarrow H_2\overset{\ominus}{C}-CH=CH_2 \rightleftharpoons H_2C=CH-\overset{\ominus}{C}H_2 \quad 67$$

$$H_3C-CH=NH \longrightarrow H_2\overset{\ominus}{C}-CH=NH \rightleftharpoons H_2C=CH-\overset{\ominus}{N}H \quad 68$$

$$H_3C-CH=O \longrightarrow H_2\overset{\ominus}{C}-CH=O \rightleftharpoons H_2C=CH-\overset{\ominus}{O} \quad 69$$

Die Einbeziehung eines Heteroelementes in das mesomere System gestattet die Anhäufung von Elektronenüberschuß in der Umgebung eines elektronegativen Atomkerns. Je größer die Elektronenaffinität des Heteroelementes im Vergleich zum Kohlenstoff ist, um so ausschließlicher wird das Heteroatom Träger der negativen Ladung und um so unbedeutender wird der Anteil der carbanionischen Grenzformel am tatsächlichen Bindungszustand des mesomeren Anions (Abb. 15).

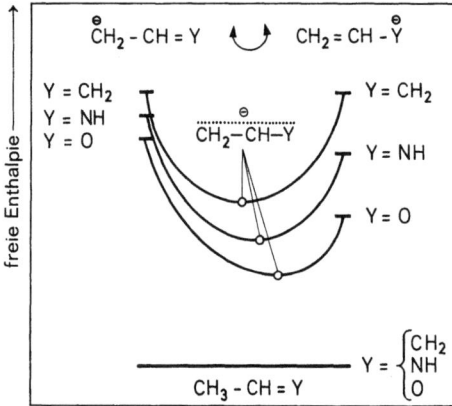

Abb. 15. Mesomeriegewinn des Allyl-Anions (Y=CH$_2$), „Aza-allyl"-Anions (Enamid, Y = NH) und „Oxa-allyl"-Anions (Enolat, Y = O): Vergleich der freien Enthalpien der mesomeren Anionen und der „isolierten" mesomeren Grenzformeln bezüglich der zugrunde-liegenden CH-Säuren

Acidität und Struktur 83

Selbstverständlich sollte nicht übersehen werden, daß der acidifizierende Effekt eines carbo- oder heterofunktionellen Liganden neben der *p-mesomeren* stets auch eine *induktive* Komponente enthält. Funktionelle Gruppen von Elementen der 2. Achterperiode können sich außerdem auch *d-mesomer* betätigen (s. S. 84ff.). Obgleich es im Einzelfall schwerfallen mag, die Bedeutung dieser Faktoren gegeneinander abzuwägen, so wird gewöhnlich doch die Faustregel zutreffen, wonach *d*-mesomere Einflüsse gegenüber *p*-mesomeren und diese wieder gegenüber induktiven vorherrschen (vgl. Tabelle 16).

Tabelle 16. *Acidifizierende Ligandeinflüsse*

↓	vorherrschende Ligandwirkung					
zunehmend acidifizierend	induktiv	*p*-mesomer			*d*-mesomer	
	$-CH_3$	$-C\equiv CH$	$>C=NR$	$-N=NR$	$-P(O)(OR)_2$	$-SO_2OR$
	$-N(CH_3)_2$	$-C_6H_5$	$-COOR$	$=\overset{\oplus}{N}=\overset{\ominus}{N}$	$>PO$	$>SO$
	$-OCH_3$	$>C=CH_2$	$-C\equiv N$	$-\overset{\oplus}{N}\equiv N$	$>PS$	$>SO_2$
	$-F$		$>C=O$	$-NO$		
	$-CF_3$		$>C=S$	$-NO_2$		

→ zunehmend acidifizierend

Wie schon am Triptycen erläutert, läßt sich der *p*-mesomere Anteil an der gesamten Acidifizierung einer CH-Bindung durch deren Einbau in Brückenkopf-Position selektiv „abschalten" (s. S. 80 und 85). Zu einer abgestuften Abschwächung der *p*-Mesomerie führt die Häufung sperriger Liganden, welche die Einebnung des delokalisierten Anions stören. Während die Acidität beim Übergang vom Acetophenon (*70*) zum Butyrophenon (Propyl-phenyl-keton, *71*) erwartungsgemäß (s. S. 91) ansteigt, gibt eine Verzweigung der Alkyl-Kette neben der Carbonyl-Gruppe zu sterischer Hinderung Anlaß und setzt deshalb wieder die Säurestärke des Ketons *72* herab[237].

70 R,R'=H; $pK_a = 19{,}1$
71 R=C_2H_5, R'=H; $pK_a = 18{,}4$
72 R,R'=CH_3; $pK_a = 19{,}5$

---

[237] *H. D. Zook, W. L. Kelly* und *I. Y. Posey*, J. org. Chemistry **33**, 3477 (1968).

2.3.5. Der *d*-mesomere Effekt

Eine andersartige Ladungsdelokalisation kommt zum Zuge, wenn Elemente der 2. Achterperiode oder — abgeschwächt — der höheren Perioden mit einem Carbanion verknüpft sind. Im Gegensatz zur *p*-Mesomerie, die Ladungen immer nur in *übernächsten* Stellungen auftauchen läßt, entfaltet sich der sog. *d-mesomere Effekt* zwischen *unmittelbar benachbarten* Atomen. Seine Ursache ist in dem großen Atomradius der Heteroelemente höherer Perioden zu suchen. Dieser gewährleistet einen ausreichenden Abstand zwischen den vom schweren Atom ausstrahlenden Bindungen und ihrer näheren Umgebung. Der Einbau des schweren Elementes setzt somit die intramolekulare Abstoßung herab und eröffnet einem carbanionischen Elektronenpaar bessere Ausbreitungsmöglichkeiten. Unter Zuhilfenahme eines unbesetzten *d*-Orbitals werden die bestehenden Valenzen umhybridisiert, die ungeladenen Liganden weichen vor dem einsamen Elektronenpaar zurück und geben damit eine Bahn frei für sein Eintauchen in das Potentialfeld des Heteroelementkernes.

Dank dieser *d*-Orbital-Mesomerie [238] acidifizieren Silicium, Phosphor, Schwefel und Chlor benachbarte CH-Bindungen weit stärker als die — elektronegativeren! — isologen Elemente der 1. Achterperiode [239]. Formelmäßig läßt sie sich, wie hier im Falle der vom Methylchlorid, Trimethylphosphin und Tetramethylphosphonium-Kation abgeleiteten Anionen (*73—75*) geschehen, durch Kombination je einer Grenzstruktur mit Ladungssitz am Kohlenstoff und am Hetero-Atom beschreiben.

$$Cl\text{—}CH_3 \xrightarrow{-H^\oplus} Cl\text{—}\overset{\ominus}{C}H_2 \;\leftrightarrow\; \overset{\ominus}{Cl}\text{=}CH_2 \qquad 73$$

$$(H_3C)_2P\text{—}CH_3 \xrightarrow{-H^\oplus} (H_3C)_2P\text{—}\overset{\ominus}{C}H_2 \;\leftrightarrow\; (H_3C)_2\overset{\ominus}{P}\text{=}CH_2 \qquad 74$$

$$(H_3C)_3\overset{\oplus}{P}\text{—}CH_3 \xrightarrow{-H^\oplus} (H_3C)_3\overset{\oplus}{P}\text{—}\overset{\ominus}{C}H_2 \;\leftrightarrow\; (H_3C)_3P\text{=}CH_2 \qquad 75$$

Die Beteiligung einer Grenzformel mit Kohlenstoff-Heteroelement-Doppelbindung darf jedoch nicht zu dem Trugschluß verleiten, das

---

[238] Theoretische Behandlung u. a.: *G. E. Kimball*, J. chem. Phys. **8**, 188 (1940). *W. E. Moffit*, Proc. Roy. Soc. (London) **A 200**, 409 (1950). *R. Hoffmann, D. B. Boyd* und *S. Z. Goldberg*, J. Amer. chem. Soc. **92**, 3929 (1970). *A. Rauk, L. C. Allen, K. Mislow*, Angew. Chem. **82**, 453, speziell 455 (1970).

[239] *W. v. E. Doering* und *A. K. Hoffmann*, J. Amer. chem. Soc. **77**, 521 (1955).

Zustandekommen von *d*-Mesomerie sei an ebenso einschneidende geometrische Vorbedingungen geknüpft wie die, denen die *p*-Mesomerie unterworfen ist. Leere *d*-Orbitale können praktisch in jeder Raumrichtung zur Verfügung gestellt werden. Eine Überlappung mit einem carbanionischen Orbital ist deshalb immer möglich, auch wenn dieses eine Brückenkopf-Position einnimmt. Während sich das acyclische und bicyclische Triketon *76* bzw. *77* hinsichtlich der Proton-Beweglichkeit des Methin-Wasserstoffes frappierend unterscheiden, ist das acyclische Trisulfon *78* nur wenig acider als das bicyclische Gegenstück *79* [240]. Bei den analogen Trisulfiden (*78*, S statt SO_2, bzw. *79*, S statt SO_2, C_2H_5 statt CH_3) ist es sogar die bicyclische Verbindung, die mit einem merklichen Aciditätsvorsprung ausgestattet wurde [241].

76, $pK_a = 6$ *77*, $pK_a > 20$ (geschätzt)

78, $pK_a = 0$ [239]   *79*, $pK_a = 3,3$

Mehrere Anzeichen sprechen dafür, daß *d*-mesomerie-stabilisierte Carbanionen eine pyramidal-gewinkelte Konfiguration (*80*), wenn auch vielleicht mit abgeflachter Winkelung [242], bevorzugen. Die alternative planare Struktur *81* scheint auf den ersten Blick aufgrund der beidseitig starken d_π-p_π-Überlappung attraktiver zu sein. Sie ist jedoch möglicherweise wegen der eklipitischen Ausrichtung der einen Hälfte des carb-

---

[240] *R. G. Pearson* und *R. L. Dillon*, J. Amer. chem. Soc. **75**, 2439 (1953); *W. v. E. Doering* und *L. K. Levy*, J. Amer. chem. Soc. **77**, 509 (1955); *W. Theilacker* und *E. Wegner*, Liebigs Ann. Chem. **664**, 125 (1963). Vgl. *P. D. Bartlett* und *G. F. Woods*, J. Amer. chem. Soc. **62**, 2933 (1940).

[241] *S. Oae, W. Tagaki* und *A. Ohno*, J. Amer. chem. Soc. **83**, 5036 (1961); Tetrahedron **20**, 417, 427 (1964).

[242] Vgl. *A. Piskala, M. Zimmermann, G. Fouquet* und *M. Schlosser*, Collect. czechoslov. chem. Commun. **36**, 1482 (1971). — Vgl. hierzu auch Gegenargumente bei *H. Schmidbaur* und *W. Tronich*, Chem. Ber. **101**, 3556 (1968).

anionischen p-Orbitals zu einer der vom Heteroatom ausgehenden σ-Bindungen im Nachteil.

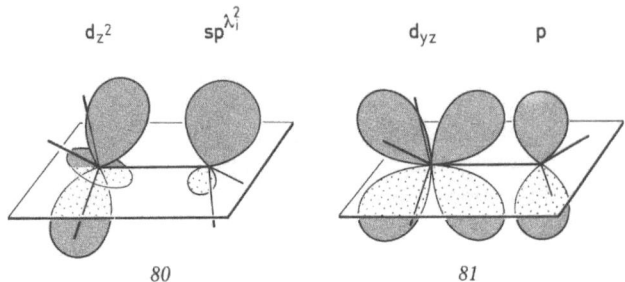

80 81

Auf den ersten Blick überrascht der beobachtete Rückgang der thermodynamischen Stabilität von α-Sulfonyl-Carbanionen beim Einbau in kleine Ringe. So etwa ist das fünfgliedrig-cyclische Bis-sulfon 82 weniger acid als das ringoffene Analogon 83 [243]. Dieses Verhalten läßt sich jedoch durchaus mit der Annahme einer abgeflacht-gewinkelten Struktur in Einklang bringen. Jede Vergrößerung des SCS-Winkels bedingt nämlich die Einebnung des Ringsystemes und damit die unvorteilhafte ekliptische Ausrichtung benachbarter Bindungen.

82, $pK_a \sim 13$ 83, $pK_a \sim 11$

Die Röntgenanalyse einer mit α-Sulfonyl-Carbanionen isoelektronischen Verbindung, dem Tetramethylsulfamid $(H_3C)_2NSO_2N(CH_3)_2$, enthüllte übrigens tatsächlich eine stark abgeflachte Stickstoff-Pyramide [244].

Noch weniger als über die *Konfiguration* d-mesomerie-stabilisierter Carbanionen wissen wir über ihre *Konformation* [245]. Und nicht zuletzt

---

[243] R. Breslow und E. Mohacsi, J. Amer. chem. Soc. **83**, 4100 (1961). Vgl. E.J. Corey, H. König und T.H. Lowry, Tetrahedron Letters **1962**, 515. — Siehe dort auch andere Deutungsmöglichkeiten.

[244] T. Jordan, W. Smith und W.N. Lipscomb, Tetrahedron Letters **1962**, 37.

[245] Übersicht: D.J. Cram, Fundamentals of Carbanion Chemistry, Academic Press, New York 1965, S. 74—84, 105—113.

harren noch die hohen Inversions- oder (vielleicht auch: und) Rotationsbarrieren, die für den hochgradigen Chiralitätserhalt beim basenkatalysierten Isotopenaustausch α-ständiger Wasserstoffe in Sulfonen sorgen[245], einer einleuchtenden Erklärung.

Die Stabilisierung eines Carbanions durch Überlappung mit leeren *d*-Orbitalen eines 2. Periodeelementes ist auch denkbar, ohne daß dieses dem Carbanion unmittelbar benachbart ist. Eine solche — bislang unbekannte — „nicht-klassische *d*-Mesomerie" könnte von dem Perchlortriphenylmethyl-Anion[246] (*84*) in Anspruch genommen sein. Dessen ungewöhnlich hohe Beständigkeit — keine Protonierung durch Wasser! — hätte sonst als recht erstaunlich zu gelten, da ja *p*-mesomere Effekte aus sterischen Gründen nicht zum Zuge kommen können.

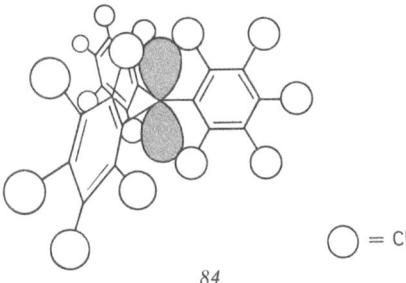

◯ = Cl

84

2.3.6. Additive und nicht-additive Summierung von Ligandeinflüssen

Einem Liganden X kann man, sofern einschlägige Säurestärken oder Proton-Beweglichkeiten bekannt sind, ein „Aciditätsinkrement" $\Delta pK^{CH_4/CH_3X}$ zuerteilen, das anzeigt, um welchen Betrag sich die Aciditätskonstante ändert, wenn ein Wasserstoff-Atom des Methans durch X ersetzt wird (Tabelle 16).

Man ist nun versucht, Methylen- und Methin-Derivate als zweifach bzw. dreifach substituierte Methane aufzufassen und ihre CH-Aciditäten abzuschätzen, indem man einfach die Aciditätsinkremente ihrer jeweiligen Liganden zu den Säureexponenten des Methans hinzuaddiert. Ist ein solches Vorgehen zulässig?

Im allgemeinen nicht, denn die acidifizierenden Einflüsse mehrerer Liganden verhalten sich nur ausnahmsweise additiv. Dies erkennen wir

---

[246] *M. Ballester* und *G. de la Fuente*, Tetrahedron Letters **1970**, 4509.

bereits anhand einiger einfacher Aciditätsreihen, in denen jeweils nur ein bestimmter Ligand, aber in wechselnder Anzahl — ein-, zwei- und dreimal — auftritt (Tabelle 17).

Tabelle 16. „Aciditätsinkremente" $\Delta pK^{CH_4/CH_3X}$ einiger Liganden X [a]

Ligand	$\Delta pK^{CH_4/CH_3X}$		
	induktiver Effekt	p-mesomerer Effekt [b]	d-mesomerer Effekt [c]
CH_3	+ 2	–	–
$N(CH_3)_2$	– 1	–	–
OCH_3	– 3	–	–
F	– 5	–	–
$^{\oplus}N(CH_3)_3$	–10	–	–
Benzol	–0,5 [d]	– 3	–
$CH=CH_2$	–	– 3,5	–
$C\equiv C-CH_3$	–	– 4	–
$CH=NCH_3$	–	–10	–
$C\equiv N$	–	–15	–
$CO-CH_3$	–	–20	–
NO_2	–	–30	–
$P(CH_3)_2$	–	–	– 3
SCH_3	–	–	– 5
Cl	–	–	– 8
SO_2CH_3	–	–	–12
$^{\oplus}P(CH_3)_3$	–	–	–20
$^{\oplus}S(CH_3)_3$	–	–	–22

[a] Zugrunde gelegt wurde die Annahme: $pK^{CH_4} = 40$.
[b] Einschließlich eines induktiven Effektes.
[c] Einschließlich eines induktiven und ggf. auch p-mesomeren Effektes.
[d] Abgeschätzt aufgrund der Acidität des Triptycens.

Tabelle 17. Aciditätsänderungen ΔpK bei sukzessiver Einführung von ein, zwei und drei gleichartigen Liganden [a]

pK	$X=CH_3$	$X=C_6H_5$	$X=CN$	$X=COCH_3$	$X=NO_2$	$X=SO_2CH_3$
$pK^{CH_3X} - pK^{CH_4}$	+2	–3	–15	–20	–30	–12
$pK^{CH_2X_2} - pK^{CH_3X}$	+2	–3,5	–13	–11	– 7	–14
$pK^{CHX_3} - pK^{CH_2X_2}$	+2	–1,5	–12	– 3	– 4	–14

[a] Bezüglich $pK^{CH_4} = 40$.

Bei genauerer Überlegung darf man eine brauchbare Übereinstimmung zwischen tatsächlichen Säurestärken und ihren auf Aciditätsinkrementen basierenden Schätzwerten nur für solche CH-Säuren erwarten, die *pyramidal-gewinkelte Carbanionen* ausbilden. Zwar spielen auch hier Störfaktoren wie sterische Spannung oder Hybridisierungseffekte eine Rolle; die dadurch hervorgerufenen Abweichungen sollten aber in einem erträglichen Rahmen bleiben.

Im Gegensatz dazu beeinflussen die von einem *planaren* Carbanion gebundenen Liganden ihre Mesomeriechancen wechselseitig so stark, daß Voraussagen über CH-Aciditäten recht unsicher werden. Jeder der folgenden Faktoren steht einer *additiven* Überlagerung der einzelnen Ligandeffekte entgegen.

„**Ladungsverschmierung**". Je höher der Elektronenüberschuß, um so einträglicher ist die Ladungsdelokalisation. Wenn sich das einsame Elektronenpaar bereits in einem räumlich ausgedehnten π-System intensiv ausgebreitet hat, trifft ein neu hinzukommender Substituent zweifellos schlechtere Mesomeriemöglichkeiten an, als wenn er alleine das Carbanion stabilisieren würde. Der so zu erwartende *Nivellierungseffekt* scheint normalerweise unerheblich zu sein. Er sollte sich aber vor allem dann stärker bemerkbar machen, wenn mit fortschreitender „Ladungsverdünnung" neben dem Mesomeriegewinn zunehmend die Fähigkeit zur Bindung von Kationen oder Wasserstoffbrücken-Donoren — die wichtigste Quelle externer Carbanion-Stabilisierung — verlorengeht.

Sterische Mesomeriesperre. Einen besonders krassen Fall sterischer Mesomeriesperre haben wir mit dem Bicyclo-octantrion (s. S. 85) bereits kennengelernt. Dort zwingt die Ringgeometrie die Carbonyl-Doppelbindung in eine zur Brückenkopf-CH-Bindung senkrechte Ausrichtung. Zu dem gleichen Ergebnis können Gruppenhäufungen in *acyclischen* Ketonen führen. Wie Modellbetrachtungen unschwer erkennen lassen, vermag in der Reihe Acetonyl-Anion (*85*), 2.4-Pentandionyl-Anion (*86*) und Triacetylmethyl-Anion (*87*) nur das Anfangsglied eine völlige Parallelstellung aller *p*-Orbitale durchzusetzen. Der zweiten und dritten Keto-Gruppe bleibt dagegen aus räumlichen Gründen die koplanare Ausrichtung versagt. Diese sterische Mesomeriehinderung spiegelt sich deutlich in den Säurestärken wider: in der Reihe Methan-Aceton-Pentandion-(2.4)-Triacetylmethan verkürzen sich die dazwischen liegenden Aciditätsspannen mit zunehmendem Substitutionsgrad merklich (Tabelle 17, S. 88).

85   *86*   *87*

90   Basizität

Planarisierungsaufwand: „Kostenteilung". Der mit der Einebnung verbunden Energieaufwand ist eine Vorleistung, die jedes Carbanion erbringen muß, wenn es *p*-Mesomeriestabilisierung anstrebt. Dieser „Einstandspreis" ist nur *einmal* zu entrichten, gleichgültig, wie viele mesomeriefähigen Liganden von der Planarisierung profitieren. Würde nun in den Carbanionen der Reihe

Methan—Toluol—Diphenylmethan—Triphenylmethan

jeder Phenyl-Rest den gleichen Betrag an Mesomerieenergie beisteuern, dann sollten die Aciditätsspannen zwischen den CH-Säuren mit steigendem Substitutionsgrad anwachsen. Denn es hätte — im Gedankenexperiment — nur jeweils die *erste* Phenyl-Gruppe aus ihrem Mesomeriegewinn den Planarisierungsaufwand zu bestreiten, während der zweite und dritte Ligand die ebene Struktur „gratis" vorfänden und ihre Mesomeriechancen ungeschmälert wahrnehmen könnten. In Wirklichkeit beobachten wir aber nur vergleichbare Aciditätsspannen zwischen Methan und Toluol sowie Toluol und Diphenylmethan. Außerdem ist die effektive Zunahme an Mesomerieenergie beim Übergang vom

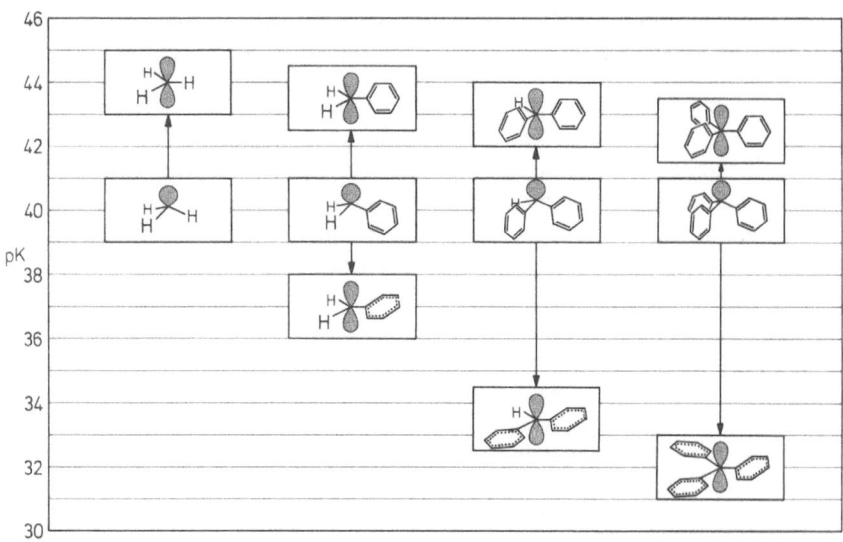

Abb. 16. Relative thermodynamische Stabilitäten des Methyl-, Benzyl-, Diphenylmethyl- und Triphenylmethyl-Anions bei tetragonal-pyramidaler Konfiguration und mesomerie-verbietender Konformation (mittlere Reihe) sowie bei trigonal-planarer Konfiguration in sowohl mesomerie-verbietender als auch mesomerie-gestattender Konformation (obere bzw. untere Reihe). [Hinsichtlich der Einstufung der oberen Reihe s. auch Text S. 91. Der verhältnismäßig geringe induktive Effekt der Phenyl-Reste (s. Tab. 16, S.88) ist überall vernachlässigt worden.]

Diphenylmethyl- zum Triphenylmethyl-Anion nur noch minimal. Daran zeigt sich das Mitspielen gegenläufiger Faktoren; insbesondere der sterischen Hinderung, die den Phenyl-Ringen die koplanare Ausrichtung in der Carbanion-Ebene verbietet und sie zur propellerartigen Verdrillung zwingt (Abb. 16).

Planarisierungsaufwand: Ligandeinflüsse. Das tetragonal-pyramidal konfigurierte Methyl-Anion ist energieärmer als das planare. Eine Näherungsberechnung der Hartree-Fock-Energiefläche verweist den zur Einebnung erforderlichen Energieaufwand in den Bereich um 6 kcal/mol[247]. Substitution kann diesen Betrag erniedrigen oder erhöhen. *Alkyl-Gruppen* erleichtern die Einebnung regelmäßig. Wir haben in der gegenseitigen Abstoßung geminaler CC-Bindungen bereits eine wichtige Ursache des destabilisierenden Einflusses von Kohlenwasserstoff-Resten auf pyramidale Carbanionen erkannt (S. 71 f.). Als andere wichtige Komponente spielt die sterische Hinderung in weiter außen liegenden Sphären mit; so vor allem wenn sich Wasserstoffatome, die verschiedenen sperrigen Liganden angehören, gegenseitig ins Gehege kommen. Beide Arten intramolekularer sterischer Spannung werden bei der Einebnung drastisch gesenkt. Dies schlägt sich nun in einem entsprechend verminderten Planarisierungsaufwand zu Buch (Abb. 17)[248].

So erweist sich etwa das 9-Methyl-fluoren im Vergleich mit dem Fluoren selbst als die stärkere CH-Säure (s. S. 98, Tabelle 18). *Alkyl-*Gruppen verhalten sich also ganz folgerichtig: während sie, wie wir früher gesehen haben (s. S. 71 f.), der Bildung *steiler,* tetragonaler Carbanionen entgegenwirken, unterstützen sie die Entstehung der von sterischem Zwang befreiten, *planaren* Carbanionen. Gleiches gilt für alle anderen raumbeanspruchenden Liganden — vorausgesetzt, ihnen wird in der trigonalen Struktur keine ungünstigere Konformation (Koplanarität!) als im tetragonalen Carbanion abverlangt (vgl. auch Abb. 16, obere Reihe).

Ein *Anwachsen* der Planarisierungsenergien ist zu verzeichnen, wenn das Carbanion einem gespannten Ringsystem angehört. Der Grund ist

---

[247] *R. E. Kari* und *I. G. Csizmadia*, J. chem Physics **50**, 1443 (1969). — Der verwendete Basissatz von Gauß-Funktionen war unvollständig, schloß aber bereits *d*-Funktionen ein. — Vgl. auch *P. Millié* und *G. Berthier*, Internat. J. Quantum Chem. **IIS**, 67 (1968).

[248] Ebenfalls dem Nachlassen innerer Abstoßungskräfte verdanken die von einem olefinischen oder acetylenischen Kohlenstoff ausgehenden CH-Bindungen und insbesondere CC-Einfachbindungen, daß sie kürzer und fester als entsprechende Bindungen in einem gesättigten Kohlenwasserstoff sind. (Vgl. *M. J. S. Dewar*, Hyperconjugation, Ronald Press, New York 1962, 48—70.)

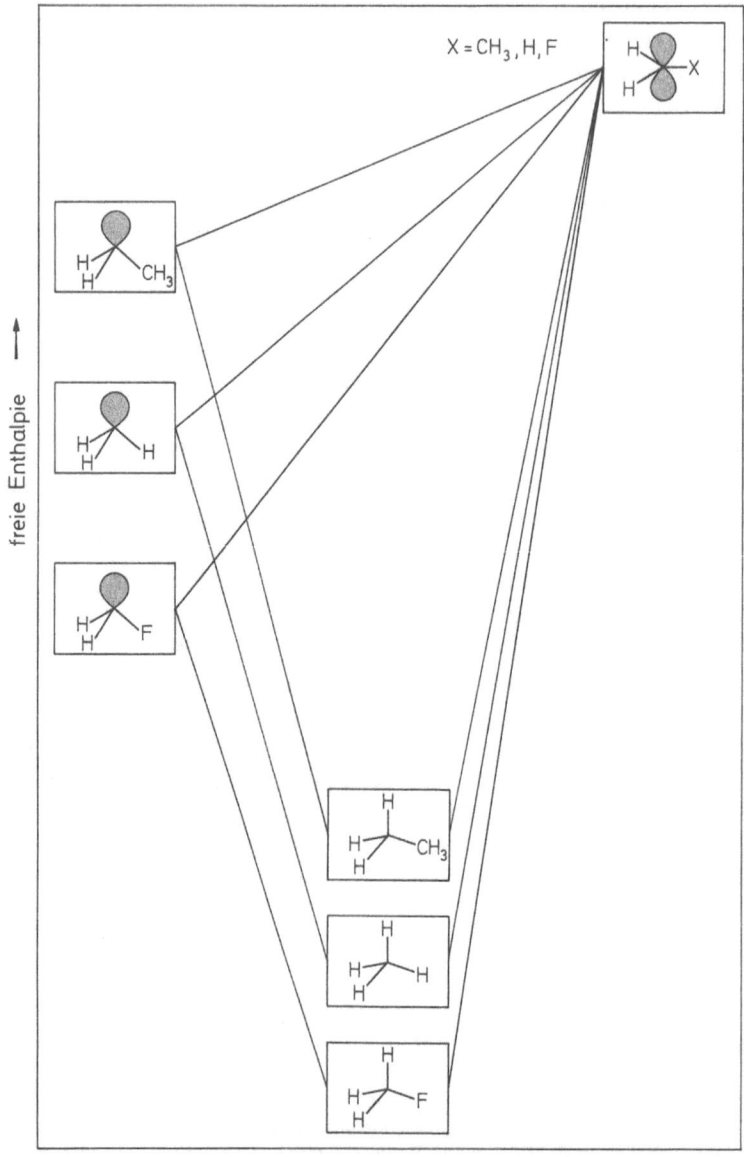

Abb. 17. „Umpolung" des Einflusses eines Alkyl- oder Fluor-Substituenten auf die Stabilität eines Carbanions, je nachdem, ob dieses pyramidal oder planar gebaut ist. [Streng genommen veranschaulicht die Abbildung nicht absolute, sondern *relative* freie Enthalpien: nur der Übersichtlichkeit zuliebe bekamen die drei planaren Carbanionen das gleiche Niveau zugeteilt.]

leicht einzusehen. Nur acyclische Carbanionen können im Zuge einer Einebnung ihre Bindungen beliebig auseinanderrücken lassen und damit intramolekulare Spannungen großteils abtragen. Selbst das Methyl-Anion kann so einen bescheidenen Nutzen aus der planaren Gestalt ziehen. Die Winkel stark ringgespannter Carbanionen sind dagegen durch die cyclische Verkettung fixiert; sie dürfen sich auch nicht beim Überwechseln in die trigonale Konfiguration weiten. Für die Einebnung muß also der volle Preis bezahlt werden, ohne daß ein nennenswerter Anteil anderweitig zurückerstattet würde. Die Planarisierung des Cyclopropyl-Anions und die Linearisierung des Vinyl-Anions sind deshalb um wenigstens 12 kcal/mol aufwendiger als die Einebnung des Methyl-Anions*. Daraus folgen eklatante Unterschiede für die konfigurative Stabilität dieser Carbanionen und davon abgeleiteter Organometalle. Ringoffenes Organolithium verliert eine ursprünglich vorhandene optische Aktivität in Diäthyläther schon bei $-78°C$, in Pentan bei $0°C$ in Minutenschnelle[249, 250]; die Racemisierung kommt durch Umstülpen der Carbanion-Pyramide zustande und durchläuft einen Übergangszustand mit planarer Carbanion-Struktur. Cyclopropyl[251]- und Vinylalkalimetall-Verbindungen[250, 252] vermögen hingegen ihre Konfiguration noch bei Raumtemperatur bestens zu bewahren.

Die *p*-Mesomerie wird, da auf planare Carbanionen angewiesen, durch die geschilderten Ringspannungseffekte empfindlich geschwächt. Elektromer acidifizierte Cyclopropyl-Derivate (*88*) bleiben in ihren Säurestärken oftmals sogar hinter denen der entsprechenden Isopropyl-Verbindungen (*89*) zurück, obwohl das Cyclopropan selbst um mindestens 6 pK-Einheiten acider ist als die sekundären CH-Bindungen

---

* Abgeschätzt aufgrund der Inversionsbarrieren vergleichbarer Amine, insbesondere des Ammoniaks und Aziridins [Übersicht: *A. Rauk, L. C. Allen* und *K. Mislow*, Angew. Chem. **82**, 453 (1970)]. — Freilich müssen die mit der Konfigurationsumkehr und der Planarisierung verbundenen Änderungen der freien Enthalpie nicht notwendigerweise identisch sein. Tunneleffekte können die Aktivierungsbarriere merklich erniedrigen.

[249] *R. L. Letsinger*, J. Amer. chem. Soc. **72**, 4842 (1950).
[250] *D. Y. Curtin* und *W. J. Koehl*, J. Amer. chem. Soc. **84**, 1967 (1962).
[251] *H. M. Walborsky* und *F. J. Impastato*, J. Amer. chem. Soc. **81**, 5835 (1959). *D. E. Applequist* und *A. H. Peterson*, J. Amer. chem. Soc. **83**, 863 (1961). *H. M. Walborsky* und *A. E. Young*, J. Amer. chem. Soc. **83**, 2995 (1961); **86**, 3288 (1964).
[252] *E. A. Braude* und *J. A. Cole*, J. chem. Soc. (London) **1951**, 2078. *D. Y. Curtin* und *E. E. Harris*, J. Amer. chem. Soc. **73**, 2716, 4519 (1951). *A. S. Dreiding* und *R. J. Pratt*, J. Amer. chem. Soc. **76**, 1902 (1954). *F. G. Bordwell* und *P. S. Landis*, J. Amer. chem. Soc. **79**, 1593 (1957). *D. Y. Curtin* und *J. W. Crump*, J. Amer. chem. Soc. **80**, 1922 (1958). *D. Seyferth* und *R. Suzuki*, J. organomet. Chem. **1**, 437 (1963). *D. Seyferth* und *L. G. Vaughan*, J. Amer. chem. Soc. **86**, 883 (1964); J. organomet. Chem. **5**, 580 (1966).

des Propans. Diese Umkehrung der „natürlichen" CH-Aciditäten scheint für die meisten *p*-mesomeriefähigen Liganden zu gelten, insbesondere für $COCH_3$[253], COC_6H_5[253], $COO^\ominus$[254] und NO_2[255]. Eine Ausnahme machen bislang nur die Nitril-Gruppe[256] und Alkinyl-Reste[257]; möglicherweise ist hier wegen der kurzen Bindungsabstände eine besonders kräftige *halbseitige* p_π-p_π-Mesomerie zum gewinkelten Carbanion möglich.

Zu große Winkelspannung ist übrigens auch der *d*-Orbital-Mesomerie abträglich. Cyclopropyl-phenyl-sulfon besitzt gegenüber dem Isopropyl-phenyl-sulfon nur noch einen bescheidenen Aciditätsvorsprung[258]; das Phosphonio-butylid *90* scheint sogar bereits energieärmer als das Phosphonio-cyclopropylid *91* zu sein[259].

---

[253] *W. T. van Wijnen, H. Steinberg* und *T. J. deBoer*, Rec. Trav. chim. Pays-Bas **87**, 844 (1968). *C. Rappe* und *W. H. Sachs*, Tetrahedron **24**, 6287 (1968). *H. W. Amburn, K. C. Kauffman* und *H. Shechter*, J. Amer. chem. Soc. **91**, 530 (1969).

[254] *A. P. Bottini* und *A. J. Davidson*, J. org. Chemistry **30**, 3302 (1965). *J. G. Atkinson, J. J. Csakvary, G. T. Herbert* und *R. S. Stuart*, J. Amer. chem. Soc. **90**, 498 (1968).

[255] *H. B. Hass* und *H. Shechter*, J. Amer. chem. Soc. **75**, 1382 (1953).

[256] *H. M. Walborsky, A. A. Youssef* und *J. M. Motes*, J. Amer. chem. Soc. **84**, 2465 (1962). *H. M. Walborsky* und *J. M. Motes*, J. Amer. chem. Soc. **92**, 2445 (1970).

Acidität und Struktur

Vereinfachend könnte man sagen, die Elemente der 2. Achterperiode werden bei ihrem Eintritt in Cyclopropyl- oder Vinyl-Stellungen auf die acidifizierende Wirkung der isologen 1. Periode-Liganden zurückgestuft. Dies gilt nicht zuletzt auch für die Halogene. Chlor, als acidifizierendes Nachbaratom einer CH-Bindung dem Fluor in einem Alkan-Derivat weit überlegen, büßt seinen Vorrang in Alken-Derivaten ein: die Protonbeweglichkeiten eines Vinylchlorids und eines Vinylfluorids sind einander sehr ähnlich [260].

Die beobachtete Beeinträchtigung der d-Orbital-Mesomerie durch Winkelspannung steht übrigens ganz im Einklang mit der Vermutung [242], d-mesomerie-stabilisierte Carbanionen bevorzugten *abgeflacht*-pyramidale Konfigurationen.

Fluor, Chlor, Äther-Sauerstoff, Amin-Stickstoff und andere stark elektronegative Elemente oder Gruppen begnügen sich „freiwillig", d.h. ohne Ringzwang, mit kleinen Bindungswinkeln. Sie sind also offensichtlich geringeren Abstoßungskräften seitens benachbarter Bindungen ausgesetzt als etwa der Wasserstoff oder gar eine Alkylgruppe s. S. 71ff.). Um so geringer ist die Triebkraft, die den Übergang von der tetragonalen in die trigonale Konfiguration unterstützt, um so größer ist der Planarisierungsaufwand (Abb. 17).

Genau wie elektropositive Liganden, beispielsweise Methyl-Gruppen (S. 91), verzeichnen somit auch elektronegative Substituenten, insbesondere Fluor, eine konfigurationsbedingte Umkehr ihres Einflusses auf die CH-Acidität — eben nur in entgegengesetzter Richtung: während Fluor pyramidale Carbanionen *stabilisiert*, wirkt es auf planare Carbanionen *destabilisierend*.

Eine Gegenüberstellung fluorierter CH-Säuren, die teils pyramidalgewinkelte, teils trigonale-ebene Carbanionen ausbilden, verdeutlicht diese Zusammenhänge. Das Dibromfluormethan weiß die räumliche Anspruchslosigkeit des Fluors auszunutzen und setzt ein besonders steil gewinkeltes, energiearmes Anion frei [261]. Es vermag deshalb die Protonbeweglichkeit des Dibrommethans um wenigstens 4 Größenordnungen zu übertrumpfen. Im Gegensatz dazu unterzieht sich das 9-Fluorfluoren dem basenkatalysierten Wasserstoffisotopen-Austausch — bei

---

[257] G. *Köbrich* und D. *Merkel*, Chem. Commun. **1970**, 1452.
[258] H. E. *Zimmerman* und B. S. *Thyagarajan*, J. Amer. chem. Soc. **82**, 2505 (1960). R. *Breslow*, J. *Brown* und J. J. *Gajewski*, J. Amer. chem. Soc. **89**, 4383 (1967).
[259] H. J. *Bestmann* und T. *Denzel*, Tetrahedron Letters **1966**, 3591.
[260] D. *Daloze*, H. G. *Viehe* und G. *Chiurdoglu*, Tetrahedron Letters **1969**, 3925. M. *Schlosser* und M. *Zimmermann*, Chem. Ber. **104**, 2885 (1971).
[261] J. *Hine*, L. G. *Mahone* und C. L. *Liotta*, J. Amer. chem. Soc. **89**, 5911 (1966).

ebener Carbanion-Zwischenstufe! — 8mal langsamer als das Fluoren selbst[262]. Auch die (planaren) Anionen verschiedener 1-Fluor-nitroalkane zeigen im Vergleich zu den halogenfreien Stammverbindungen geringere Bildungstendenz[263] und entsprechend erhöhte Reaktivität[264]. Lediglich der Fluoressigsäure-äthylester bildet eine Ausnahme. Seine kinetische Acidität ist — wenn auch nur noch ganz geringfügig — der des Essigsäureesters überlegen[261].

Erneut ist ein Vergleich zwischen Carbanionen und isoelektronischen Verbindungen aufschlußreich. Substitution mit elektronegativen Elementen oder Gruppen hemmt auch den Inversionsprozeß von *Aminen* oder *Phosphinen* empfindlich. Die beobachtete Proportionalität[265] zwischen der Elektronegativität des Liganden und der Höhe der Inversionsbarriere stützt die Auffassung[266], induktive Effekte und darauf alleine aufbauende Modellvorstellungen könnten das Anwachsen des Planarisierungsaufwandes als Folge elektronegativer Substitution bereits ausreichend erklären.

Trotzdem ist gegenwärtig nicht auszuschließen, daß sich gleichzeitig noch andere, bedeutende Faktoren bemerkbar machen. So wurde erwogen, ob nicht die Parallel-Ausrichtung der einsamen Elektronenpaare des Carbanions (oder eines sonstigen Inversionszentrums) und des benachbarten Heteroatoms bei trigonaler Konfiguration *(92)* kräftige abstoßende Wechselwirkungen hervorrufen müsse („lone pair repulsion", „konjugative Destabilisierung")[267-269]. Derartige planare Carbanionen wären dann außergewöhnlich energiereich im Vergleich mit den zugehörigen tetragonal-pyramidalen Teilchen *(93)*, bei denen die benachbarten nicht-bindenden Orbitale* weiter auseinanderklaffen und somit der prekären destabilisierenden Überlappung entgehen.

---

[262] *A. Streitwieser* und *F. Mares*, J. Amer. chem. Soc. **90**, 2444 (1968).
[263] *H. G. Adolph* und *M. J. Kamlet*, J. Amer. chem. Soc. **88**, 4761 (1966).
[264] *L. A. Kaplan* und *H. B. Pickard*, Chem. Commun. **1969**, 1500.
[265] *R. D. Baechler* und *K. Mislow*, J. Amer. chem. Soc. **93**, 773 (1971).
[266] *A. Rauk, L. C. Allen* und *K. Mislow*, Angew. Chem. **82**, 453 (1970). *J. M. Lehn*, Fortschr. chem. Forsch. **15**, 311 (1970).
[267] *D. L. Griffith* und *J. D. Roberts*, J. Amer. chem. Soc. **87**, 4089 (1965).
[268] Einschlägige quantenchemische Rechnungen: *K. Müller* und *A. Eschenmoser*, Helv. chim. Acta **52**, 1823 (1969). *K. Müller*, Helv. chim. Acta **53**, 1112 (1970).
[269] Verwandte Überlegungen werden zur Deutung der Natur der Äthan-Torsionsbarriere herangezogen. Vgl. *I. R. Epstein, W. N. Lipscomb*, J. Amer. chem. Soc. **92**, 6094 (1970) (Schlußbemerkung).

* Der Anschaulichkeit zuliebe wurden die einsamen Elektronenpaare in einem *s*- und zwei *p*-Orbitalen untergebracht und nicht — wie es allgemein wohl tauglicher wäre — in drei gleichartigen $sp^{\lambda_i^2}$-Orbitalen ($\lambda_i^2 \sim 3$). Es besteht jedoch kein grundsätzlicher Unterschied zwischen beiden Betrachtungsweisen.

Acidität und Struktur 97

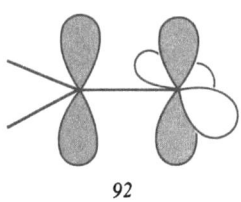
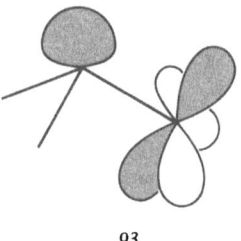

92

93

Die *Umpolung* (Abb. 17), die der Ligandeinfluß auf die CH-Acidität beim Übergang von tetragonalen zu trigonalen Carbanionen sowohl im Falle von Methyl-Substitution wie im Falle von Fluor-Substitution erfährt, kann diagnostisch zur Ermittlung der Carbanion-Konfiguration innerhalb einer bestimmten Klasse von CH-Säuren benutzt werden.

Der „unnatürliche" Aciditätsgang R—CH$_3$ > R—H > R—F bestätigt die Erwartung, wonach Nitroalkyl- und Fluorenyl-Anionen planar sind (Tabelle 18). Die umgekehrte Reihenfolge R—F > R—H > R—CH$_3$ bescheinigt dagegen nicht nur den Anionen einfacher Alkane, sondern auch den α-Sulfonylalkyl-Carbanionen tetragonale Struktur (Tabelle 18)[270]. Selbst α-Sulfonyl-*benzyl*-Anionen scheinen noch nicht eben zu sein, wenn man dem Kriterium der Aciditätsverminderung[272] bei Einführung einer Methyl-Gruppe trauen darf. Der die Carbanion-Chiralität bewahrende Einfluß[273] benachbarter Sulfonyl-Gruppen ließe sich somit ohne Zusatzannahmen überzeugend erklären.

[270] Der kräftige Aciditätszuwachs von Dimethylsulfon[271] (pK$_a$=28,5) nach Dibenzylsulfon[271] (pK$_a$=22) braucht der Annahme pyramidal-gewinkelter Carbanionen nicht unbedingt zu widersprechen. Zwar wäre sehr verwunderlich, wenn bereits allein eine halbseitige p_π-p_π-Mesomerie zwischen Carbanion und Phenyl-Ring mit einem Anstieg der CH-Säurestärke um 6.5 pK-Einheiten honoriert würde. Möglicherweise vermag jedoch das Dibenzylsulfon-Anion 94 mittels Ladungs-Transfer *beide* Phenyl-Ringe an der Ladungsdelokalisation zu beteiligen.

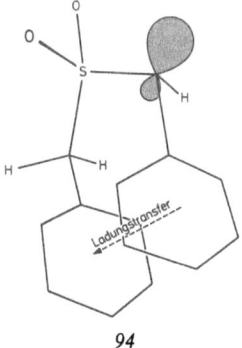

94

[271] *F. G. Bordwell, R. H. Imes* und *E. C. Steiner,* J. Amer. chem. Soc. **89**, 3905 (1967).
[272] α · α'-Diphenyl-diäthylsulfon[271]: pK$_a$=23,5; Dibenzylsulfon[271]: pK$_a$=22.
[273] *D. J. Cram, W. D. Nielsen* und *B. Rickborn,* J. Amer. chem. Soc. **82**, 6415 (1960). *D. J. Cram, D. A. Scott* und *W. D. Nielsen,* J. Amer. chem. Soc. **83**, 3696 (1961). *F. G. Bordwell, D. D. Phillips* und *J. M. Williams,* J. Amer. chem. Soc. **90**, 426 (1968).

Tabelle 18. *pK-Werte-Änderung durch Methyl- und Fluor-Substitution*

Substituent	H\C\(H)⟨R	H\C\SO₂CH₃ (H)⟨R	H\C\NO₂ (H)⟨R	(Fluoren) (H)⟨R
R = CH₃	42	30,5[a]	8,5	19,5
R = H	40	28,5	10	20,5
R = F[b]	35	25	14,5	21,5
Carbanion-Konfiguration	pyramidal	pyramidal (?)	planar	planar

[a] Der pK-Wert des Äthyl-methyl-sulfons (Methylen-Gruppe!) wurde abgeschätzt aufgrund der in l.c.[271] mitgeteilten Säurestärken.

[b] Die Veränderungen der pK-Werte durch Fluor wurden abgeschätzt aufgrund der in l.c.[263] mitgeteilten Änderungen der Säurestärken vergleichbarer Systeme und der in l.c.[261, 262] mitgeteilten Änderungen der H/D-Austausch-Geschwindigkeiten.

2.4. Acidität und Solvens

Im Abschnitt über Aciditätsmessungen (S. 43 ff.) war bereits auf die Solvensabhängigkeit von Aciditätskonstanten und Aciditätsdifferenzen aufmerksam gemacht worden. Jetzt, nachdem wir die *intramolekularen* Einflüsse auf die CH-Acidität kennengelernt haben, können wir auch das Zustandekommen und die Intensität *externer* Faktoren besser verstehen.

Zur Beurteilung eines Solvenseinflusses eignen sich hauptsächlich zwei Kriterien: die *Protonaktivität* des Lösungsmittels, d.h. seine eigene CH-, NH- oder OH-Acidität, und die *Lösungsmittel-Polarität*, ein Sammelbegriff, welcher Dipolmoment und Dielektrizitätskonstante, insbesondere aber die Elektronendonor-Fähigkeit des Solvens bewertet. Danach lassen sich die gebräuchlichen Lösungsmittel grob in drei verschiedene Klassen gliedern: *aprotische*, die über keine „beweglichen" Wasserstoffe verfügen und unpolar — wie etwa Cyclohexan — oder mäßig polar — wie etwa Glycoldimethyläther oder Tetrahydrofuran — sind, *protische*, die sich durch acide Wasserstoffe und mäßige Solvenspolarität auszeichnen, und schließlich *polare*, deren Protonaktivität mäßig groß ist und die besonders kräftige *Lewis*-Basen sind (Abb. 18).

Acidität und Solvens

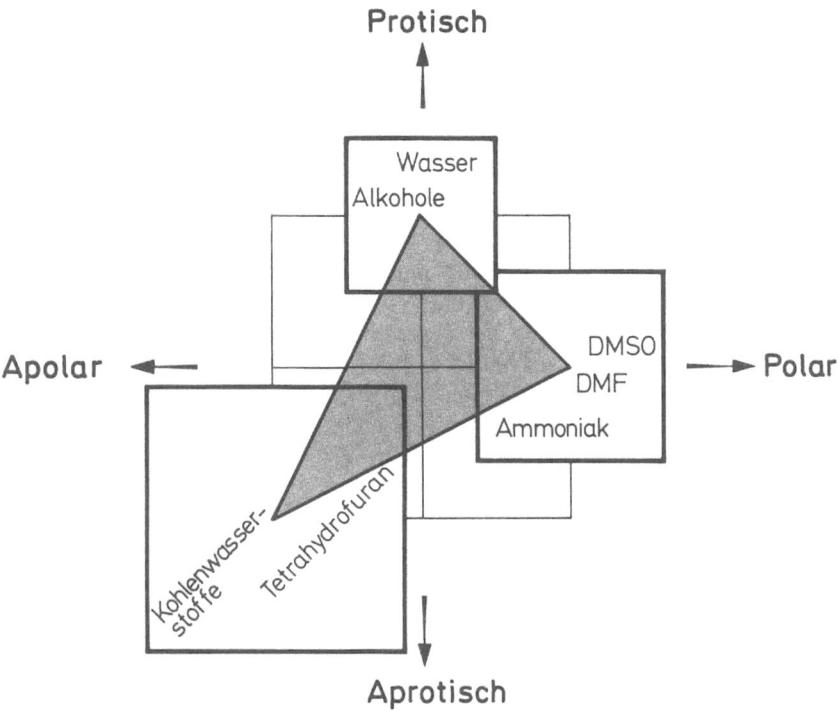

Abb. 18. Aprotische, protische und polare Solvenzien

Ein von äußeren Wechselwirkungen absolut freies Carbanion läßt sich in keinem Lösungsmittel verwirklichen. Immerhin mögen manche Organometalle in einem polaren Lösungsmittel geringer Protonbeweglichkeit diesem Idealfall recht nahe kommen. In solchen „polar-aprotischen" Solvenzien ist das Metall-Kation meist vorzüglich solvatisiert, während auf das Carbanion im wesentlichen nur ungezielte *van der Waals*-Kräfte einwirken.

Auch in protischen Lösungsmitteln sind die Solvatationsmöglichkeiten zu verlockend, als daß sich das Kation auf eine Kontakt-Bindung mit dem Carbanion einlassen würde. Dennoch büßt dieses seine Unabhängigkeit ein: Lösungsmittel-Molekeln, die unter Ausbildung von Wasserstoff-Brücken angelagert werden, „maskieren" das einstmals freie Carbanion.

Die Größe des Stabilisierungseffektes, den das Carbanion dank solcher Partialbindungen verbuchen kann, richtet sich dabei empfindlich nach seiner Ladungsdichte. Maximaler Energiegewinn ist für mesomeriefreie, aliphatische Carbanionen zu erwarten, da sie den gesamten Elektronenüberschuß auf *ein* Kohlenstoff-Atom konzentriert enthalten.

Ebenfalls günstig ist die Situation im Nitromethyl-Anion (*95*), wo sich zwei Sauerstoff-Atome und ein Kohlenstoff-Atom in zwei negative Ladungen teilen. Im Tri-p-nitrophenyl-methyl-Anion (*96*) dagegen ist der Elektronenüberschuß dank vielfältiger Mesomeriemöglichkeiten abgetragen und auf zahlreiche Zentren ausgebreitet. Selbst wenn das delokalisierte einsame Elektronenpaar die elektronegativeren Hetero-Atome zu seinem ausschließlichen Aufenthaltsort erkoren hätte, so wären an den insgesamt sechs Sauerstoff-Atomen der Nitro-Gruppen allenfalls je 0,67 negative Ladungen anzutreffen. Da aber die Sauerstoff-Atome jeder beliebigen „neutralen" Nitro-Verbindung bereits eine halbe negative Ladung tragen, ist mit keiner nennenswerten Verbesserung der Wasserstoffbrücken-Akzeptor-Fähigkeit bei der Deprotonierung des Tri-p-nitrophenyl-methans zu rechnen. Deshalb vermag es den erheblichen Aciditätsvorsprung, den es gegenüber dem Nitromethan in Dimethylsulfoxid besitzt, beim Überwechseln in ein protisches Lösungsmittel nicht zu behaupten. In wäßrig-alkoholischem Medium ist Nitromethan, dessen Anion *95* von kräftiger Wasserstoffbrücken-Stabilisierung profitiert, deutlich saurer[274].

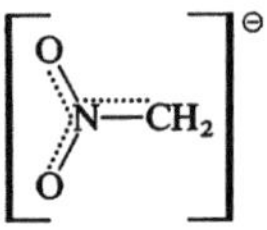

95
(besserer
H-Brücken-
Akzeptor)

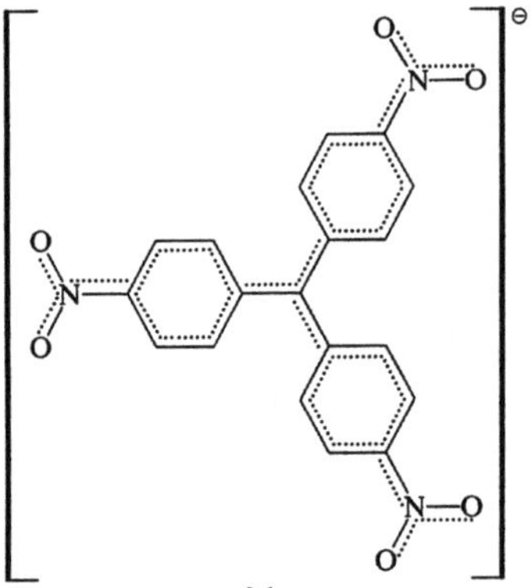

96
(bessere
Ladungs-
delokalisation)

Für ein besonders amüsantes Beispiel einer solvensbedingten Umkehrung relativer Aciditäten sorgt möglicherweise das 9-Hydroxy-

---

[274] *C.D. Ritchie* und *R.E. Uschold*, J. Amer. chem. Soc. **89**, 2752 (1967).

fluoren. Dessen Anion besitzt in protischem Medium zweifellos die Struktur eines Alkoholats (97a) und ist deshalb auch farblos. Hingegen ist in Dimethylformamid die Natrium-Verbindung des deprotonierten Hydroxyfluorens nur bei Raumtemperatur farblos. Beim Erwärmen wird die Lösung rosarot. Diese reversible Thermochromie wird dem Auftreten des 9-Hydroxy-fluorenyl(9)-Anions (97b) zugeschrieben [275].

97a
(besserer
H-Brücken-
Akzeptor)

97b
(mesomerie-
stabilisiert)

Eine andere spektakuläre Konsequenz der ausgeprägten Wasserstoffbrücken-Affinität von Sauerstoff-Anionen ist die dramatische Zunahme der kinetischen und thermodynamischen Basizität von Alkoholaten — bis zu 14 Zehnerpotenzen! — beim Überwechseln aus alkoholischer Lösung in ein hydroxylfreies, polares Solvens [276]. So ist Kalium-t-butanolat, in t-Butanol nur ein schwaches Deprotonierungsmittel, in Dimethylsulfoxid eine dem Triphenylmethyl-kalium nahezu ebenbürtige Base.

Auch in *unpolar-aprotischen* Medien sind Anionen hochgradig „unfrei". Hier sind es die Metall-Kationen, die sich mangels ausreichender Solvatationschancen mit dem Anion vergesellschaften — wieder werden „Partialbindungen" betätigt (s. S. 99)! — und ihm auf diese Weise einen Großteil seiner ursprünglichen Reaktivität rauben.

In der Gasphase ist das gegenion-freie t-Butanolat-Anion beträchtlich basischer als das Triphenylmethyl-Anion [277]. Diese „natürliche"

---

[275] F. *Dewhurst* und P. K. J. *Shah,* Chem. and Ind. **1969**, 1428. — Freilich irritiert, daß metallierte 9-Alkoxy- und 9-Aroxy-fluorene in ätherischer Lösung die übliche *orangerote* Farbe zeigen, wogegen hier von einer *rosaroten* Farbe berichtet wird. Auch beim Behandeln von 9-Methoxy-fluoren mit Kalium-t-butanolat in Dimethylformamid bei Raumtemperatur färbt sich die Lösung rosarot (G. *Fouquet,* unveröffentlichte Versuche).
[276] D. J. *Cram,* Fundamentals of Carbanion Chemistry, Academic Press, New York 1965, S. 32—45. Vgl. auch J. I. *Brauman, N. J. Nelson* und D. C. *Kahl,* J. Amer. chem. Soc. **90**, 490 (1968).
[277] Vgl. J. I. *Brauman* und L. K. *Blair,* J. Amer. chem. Soc. **90**, 5636, 6561 (1968). D. K. *Bohme* und L. B. *Young,* J. Amer. chem. Soc. **92**, 3301 (1970).

Basizitätsabstufung findet sich auch noch in stark polarer Lösung wieder, wenn sich die entsprechenden Cäsium-Verbindungen und die konjugaten CH-Säuren, t-Butanol und Triphenylmethan, miteinander ins Gleichgewicht [26] setzen*. Aber schon Kalium ist als Gegenion fähig, das Alkoholat-Anion, dessen Elektronenüberschuß sich völlig auf das Sauerstoff-Atom konzentriert, nachhaltig zu stabilisieren. Im Gegensatz dazu vermag das ladungsdelokalisierende Triphenylmethyl-Anion aus der Wechselwirkung mit dem Metall immer nur bescheidenen Bindungsenergiegewinn zu ziehen. Eine deutliche Verlagerung des Säuren-Basen-Gleichgewichtes [26] auf die Seite des Kalium-t-butanolats ist die Folge. In der Reihe der Lithium- und Natrium-Verbindungen gar dominiert das Alkoholat so unangefochten, daß das Organometall am Gleichgewicht ([26]) allenfalls spurenweise beteiligt ist[278].

$$\left(\bigcirc\right)_3 C-H + M-OC(CH_3)_3 \rightleftharpoons \left(\bigcirc\right)_3 C-M + HOC(CH_3)_3 \quad [26]$$

M = Cs	50 : 50
M = K	85 : 15
M = Na	> 99 : 1
M = Li	≫ 99 : 1

Ganz ähnliche Betrachtungen führen schließlich auch zu einem Verständnis der lange Zeit als rätselhaft geltenden Solvens- und Metall-Abhängigkeit der relativen Aciditäten von Ammoniak und Di- oder Triarylmethanen. In flüssigem Ammoniak sind beispielsweise Diphenylmethyl-natrium und -kalium beständig[279], wogegen die Lithium-Verbindung zu Lithiumamid und Diphenylmethan zersetzt wird[280,281]. Wieder ist die unterschiedliche Ladungsdichte in den beteiligten Anionen

---

* Zwar scheint das Gleichgewicht nur bei 50:50 zu liegen; zu berücksichtigen ist aber, daß sich das freigesetzte t-Butanol mit dem Alkoholat zu einem — viel weniger basischen — Wasserstoffbrücken-1:1-Assoziat $CsOC(CH_3)_3 \cdot HOC(CH_3)_3$ vereinigt.

[278] E. C. Steiner und J. M. Gilbert, J. Amer. chem. Soc. **85**, 3054 (1963). — Die angegebenen Verhältniswerte können nur zur Orientierung dienen; es wurden keine echten Gleichgewichtsmessungen durchgeführt. Lösungsmittel: Tetrahydrofuran.

[279] C. B. Wooster und J. F. Ryan, J. Amer. chem. Soc. **54**, 2419 (1932). Vgl.: C. A. Kraus und R. Rosen, J. Amer. chem. Soc. **47**, 2739 (1925). R. Levine, E. Baumgarten und C. R. Hauser, J. Amer. chem. Soc. **66**, 1230 (1944). C. R. Hauser, D. S. Hoffenberg, W. H. Puterbaugh und F. C. Frostik, J. org. Chemistry **20**, 1531 (1955). C. R. Hauser und P. J. Hamrick, J. Amer. chem. Soc. **79**, 3142 (1957).

[280] M. Schlosser und G. Fouquet, unveröffentlicht. — Triphenylmethyl-lithium ist auch in Ammoniak beständig.

[281] Vgl. auch G. Wittig, Experientia **14**, 389 (1958).

für das uneinheitliche Verhalten verantwortlich. Da stark elektropositive Metalle ohnehin nur verhältnismäßig schwache Bindungen betätigen, gibt in der Reihe der Natrium- und Kalium-Derivate der im Diphenylmethyl-Anion mögliche Mesomeriegewinn den Ausschlag. Das Säuren-Basen-System verlagert sich ganz auf die Seite des Organometalls, das vorherrschend solvens-getrennte Ionenpaare ausbildet (Abb. 19). Dagegen ist die Bindung zwischen dem kleinen Lithium und dem ladungskompakten Amid-Anion so fest, daß ihr zuliebe auf die Ausbildung des mesomerie-stabilisierten Diphenylmethyl-Anions verzichtet wird (Abb. 19).

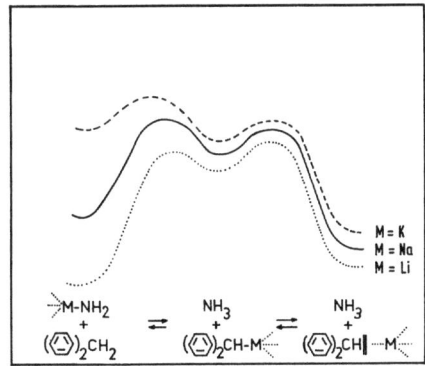

Abb. 19. Relative freie Enthalpien von Metall-amid und Triphenylmethyl-metall, letzteres als Kontakt-Spezies und solvensgetrenntes Ionenpaar, in Abhängigkeit vom beteiligten Alkalimetall

Das Diphenylmethyl-*kalium* übersteht auch den Austausch des Ammoniaks gegen ein schwächer solvatisierendes Lösungsmittel wie Diäthyläther, obwohl es darin nur noch als Kontakt-Spezies vorliegt (s. S. 23 f.). Versucht man dagegen aus einer Lösung des Diphenylmethyl-*natriums* das Ammoniak, wie vorsichtig auch immer, abzudampfen und durch Diäthyläther zu ersetzen, dann fällt es unweigerlich der Ammonolyse anheim[279]. Die Kontakt-Spezies mit CNa-Bindungsbeziehung ist also trotz Mesomeriestabilisierung energiereicher als das Amid mit seiner festen NNa-Bindung (Abb. 20).

Diese Beispiele verdeutlichen bereits zur Genüge, wie wenig sinnvoll es wäre — so groß die Versuchung auch sein mag —, nach einer mediumunabhängigen, universell gültigen Aciditätsskala Ausschau zu halten. Der Versuch, etwa die auf den wäßrigen Standardzustand bezogene Skala beim Überwechseln in andere Lösungsmittel nach dem Motto

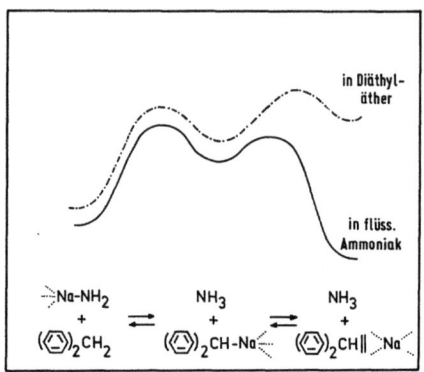

Abb. 20. Relative freie Enthalpien von Natriumamid und Diphenylmethyl-natrium (als Kontakt-Spezies und solvens-getrenntes Ionenpaar) in Ammoniak und in Diäthyläther

fortzuschreiben, „dies wäre der pK_a-Wert, wenn man ihn in Wasser messen könnte", kann weder als sachdienlich noch als durchführbar gelten. Erst recht abwegig wäre es, die Solvens-Abhängigkeit der Säurestärken in einer „Kompromißskala" verwischen zu wollen. Im Gegenteil: auch dem „nur" präparativ arbeitenden Chemiker können die frappierenden Basizitätsänderungen, denen Anionen aufgrund externer Einflüsse ausgesetzt sind, nicht nachdrücklich genug in die Erinnerung gerufen werden.

Anzustreben wäre hingegen die Erstellung von Aciditätsinkrementen, die es gestatten würden, den Solvenseinfluß auf die Säurenstärken verschiedener Substanzfamilien zahlenmäßig zu erfassen. Die quantitative Aufschlüsselung der Gesamtacidität in mehrere Einzelbeiträge würde nicht nur die Abschätzung von Säurestärken verbessern, sondern auch neue Einblicke in die Wirkungsweise carbanion-stabilisierender Faktoren verschaffen. Einem solchen Vorhaben käme die aktuell gewordene Ionen-Cyclotron-Resonanz-(ICR)-Spektroskopie[282,283] sehr zustatten, mit deren Hilfe sich heute die — auf die Gasphase bezogene — „Eigenacidität" *(intrinsic acidity)* zahlreicher CH-, NH- und OH-Säuren messen läßt.

---

[282] Übersicht: *J.D. Baldeschwieler* und *S.S. Woodgate*, Accounts chem. Res. **4**, 114 (1971).
[283] Acidität neutraler Moleküln in der Gasphase: *J.I. Brauman* und *L.K. Blair*, J. Amer. chem. Soc. **90**, 5636 (1968); **92**, 5986 (1970). *D.K. Bohme* und *L.B. Young*, J. Amer. chem. Soc. **92**, 3301 (1970).

3. Reaktivität

3.1. Reaktionstypen[284]

Alle Reaktionen der Organometalle sind von dem Bestreben geprägt, ihre ungünstige Bindungssituation zu verbessern. Das Endziel, die vollständige *Neutralisation*, läßt sich *unmittelbar* — durch „Ablöschen" mit einer starken Säure — erreichen. Es kann aber auch *schrittweise* verwirklicht werden, indem die Basizität des Organometalls durch Umsetzung mit schwachen Säuren dem Aciditätsgefälle folgend „in Raten" abgebaut wird (Abb. 21).

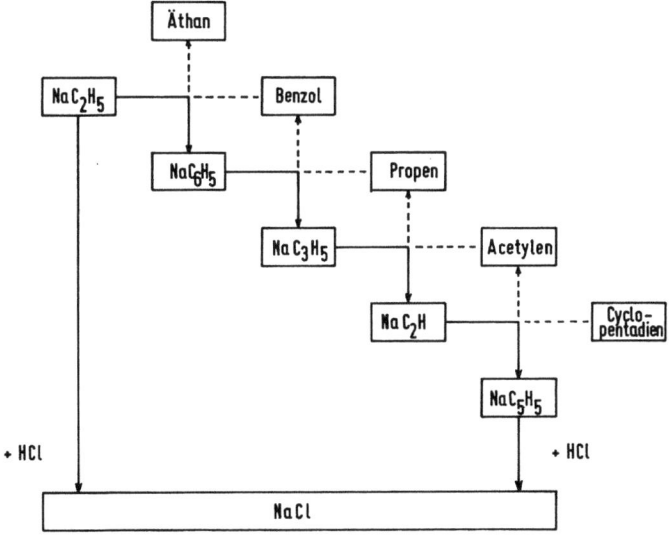

Abb. 21. Anschauliche Darstellung der unmittelbaren und der etappenweisen Neutralisation von Äthylnatrium

---

[284] Übersichten über die verschiedenen Reaktionsweisen polarer Organometalle und ihre präparative Bedeutung: *M. Schlosser*, Angew. Chem. **76**, 124, 258 (1964). *D. C. Ayres*, Carbanions in Synthesis, Oldbourne Press London 1966. *H. F. Ebel, A. Lüttringhaus* und *U. Schöllkopf*, in: Houben-Weyl-Müller, Methoden der Organischen Chemie, Band 13/1, Thieme Verlag, Stuttgart 1970. *G. Bähr, H. Gilman, H. O. Kalinowski, K. Nützel* und *G. F. Wright*, in: Houben-Weyl-Müller, Methoden der Organischen Chemie, Band 13/2, Thieme Verlag, Stuttgart 1972.

Die Übertragung eines Metalls von dem Kohlenwasserstoff-Rest eines Organometalls auf einen anderen, vordem in einer CH-Säure gebundenen, Kohlenwasserstoff-Rest bezeichnet man als „*Ummetallierungsreaktion*" oder — bezüglich der behandelten CH-Säure — als „*Metallierung*". Beteiligt sich an einem analogen Wasserstoff-Metall-Austausch ein Alkohol, ein Phenol, Thiol, Phosphin usw. als Proton-Donor, spricht man stattdessen von einer „*Anionisierung*" des Reaktionspartners.

Anionisierung von Diphenylphosphin:

$$(C_6H_5)_2PH + Na—C_6H_5 \longrightarrow (C_6H_5)_2P—Na + C_6H_6$$

Metallierung von Acetylen:

$$HC≡CH + BrMg—C_2H_5 \longrightarrow HC≡C—MgBr + C_2H_6$$

Das Ziel einer völligen oder zumindest teilweisen Neutralisation läßt sich statt durch Metall/*Wasserstoff*-Austausch (Metallierung, Ummetallierung) auch durch Metall/*Kohlenstoff*-, Metall/*Halogen*- oder Metall/*Metall*-Austausch erreichen:

Metall/Kohlenstoff-Austausch („Kondensation"):

$$Br—CH_3 + Na—CH_2—C_6H_5 \longrightarrow BrNa + CH_3CH_2—C_6H_5$$

Metall/Halogen-Austausch:

$$CH_2{=}CH—J + Li—C_4H_9 \longrightarrow CH_2{=}CH—Li + J—C_4H_9$$

Metall/Metall-Austausch:

$$(\triangleright)_4Sn + 2LiC_4H_9 \longrightarrow 2\triangleright—Li + (\triangleright)_2Si(C_4H_9)_2$$

Endlich bieten noch *Additionen, Eliminierungen* und *Isomerisierungen* Möglichkeiten, organometallische Basizität abzubauen:

Addition:

$$C_6H_5—CH{=}O + BrMg—CH_3 \longrightarrow C_6H_5—\underset{OMgBr}{CH}—CH_3$$

Eliminierung:

$$\underset{\text{Li}}{\overset{\text{F}}{\bigcirc}} \longrightarrow \bigcirc + \text{LiF}$$

Isomerisierung:

Biphenyl-CH₂-N⁺(CH₃)₂-CH⁻ → Phenanthren-artig CH₂-CH-N(CH₃)₂

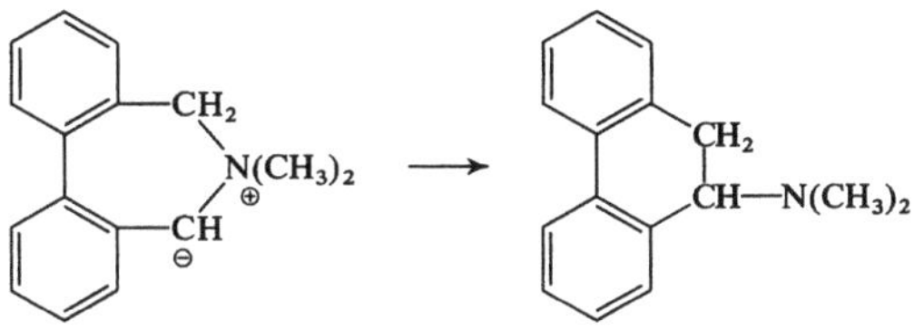

3.2. Reaktionsmechanismen

3.2.1. Carbanionisch initiierte Reaktionen

Der Idealtyp einer organometallischen Reaktion ist der „*Carbanion*-Prozeß": das *freie*, und deshalb höchst reaktive Carbanion greift den Reaktionspartner an. Im Übergangszustand der Reaktion, etwa einer Ummetallierung (*1*), ist das Metall-Gegenion so weit vom Reaktionsort entfernt, daß es keinen Einfluß auf das Geschehen hat und nicht berücksichtigt zu werden braucht.

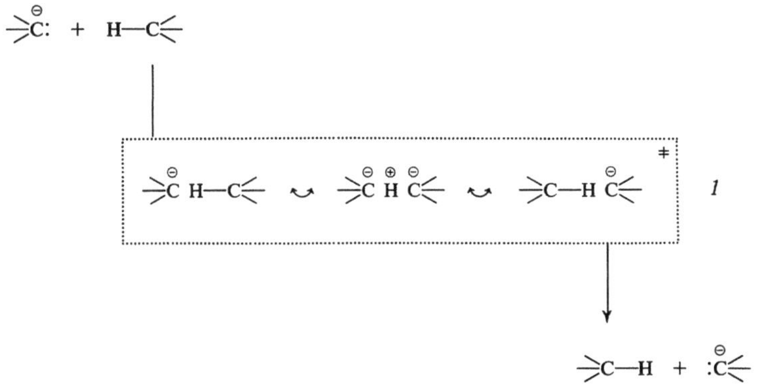

$$\overset{\ominus}{>}C: \; + \; H-C\overset{}{<}$$

$$\left[\overset{\ominus}{>}C \; H-C\overset{}{<} \; \leftrightarrow \; \overset{\ominus}{>}C \; \overset{\oplus}{H} \; \overset{\ominus}{C}\overset{}{<} \; \leftrightarrow \; >C-H \; \overset{\ominus}{C}\overset{}{<} \right]^{\ddagger} \quad \textit{1}$$

$$>C-H \; + \; :\overset{\ominus}{C}\overset{}{<}$$

Carbanionisch initiierte Reaktionen laufen mit hoher Wahrscheinlichkeit dann ab, wenn das Organometall sowohl auf der Reaktand- wie auf der Produkt-Seite als solvens-getrenntes oder gar dissoziiertes Ionenpaar vorliegt. Darüber hinaus werden Carbanion-Prozesse aber auch beispielsweise für die Metallierung des Triphenylmethans in Tetrahydrofuran[285] und für den Cäsiumamid-katalysierten Isotopenaustausch in Cyclohexylamin[286] postuliert.

Als Spezialfall eines carbanionischen Prozesses läßt sich der über eine at-Komplex-Zwischenstufe 2 ablaufende nucleophile Ligandaustausch verstehen.

$$R{-}X + M{-}R' \rightleftarrows \overset{\oplus\quad\ominus}{M[R{-}X{-}R']} \rightleftarrows R{-}M + X{-}R'$$
$$2$$

Es gibt zahlreiche Hinweise[287], wonach zumindest in einigen Fällen Metall/Nichtmetall- und Metall/Metall-Austauschvorgänge über at-Komplexe abgewickelt werden. Zu klären bleibt jedoch noch, wie weit verbreitet derartige Prozesse auftreten. Angesichts der bemerkenswerten Indifferenz vieler Austauschreaktionen gegenüber dem Lösungsmittel und der auffälligen Bevorzugung von Organo*lithium*-Reagenzien als Austauschpartner (Li ≫ MgBr ~ Na > K) sind ähnliche, jedoch Ladungstrennung vermeidende Mechanismen — z.B. über ein Radikalpaar 3 verlaufend (vgl. S. 116 ff.) als günstigere Alternative denkbar.

$$R{-}X + M{-}R' \rightleftarrows (R{-}\overset{\oplus}{X}{-}\overset{\ominus}{M}{-}R')$$

$$(R{-}\overset{|}{X}\cdot, \cdot R')\quad 3$$

$$R{-}M + X{-}R' \rightleftarrows (R{-}\overset{\ominus}{M}{-}\overset{\oplus}{X}{-}R')$$

3.2.2. Mehrzentren-Reaktionen

Im allgemeinen ist der zur Ionentrennung notwendige Energiebetrag nicht verfügbar. Als Ausweg steht der Reaktion dann ein *Vierzentren*-Prozeß offen, dessen Übergangszustand 4 das Metall kontaktion-ähnlich mit dem bisherigen und dem künftigen Bindungspartner vergesellschaftet enthält.

---

[285] *M. Schlosser,* J. organomet. Chem. **8**, 9 (1967).
[286] *A. Streitwieser, W.R. Young* und *R.A. Caldwell,* J. Amer. chem. Soc. **91**, 527 (1969). *A. Streitwieser* und *W.R. Young,* J. Amer. chem. Soc. **91**, 529 (1969).
[287] *G. Wittig* und *U. Schöllkopf,* Tetrahedron **3**, 91 (1958). *L.H. Sommer, P.G. Rodewald,* J. Amer. chem. Soc. **85**, 3895 (1963). *G. Wittig* und *A. Maercker,* J. organomet. Chem. **8**, 491 (1967). *M. Schlosser, G. Steinhoff* und *T. Kadibelban,* Liebigs Ann. Chem. **743**, 25 (1971).

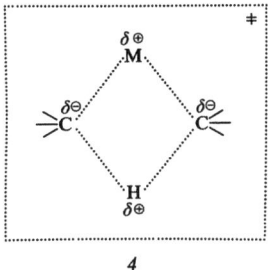

4

Zahlreiche, in unpolarem Medium ablaufende Reaktionen dürften solchen Mehrzentren-Prozessen zuzurechnen sein. Ihre Abgrenzung gegenüber Carbanion-Prozessen ist mitunter anhand einfacher Kriterien möglich. Beispielsweise ist es für das Zustandekommen einer Eliminierung vorteilhaft, wenn das Metall im Übergangszustand statt mit dem Kohlenstoff, mit der nucleofug austretenden Gruppe Kontakt aufnimmt. Die Abspaltung vollzieht sich dann im *Sechszentren-Prozeß*. Sichere Hinweise auf eine derartige Mithilfe des Metalls gibt ein Vergleich der Reaktivität diastereomerer Substrate, weil ein Mehrzentren-Mechanismus die *cis*-(oder *syn*-)Eliminierung begünstigen sollte, wogegen unter dem Angriff einer gegenionfreien Base, wie üblich, die *trans*-(oder *anti*-) Eliminierung vorherrschen würde[288]. So etwa läßt sich die Mehrzentren-

---

[288] Vgl. *J. Sicher*, Angew. Chem. **84**, 177 (1972).

Natur der organometall-induzierten Ätherzersetzung bereits allein aufgrund eines Reaktivitätsvergleiches zwischen cis- und trans-1-Methoxy-2-phenyl-cyclohexan (5) erkennen. Das trans-Isomer wird von Butyllithium viel rascher als das cis-Derivat in Phenyl-cyclohexen übergeführt, obwohl es zur Abspaltung erst die energiereiche Boot-Konformation aufsuchen muß[289].

Ebenso reagiert das einem Mehrzentren-Angriff zugängliche E-1-Phenyl-2-chlor-propen (6) in Äther mit Phenyllithium 4mal rascher als sein Z-Isomer[290].

$$\underset{6}{\underset{H}{\overset{C_6H_5}{>}}C=C\underset{Cl}{\overset{CH_3}{<}}} \xrightarrow{\text{RLi} \atop (R=C_6H_5)} \left[\underset{H}{\underset{R\cdots Li}{\overset{C_6H_5}{>}}C=C\underset{Cl}{\overset{CH_3}{<}}}\right]^{\neq} \longrightarrow C_6H_5-C\equiv C-CH_3$$

Bei Additionsreaktionen können die Einflüsse m- und p-ständiger Substituenten auf Reaktionsgeschwindigkeiten mechanistisch aufschlußreiche Fingerzeige liefern. In Mehrzentren-Prozessen greift der *nucleophile* Kohlenwasserstoff-Teil der organometallischen Verbindung zwar dominierend in das Reaktionsgeschehen ein; daneben spielt aber auch das *elektrophile* Metall eine aktive Rolle. Ein solcher Mechanismus sollte sich an positiven, aber vergleichsweise kleinen *Hammett*schen Reaktionsparametern zu erkennen geben. Im Einklang mit diesen Vorstellungen beträgt der ρ-Wert für die Anlagerung von n-Butyllithium an Styrol-Derivate in Benzol $+1,0$[291], von Diäthylmagnesium an Benzonitril-Derivate $+1,57$[292].

Meist bleibt es jedoch sehr problematisch, eine bestimmte Reaktion den Carbanion- oder Mehrzentren-Prozessen zuzuordnen. In Ermangelung eindeutiger Anhaltspunkte muß man häufig zu einer vagen Beurteilung, ob die Lösungsmittelpolarität eine Ionentrennung — wenigstens im Übergangszustand — gestattet, Zuflucht nehmen. In dieser Lage ver-

---

[289] R.L. *Letsinger* und E. *Bobko*, J. Amer. chem. Soc. **75**, 2649 (1953).
[290] M. *Schlosser* und V. *Ladenberger*, unveröffentlichte Versuche. — Durch inverse Isotopeneffekte zeichnet sich auch die Methanolyse gewisser Organolithium- und Organomagnesium-Verbindungen aus (K.B. *Wiberg*, J. Amer. chem. Soc. **77**, 5987 (1955)).
[291] G.M. *Burnett* und R.N. *Young*, Europ. Polymer J. **2**, 329 (1966).
[292] E.I. *Becker* und J.D. *Citròn*, Canad. J. Chem. **41**, 1260 (1963). Vgl. auch R.N. *Lewis* und J.R. *Wright*, J. org. Chemistry **17**, 1257 (1952).

Tabelle 19. Kinetische Isotopeneffekte k_H/k_D einiger Ummetallierungsreaktionen

Organometall	Lit.-Zit.	CH-Säure					
		C₆H₅—C≡CH	C₆H₅—C≡CH	Inden	Fluoren	(C₆H₅)₃CH	
		in Äther, 0° C	in THF, 22° C	in THF, 22° C	in THF, 22° C	in THF, 22° C	
Li—C₄H₉	293	—	—	—	—	8,9
Li—CH₃	293	—	—	—	—	6,2
Li—CH=CH₂	293	—	—	—	—	6,7
Li—C₆H₅	293, 294	2,4[a]	1,4	6,5	8,1	3,6; 4,6
BrMg—C₆H₅	294	4,6	3,0	—	—	—
Na—CH₂C₆H₅	294	—	1,4	2,9	3,6	8,4
Li—CH₂C₆H₅	293, 294	2,2	2,0	3,4	4,0	4,3; 10,8
ClMg—CH₂C₆H₅	294	6,2	3,4	5,4	8,2	—
Li—CH₂—CH=CH₂	293	—	—	—	—	7,1
LiC(C₆H₅D)₃	295	—	—	—	—	20[b]
LiC≡C—C₆H₄—D	295	0,5–1,0[c]	—	—	—	—

[a] In Gegenwart von Lithiumbromid.
[b] Bei 40° C in Äthylenglycoldimethyläther („Glyme"). Wegen allmählicher Reaktion des Triphenylmethyllithiums mit dem Lösungsmittel verhältnismäßig stark fehlerbehafteter Wert (±10%).
[c] Konzentrationsabhängig.

suchte man, die kinetischen Isotopeneffekte als Informationsquelle hinzuzuziehen; sie sollten ein allgemein taugliches Kriterium zur mechanistischen Einstufung wasserstoff-übertragender Reaktionen abgeben. Leider trog diese Hoffnung. Wie systematische Untersuchungen zeigten, streuen die gemessenen k_H/k_D-Quotienten in einer bislang nicht interpretierbaren Weise (Tabelle 19). Besonders auffällig ist der inverse und zudem konzentrationsabhängige Isotopeneffekt der „degenerierten Umwandlung" (Identitätsreaktion) zwischen Lithiumphenylacetylid und Phenylacetylen. Er läßt vermuten, daß der Reaktionsablauf bei manchen organometallischen Reaktionen komplizierter ist, als bislang angenommen.

3.2.3. Kationisch induzierte Reaktionen

Konzertierte Elektronenbewegungen, die — wie im vorangehenden Abschnitt geschildert — sowohl durch nucleophilen „Schub" als auch elektrophilen „Druck" unterstützt werden *(push-and-pull)* sind für Organometall-Reaktionen typisch. Der Natur der organometallischen Verbindungen entsprechend dürfte bei derartigen Mehrzentren-Mechanismen das latente Carbanion wohl meist die treibende Kraft sein; das Metall wird sich im allgemeinen mit einer elektrophilen Hilfestellung begnügen. Im Grenzfall, wenn das Metall auf jedes Eingreifen überhaupt verzichtet, erreicht man den Carbanion-Mechanismus.

Umgekehrt vermag jedoch manchmal auch das Metall die Führungsrolle zu übernehmen und die Reaktion „anzustoßen". Unter bestimmten strukturellen Voraussetzungen kann dann die — organometallische! — Umsetzung über eine Carbokation-Zwischenstufe ablaufen*.

---

* Gemeint ist, wohlgemerkt, die Schaffung eines (partiellen) Carbokations aus dem Substrat unter der *Einwirkung des Organometalls*. Damit nicht zu verwechseln ist eine andere Situation; wenn nämlich *nebenher zur Organometall-Bildung*, und zwar aus der gleichen Vorstufe, Carbokationen entstehen, die dann mit dem Substrat reagieren. Ein solcher Fall ist etwa bei der Umsetzung von n-Butylchlorid mit Magnesium in Gegenwart von Benzol gegeben. Das sich abscheidende Magnesiumchlorid ist, zumal solange noch „monomer", eine kräftige *Lewis*-Säure und katalysiert die Substitution des Benzols zum sec-Butylbenzol im Sinne einer *Friedel-Crafts*-Alkylierung (D. Bryce-Smith und W.J. Owen, J. chem. Soc. (London) **1960**, 3319).

[293] P. West, R. Waack und J.I. Purmort, J. organomet. Chem. **19**, 267 (1969).
[294] Y. Pocker und J.H. Exner, J. Amer. chem. Soc. **90**, 6764 (1968).
[295] M. Schlosser, Habilitationsschrift, Heidelberg 1966.

Erstmals wurde ein solcher Mechanismus mit kationischer Reaktionsauslösung für die Grignard-Addition an Carbonyl-Verbindungen vorgeschlagen [296-298]. Anlaß war die Beobachtung, daß in ätherischer Lösung — nicht in Tetrahydrofuran [299]! — „Grignard-Reagenzien" (Organomagnesiumhalogenide) mit Ketonen häufig außerordentlich rasch 1:1-Assoziate (7) bilden, die sich gelegentlich als Niederschlag abscheiden [300], öfters aber spektroskopisch nachzuweisen sind [298, 299].

Diesen Assoziaten wird üblicherweise die Struktur von Carboxoniummagnesiaten 7a (R = Alkyl oder Aryl, X = Halogen, evtl. auch Alkoxy) zuerteilt; der — langsame — produktbildende Schritt könnte dann in einer Verschiebung des Restes R vom Metall zum Kohlenstoff („Umlagerung") zu suchen sein.

$$\begin{array}{c} R \\ \diagdown \\ C \overset{\oplus}{\cdots} O - Mg \\ \diagup \qquad\qquad \diagdown \\ R \qquad\qquad\qquad X \\ 7a \end{array}$$

Für eine solche intrakomplex ablaufende Produktbildung bestehen dann gute Aussichten, wenn das Assoziat verhältnismäßig labil ist. Andernfalls könnte die Umsetzung mit einer zweiten Molekel Grignard-Reagens rascher sein. Dank seines partiellen Carbokation-Charakters sollte nämlich ein Assoziat der Struktur 7a mehr als eine unmodifizierte Carbonyl-Gruppe zu einem nucleophilen Angriff einladen. In der Tat deckten kinetische Messungen mitunter eine Proportionalität zwischen der Additionsgeschwindigkeit und dem *Quadrat* der Organometall-Konzentration auf und standen somit im Einklang mit den Erfordernissen eines termolekularen, über einen Übergangszustand 8 abrollenden Reaktionsmechanismus [296-298]. Freilich beobachtete man in anderen Fällen wieder nur eine Konzentrationsabhängigkeit 1. Ordnung [301].

---

[296] *P. Pfeiffer* und *H. Blank*, J. prakt. Chem. [2] **153**, 242 (1939).
[297] *C.G. Swain* und *H.B. Boyles*, J. Amer. chem. Soc. **73**, 870 (1951).
[298] Übersicht, auch über moderne Varianten des *Pfeiffer-Swain*-Mechanismus: *E. C. Ashby*, Quart. Reviews **21**, 259 (1967). — Vgl. *F. C. Ashby, J. Laemmle* und *H.M. Neumann*, J. Amer. chem. Soc. **94**, 5421 (1972).
[299] *S.G. Smith*, Tetrahedron Letters **1963**, 409; *S.G. Smith* und *G. Su*, J. Amer. chem. Soc. **86**, 2750 (1964); *T. Holm*, Acta chem. Scand. **20**, 1139 (1966).
[300] *J. Meisenheimer* und *J. Casper*, Ber. dtsch. chem. Ges. **54**, 1655 (1921). *J. Meisenheimer*, Liebigs Ann. Chem. **442**, 180 (1925); **446**, 76 (1925); Ber. dtsch. chem. Ges. **61**, 708 (1928). *K. Hess* und *H. Rheinboldt*, Ber. dtsch. chem. Ges. **54**, 2043 (1921). *K. Hess*, und *W. Wustrow*, Liebigs Ann. Chem. **437**, 256 (1924).
[301] *T. Holm*, Acta chem. Scand. **19**, 1819 (1965). *S.G. Smith* und *J. Billet*, J. Amer. chem. Soc. **89**, 6948 (1968).

$$\text{R-MgX} \quad \begin{bmatrix} \overset{O}{\underset{R}{\underset{|}{C}}}\overset{R}{\underset{Mg}{\overset{|}{\diagup}}} \\ \underset{X}{\overset{Mg}{\diagdown}} \\ \overset{}{\underset{X}{\quad}} \quad 8 \end{bmatrix}^{\ddagger} \quad \begin{array}{l}\text{Sechszentren-}\\ \text{Reaktion,}\\ \text{dann}\\ \text{MgR/MgX-}\\ \text{Austausch}\end{array}$$

$$\diagdown\!\!\!\!\diagup C{=}O + R{-}MgX \rightleftarrows 1:1\text{-Assoziat} \xrightarrow{\text{„Umlagerung"}} \diagdown\!\!\!\!\diagup \overset{OMgX}{\underset{R}{C}}$$

Vierzentren-Reaktion

Neuerdings mehren sich die Zweifel an einer Assoziat-Struktur gemäß 7a. In gründlich untersuchten Beispielen erwies sich die Carbonyl-Reaktivität nach Assoziat-Bildung nämlich gar nicht *erhöht*, sondern *herabgesetzt* oder gelegentlich sogar völlig erloschen [302]. Diesen Sachverhalt könnte die Formel 7b oder 7c eher als 7a verständlich machen. Für den Additionsverlauf wird nun folgerichtig ein dritter — alternativer oder kompetitiver — Mechanismus diskutiert (vgl. obenstehendes Reaktionsschema). Er sieht eine unmittelbare Vierzentrenreaktion zwischen Organometall und Keton als produktbildenden Schritt vor; die Assoziat-Bildung würde in diesem Fall in einer reaktionskinetischen Sackgasse liegen.

$$\diagdown\!\!\!\!\diagup \overset{O-Mg-R}{\underset{X}{C}} \qquad \diagdown\!\!\!\!\diagup \overset{O}{\underset{\underset{X}{Mg-R}}{C}}$$

7b 7c

Überzeugender als in Additionsreaktionen offenbart das Magnesium seine Initiatorrolle in einer Substitutionsreaktion, nämlich der Umsetzung zwischen Methylmagnesiumbromid und den epimeren 2-Methoxy-*cis*-4.6-dimethyl-dioxanen-(1.3). Während sich das Diastereomer mit der äquatorialen Methoxy-Gruppe (*cis-cis*-9) als völlig inert erwies, wurde im anderen Diastereomer (*trans-cis*-9) die axiale Methoxy-Gruppe glatt gegen Methyl ausgetauscht [303].

---

[302] T. Holm, Acta chem. Scand. **23**, 579 (1969).
[303] E. L. Eliel und F. Nader, J. Amer. chem. Soc. **91**, 536 (1969); **92**, 584 (1970). — Alternativmechanismen — etwa Substitution in einem Ionenpaar mit nicht-planarisiertem Kohlenstoff — dürfen freilich vorerst noch nicht ausgeschlossen werden.

Reaktionsmechanismus

trans-9   10   11

cis-9 $\xrightarrow{H_3C-MgBr}$ //

Das unterschiedliche Verhalten wird verständlich, wenn das Organometall im ersten, langsamen Reaktionsschritt die Methoxy-Gruppe einschließlich des bindenden Elektronenpaares ablöst. Das dabei aus *trans-cis*-9 resultierende Carbokation profitiert bereits in den frühesten Phasen seiner Entstehung (z. B. im Übergangsstadium *10*) von der guten Überlappungsmöglichkeit zwischen der erscheinenden Elektronenlücke und den axialen, nicht-bindenden Elektronendubletts des Sauerstoffs. Im Diastereomer mit der äquatorialen Methoxy-Gruppe (*cis-cis*-9) kann dagegen erst das fertige, planare Carbokation stabilisiert werden, so daß für seine Freilegung eine weit höhere Aktivierungsenergie aufgewendet werden muß[303].

Der kationische Verlauf der Umsetzung, der sich hier in einer hohen Stereoselektivität äußert, macht sich im übrigen auch in Form einer einschneidenden Strukturspezifität bemerkbar. Während (acyclische) Orthoester mit Organomagnesium-Verbindungen durchweg rasch reagieren, sind Acetale und einfache Äther, die weniger stabile Carboxoniumionen ausbilden, praktisch inert.

Selbst Organo*natrium*-Reagenzien können einen kationischen Reaktionsverlauf auslösen, sofern nur die Zwischenstufen hinreichend energiearm sind. Das Auftreten stellungsisomerer Kondensationsprodukte bei der Umsetzung zwischen der Natrium-Verbindung des

Diphenylacetonitrils und dem (2-Chlor-propyl)-dimethylamin [304] spricht für die intermediäre Existenz eines Aziridinium-Ions 12.

$$[(H_5C_6)_2\overset{\ominus}{C}-CN]\overset{\oplus}{Na} + Cl-\underset{CH_2}{\overset{CH_3}{\underset{|}{\overset{|}{C}H}}} \longrightarrow$$

$$(H_3C)_2N:$$

$$\longrightarrow \left((H_5C_6)_2\underset{CN}{\overset{\ominus}{C}} \underset{CH_2}{\overset{CH_3}{\underset{|}{\overset{|}{CH}}}} \overset{\oplus}{N}(CH_3)_2 \right)$$

12

$$(H_5C_6)_2\underset{CN}{\overset{|}{C}}-\underset{CH_2-N(CH_3)_2}{\overset{CH_3}{\overset{|}{CH}}}$$

$$(H_5C_6)_2\underset{CN}{\overset{|}{C}}-\underset{CH_2}{\overset{CH-N(CH_3)_2}{\overset{|}{CH_3}}}$$

3.2.4. Radikalische Prozesse

Führt man einer organometallischen Verbindung durch Bestrahlen Energie zu, so dissoziiert sie keineswegs in Ionen, sondern in ein Radikalpaar [305].

$$R-M \xrightarrow{h\nu} R\bullet + M\bullet$$

Eine Gegenüberstellung der Ionisationsenergien von (Erd-)Alkalimetallen [306] und der — viel kleineren — Elektronenaffinitäten [307] eines Kohlenstoff-Restes lassen auch gar keinen anderen Spaltungsverlauf als den homolytischen erwarten, so lange die Heterolyse nicht durch massive ionen-stabilisierende Kräfte unterstützt wird. Sollten angesichts dieser Sachlage nicht auch andere organometallische Reaktionen über radikalische Zwischenstufen ablaufen?

In der Tat sind hierfür seit langem Beispiele bekannt. Vereinigt man etwa Lösungen des Triphenylmethyl-natriums und des Benzophenons,

---

[304] *M. Bockmühl* und *G. Ehrhart*, Liebigs Ann. Chem. **561**, 54 (1949).
[305] *E. E. van Tamelen, J. I. Brauman* und *L. E. Ellis*, J. Amer. chem Soc. **87**, 4964 (1965). *H. J. S. Winkler, H. Winkler* und *R. Bollinger*, Chem. Commun. **1966**, 70. *W. H. Glaze* und *T. L. Brewer*, J. Amer. chem. Soc. **91**, 4490 (1969).
[306] *L. Pauling*, Die Natur der chemischen Bindung, Verlag Chemie, Weinheim 1964, S. 92.
[307] *E. C. Baughan, M. G. Evans* und *M. Polanyi*, Trans. Faraday Soc. **37**, 377 (1941). *L. M. Branscomb*, Adv. Electron Phys. **9**, 43 (1957). *J. Hinze* und *H. H. Jaffé*, J. Amer. chem. Soc. **84**, 540 (1962). *N. Grün*, Z. Naturf. **19a**, 358 (1964).

so beobachtet man einen augenblicklichen Farbumschlag von orangerot nach blaugrün, der auf die gemeinsame Bildung des Triphenylmethyl-Radikals (gelb!) und eines blauvioletten Keton-Radikalanions *13*, eines sog. *Metall-Ketyls*, zurückzuführen ist [308].

Eine solche Einelektron-Übertragung vom Organometall zur Carbonyl-Verbindung scheint generell beliebt zu sein, wenn einer der Reaktionspartner, oder besser beide, sperrige Liganden enthalten, die eine unmittelbare CC-Verknüpfung behindern [309, 310]. Im Gegensatz zu *13* stabilisieren sich die Ketyle *aliphatischer* Ketone durch Dimerisierung (zum Dimetallpinakolat *14*) oder durch Wasserstoff-Abstraktion aus dem Lösungsmittel (zum Alkoholat *15*).

---

[308] *W. Schlenk* und *R. Ochs*, Ber. dtsch. chem. Ges. **49**, 608 (1916).
[309] *P.D. Bartlett, C.G. Swain* und *R.B. Woodward*, J. Amer. chem. Soc. **63**, 3229 (1941).
[310] Z.B.: *G.A. Russell, E.G. Janzen* und *E.T. Strom*, J. Amer. chem. Soc. **86**, 1807 (1964). *K. Maruyama*, Bull. chem. Soc. Japan **37**, 897, 1013 (1964). *C. Blomberg* und *H.S. Mosher*, J. organomet. Chem. **13**, 519 (1968). *J. Billet* und *S.G. Smith*, J. Amer. chem. Soc. **90**, 4108 (1968).

Dimerisierung ist auch das Schicksal des beim Behandeln von Phenanthren mit α-Cumyl-kalium entstehenden Radikalanions *16* [311], wogegen zahlreiche andere, von aromatischen oder heterocyclischen Kohlenwasserstoffen abgeleitete Radikalanionen [312] ganz wie das Natrium-Ketyl des Benzophenons monomer beständig sind.

Eine dritte Stabilisierungsmöglichkeit von Radikalanionen besteht in der Aufnahme eines weiteren Elektrons. So ist das aus Cyclooctatetraen und Triphenylmethyl-natrium primär hervorgehende Radikalanion *17* nicht faßbar, weil es unverzüglich zum *Hückel*-aromatischen Cyclooctatetraen-Dianion *18* reduziert wird [313].

---

[311] *K. Ziegler* und *K. Bähr*, Ber. dtsch. chem. Ges. **61**, 253 (1928).
[312] Übersichten: *M. Schlosser*, Angew. Chem. **76**, 264—266 (1964). *E. DeBoer*, Advances in Organometallic Chemistry **2**, 115 (1964). *M. Szwarc*, in: Progress in Physical Organic Chemistry (Hsg. *A. Streitwieser* und *R. W. Taft*), Wiley, New York 1968. *E. T. Kaiser* und *L. Kevan* (Hsg.), Radical Ions, Interscience, New York 1968.
[313] *G. Wittig* und *D. Wittenberg*, Liebigs Ann. Chem. **606**, 8 (1957); Deutung gemäß *T. J. Katz*, J. Amer. chem. Soc. **82**, 3784 (1960).

Bei dem Lithium-Diphenylacetylen-Addukt *19* laufen Dimerisierung zu *20* und Reduktion zu *21* nebeneinander her [314, 315].

Radikalisch verlaufende Reaktionen sind mechanistisch viel schwerer zu durchschauen, wenn sich das primär entstandene Radikalpaar letztlich doch vereinigt. Das Ergebnis ist dann das gleiche, wie wenn die Reaktanden die Addition unmittelbar eingegangen wären. Beispielsweise ist klar ersichtlich, daß das Hauptprodukt der Behandlung von p-Tolylmagnesiumbromid mit Sauerstoff [316], das 4.4'-Dimethyl-biphenyl, auf dem Weg über ein Tolyl-Radikal *22* entstanden sein muß*. Das daneben anzutreffende Phenolat könnte jedoch entweder ebenfalls aus *22* oder aber aus einer direkten Vierzentren-Reaktion hervorgegangen sein.

---

* Entgegen einem weitverbreiteten Fehlurteil erweisen sich damit *Grignard*-Reagenzien gegenüber (Luft-)Sauerstoff als *nicht* völlig inert. Zumindest kleinere Ansätze sollten deshalb stets unter Schutzatmosphäre ausgeführt werden.

[314] J. E. Mulvaney, S. Groen, L. J. Carr, Z. G. Gardlund und S. L. Gardlund, J. Amer. chem. Soc. **91**, 388 (1969).

[315] Alternativ könnte *20* durch Addition von *21* an Diphenylacetylen entstanden sein (vgl. K. Ziegler und O. Schäfer, Liebigs Ann. Chem. **479**, 150 (1930)). Vgl. in diesem Zusammenhang auch die Cyclotetramerisierung des Diphenylacetylens zum Octaphenyl-cyclooctatetraen beim Erhitzen in Gegenwart von Phenylmagnesiumbromid (M. Tsutsui, Chem. and Ind. **1962**, 780).

[316] E. Müller und T. Töpel, Ber. dtsch. chem. Ges. **72 B**, 273 (1939).

Die, ausgehend von dem Hex-5-enyl-magnesiumbromid 23, erhaltenen isomeren Alkohole mit teilweise umgelagertem Kohlenstoff-Skelet verraten jedoch, daß auch die CO-Verknüpfung radikalische Zwischenstufen durchläuft[317].

In anderen organometallischen Reaktionen wurden homolytische Prozesse anhand charakteristischer Substituenteneinflüsse auf die Reaktionsgeschwindigkeit erkannt[318].

Neuerdings steht mit dem *CIDNP*-Effekt (*chemically induced dynamic nuclear polarisation*) eine sehr leistungsfähige Sonde auf Radikal-Zwischenstufen zur Verfügung. Dieser spektroskopische Nachweis stützt sich auf eine „Erinnerung" der Reaktionsprodukte an intermediäre Spezies mit ungepaartem Elektron, mögen sie noch so kurzlebig gewesen sein. Unter bestimmten Voraussetzungen kann diese „Erinnerung" in

---

[317] R. C. Lamb, P. W. Ayers, M. K. Toney und J. F. Garst, J. Amer. chem. Soc. **88**, 4261 (1966). Vgl. M. E. H. Howden, J. Burdon und J. D. Roberts, J. Amer. chem. Soc. **88**, 1732 (1966). A. G. Davies und B. P. Roberts, J. chem. Soc. (London) B **1968**, 1074. C. Walling und A. Cioffari, J. Amer. chem. Soc. **92**, 6609 (1970).

[318] H. Schäfer, U. Schöllkopf und D. Walter, Tetrahedron Letters **1968**, 2809. Vgl. U. Schöllkopf, Angew. Chem. **82**, 795 (1970).

Form einer Kernpolarisation für begrenzte Dauer in der Produkt-Molekel gespeichert sein und als stimulierte NMR-Emission abgerufen werden [319, 320].

CIDNP-Signale verraten unter anderem das Auftreten von Radikalen in Austausch-, Eliminierungs- und Kondensationsreaktionen zwischen Alkyllithium oder Alkylmagnesiumhalogenid und Alkylhalogeniden [321, 322] sowie bei der *Stevens*-Umlagerung [323].

Zahlreiche andere Umwandlungen stehen ebenfalls im Verdacht, radikalisch initiiert zu sein. Erwähnt seien nur noch die von Organolithium hervorgerufene *cis-trans*-Isomerisierung von Stilben [324], Tetraphenylbutadien [324] und Styrylmethylsulfid [325], die Reaktion von N-Fluor-aminen [326] mit n-Butyllithium sowie die übergangsmetall-katalysierte Übertragung des Magnesiums von einer Grignard-Verbindung über ein hypothetisches Radikalpaar *24* auf einen fremden, einem Olefin entstammenden Kohlenwasserstoff-Rest [327].

$$R-CH{=}CH_2 + CH_3-\underset{MgBr}{CH}-CH_3 \xrightarrow{TiCl_4} \begin{pmatrix} R-CH-CH_2-MgBr \\ \bullet \\ \bullet \\ CH_3-CH-CH_3 \end{pmatrix} 24 \longrightarrow$$

$$\longrightarrow R-CH_2-CH_2-MgBr + CH_3-CH{=}CH_2$$

---

[319] Methode: *J. Bargon* und *H. Fischer*, Z. Naturf. **22a**, 1156 (1967). *J. Bargon, H. Fischer* und *U. Johnson*, Z. Naturf. **22a**, 1551 (1967). *H. R. Ward* und *R. G. Lawler*, J. Amer. chem. Soc. **89**, 5518 (1967). *H. R. Ward, R. G. Lawler, H. Y. Loken* und *R. A. Cooper*, J. Amer. chem. Soc. **91**, 4928 (1969).

[320] Theorie: *R. Kaptein* und *L. J. Oosterhoff*, Chem. Phys. Letters **4**, 195, 214 (1969). *G. L. Closs* und *L. E. Closs*, J. Amer. chem. Soc. **91**, 4549 (1969). *G. L. Closs*, J. Amer. chem. Soc. **91**, 4552 (1969). *G. L. Closs* und *A. D. Trifunac*, J. Amer. chem. Soc. **91**, 4554 (1969); **92**, 2183, 2186 (1970). *G. L. Closs, C. E. Doubleday* und *D. R. Paulson*, J. Amer. chem. Soc. **92**, 2185 (1970). *R. Kaptein*, Chem Commun. **1971**, 732.

[321] *H. R. Ward* und *R. G. Lawler*, J. Amer. chem. Soc. **89**, 5518 (1967). *H. R. Ward, R. G. Lawler* und *R. A. Cooper*, J. Amer. chem. Soc. **91**, 746 (1969). *A. R. Lepley* und *R. L. Landau*, J. Amer. chem. Soc. **91**, 748 (1969). *A. R. Lepley*, J. Amer. chem. Soc. **91**, 749 (1969); Chem. Commun. **1969**, 64. *H. R. Ward, R. G. Lawler* und *T. A. Marzilli*, Tetrahedron Letters **1970**, 521.

[322] Andersgeartete Hinweise: *D. Bryce-Smith*, J. chem. Soc. (London) **1956**, 1603. *F. S. Dyachkovskii, N. N. Bobnov* und *A. E. Shilov*, Dokl. Akad. Nauk SSR **123**, 870 (1958). *L. I. Zakharkin, O. Y. Okhlobystin* und *B. N. Strunin*, J. organomet. Chem. **4**, 349 (1965). *R. G. Gough* und *J. A. Dixon*, J. org. Chemistry **33**, 2148 (1968). *G. A. Russell* und *D. W. Lamson*, J. Amer. chem. Soc. **91**, 3967 (1969). *J. Sauer* und *W. Braig*, Tetrahedron Letters **1969**, 4275.

[323] *U. Schöllkopf, U. Ludwig, G. Ostermann* und *M. Patsch*, Tetrahedron Letters **1969**, 3415; vgl. auch *U. Schöllkopf, G. Ostermann* und *J. Schossig*, Tetrahedron Letters **1969**, 2619.

[324] *R. Waack* und *M. A. Doran*, J. organomet. Chem. **3**, 92 (1965). *M. A. Doran* und *R. Waack*, J. organomet. Chem. **3**, 92 (1965).

[325] *M. Schlosser*, Dissertation, Universität Heidelberg, 1960, S. 100.

[326] *H. F. Smith, J. A. Castellano* und *D. D. Perry*, Advanc. Chem. Ser. **54**, 155 (1965).

[327] *G. D. Cooper* und *H. L. Finkbeiner*, J. org. Chemistry **27**, 1493 (1962). *H. L. Finkbeiner* und *G. D. Cooper*, J. org. Chemistry **27**, 3395 (1962). *L. Farády, L. Bencze* und *L. Markó*, J. organomet. Chem. **10**, 505 (1967).

Angesichts der Fülle von homolytisch verlaufenden Reaktionen drängt sich die Frage auf, ob im organometallischen Bereich Radikalprozesse nicht — wie lange geglaubt — die Ausnahme, sondern die Regel sind. In der Tat findet man für sehr unterschiedliche Arten von Lithiumalkyl-Reaktionen eine Abhängigkeit 1. Ordnung ihrer Geschwindigkeit von der Konzentration frei verfügbaren, d.h. nicht solvatisierend gebundenen, Tetrahydrofurans. Es wurde daraus gefolgert, daß ganz allgemein das Alkyllithium im ersten Schritt ein einzelnes Elektron auf das Solvens überträgt, das von da aus an das Substrat S weitergereicht wird. Der eigentliche produktbildende Schritt wäre somit den Zwischenstufen 25 und 26 nachgeschaltet [328].

$$(RLi)_2, THF \xrightarrow{THF} \{[(RLi)_2, THF]^{\oplus} [e\cdot, THF]^{\ominus}\} \xrightarrow{S}$$
$$25$$

$$\longrightarrow [(RLi)_2, THF]^{\oplus} [S\cdot, THF]^{\ominus} \longrightarrow Produkte$$
$$26$$

Es gibt gute Argumente gegen die vermutete [329] Alleingültigkeit der Einelektron-Übertragung. Es ist wahrscheinlicher, daß organometallische Reaktionen über ein ganzes Spektrum verschiedener mechanistischer Möglichkeiten gebieten können. Mit Sicherheit nehmen aber darin Radikal-Reaktionen einen breiten Ausschnitt ein.

3.3. Reaktionsbeeinflussende Parameter

3.3.1. Das Metall

Mit zunehmender Elektropositivität des (Erd-)Alkalimetalls wächst die Neigung eines Kohlenwasserstoff-Restes, sich der schwachen organometallischen Bindung zugunsten einer festeren Kovalenz zu entledigen.

---

[328] *C.G. Screttas, J.F. Eastham*, J. Amer. chem. Soc. **88**, 5668 (1966). — Bislang fehlen allerdings überzeugende experimentelle Hinweise auf eine *dimere* Zusammensetzung der reaktiven Organolithium-Spezies. Die Hauptmenge des Butyllithiums ist in THF-Lösung jedenfalls vierfach aggregiert (vgl. S. 8). Einstweilen muß der vorgeschlagene Einelektronübertragungs-Mechanismus als sehr interessantes, aber noch recht spekulatives Konzept gelten.

[329] Vgl. *E.A. Kovrizhnykh* und *A.I. Schatenstein*, Russ. chem. Reviews **38**, 840 (1969); sowie *D.A. Shirley* und *J.P. Hendrix*, J. organomet. Chem. **11**, 217 (1968).

Die Reaktivität eines Organometalls hängt daher gewöhnlich in der folgenden Rangordnung vom Metall ab:

Be < Mg < Li < Ca < Na < Sr < Ba < K < Rb < Cs

Der jeweilige Reaktionstyp entscheidet jedoch darüber, ob das metallbedingte Reaktivitätsgefälle flach oder steil ist. Organokalium ist Organolithium und dieses wiederum Grignard-Reagenzien gewöhnlich „nur" um Faktoren zwischen 10^3 und 10^4 überlegen, wenn man sie in Kondensationsreaktionen mit Alkylhalogeniden[330] oder Additionsreaktionen mit Ketonen[331] miteinander vergleicht. Sehr viel größer ist der Einfluß des Metalls auf Ummetallierungsreaktionen. Hier kann der Beschleunigungsfaktor beim Überwechseln von einer Organolithium- zur entsprechenden Organokalium-Verbindung viele Größenordnungen betragen. Am deutlichsten erkennt man die Bedeutung des Metalles an den Mindestwerten der Aciditätsspannen, welche verschiedene n-Butyl-metalle zur erfolgreichen Ummetallierung benötigen. Während Alkylkalium-Verbindungen selbst ihren eigenen konjugaten CH-Säuren, den Alkanen, ein Proton entreißen (Δ pK = 0), vermag n-Butylmagnesiumbromid nur mit sehr aciden Kohlenwasserstoffen, etwa mit dem Acetylen, einen Metall/Wasserstoff-Austausch einzugehen (Δ pK > 15) (Abb. 22).

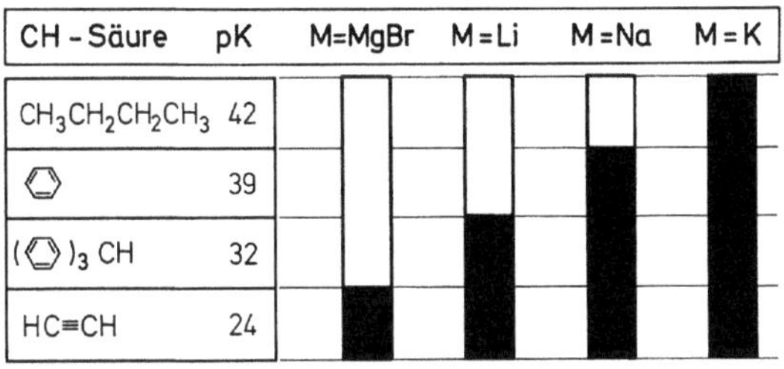

CH - Säure	pK	M=MgBr	M=Li	M=Na	M=K
CH$_3$CH$_2$CH$_2$CH$_3$	42				
⌬	39				
(⌬)$_3$CH	32				
HC≡CH	24				

Abb. 22. Anschauliche Darstellung des Metallierungsvermögens von n-Butylmetall-Verbindungen gegenüber einigen typischen CH-Säuren: □ keine Reaktion, ■ bei 20°C Metallierung. (Reaktionsmedium für die Umsetzung mit Butyl-magnesiumbromid und Butyllithium: Diäthyläther, für Butylnatrium und Butylkalium: Petroläther)

Gelegentlich beobachtet man jedoch eine Umkehrung der normalen, elektropositivitätskonformen Reaktivitätsabstufung. Einer der möglichen Gründe ist die bessere Solvatisierbarkeit der kleineren Kationen. Beispielsweise liegt Polystyryl*lithium* in Tetrahydrofuran als solvensgetrenntes Ionenpaar, Polystyryl*cäsium* dagegen nur als Kontakt-Ionen-

---
[330] H. D. Zook und W. L. Gumby, J. Amer. chem. Soc. **82**, 1386 (1960).
[331] S. G. Smith, Tetrahedron Letters **1966**, 6075.

paar vor. Die mit Organolithium initiierte Polymerisation des Styrols läuft deshalb rascher ab als die mit Organocäsium initiierte. In Dioxan, worin beide organometallischen Individuen Kontaktstruktur besitzen, herrscht dagegen wieder die normale Geschwindigkeitsabstufung RCs > RLi[332].

Ebenso wie durch *externe* Solvatation lassen sich Gegenion-Effekte offensichtlich durch „*intrakomplexe*" Solvatation modifizieren. Der Übergangszustand 27 (M = Na oder K) könnte die bislang noch ausstehende Erklärung dafür liefern, daß Benzyl*natrium* Dibenzofuran glatt metalliert, während Benzyl*kalium* völlig inert ist[333, 334].

„Inverse" Gegenion-Effekte sind schließlich auch regelmäßig bei kationischer Reaktionsauslösung zu erwarten. Ein aktives Eingreifen in das Reaktionsgeschehen seitens des elektrophilen Metalls vermag zwanglos eine Reihe überraschender Beobachtungen zu deuten: das α-Phenoxy-benzhydryl-*lithium* unterzieht sich der *Wittig*schen Äther-Umlagerung rascher als die entsprechende *Natrium*-Verbindung[335]; das Triphenylmethyl-*magnesiumbromid* ist im Gegensatz zu den Tri-

---

[332] D.N. Bhattacharyya, C.L. Lee, J. Smid und M. Szwarc, J. phys. Chem. **69**, 612 (1965).
D.N. Bhattacharyya, J. Smid und M. Szwarc, J. physic. Chem. **69**, 624 (1965); vgl. ferner D.N. Bhattacharyya, C.L. Lee, J. Smid und M. Szwarc, Polymer **5**, 54 (1964).
T.E. Hogen-Esch und J. Smid, J. Amer. chem. Soc. **89**, 2764 (1967).
[333] H. Gilman, F.W. Moore und O. Baine, J. Amer. chem. Soc. **63**, 2479 (1941).
[334] Man beachte auch die überraschend geringfügigen Reaktivitätsunterschiede von Äthyllithium, -natrium und -kalium gegenüber Dibenzofuran in Petroläther-Lösung [H. Gilman und R.V. Young, J. org. Chemistry **1**, 319 (1936)].
[335] G. Wittig und L. Löhmann, Liebigs Ann. Chem. **550**, 260 (1942). G. Wittig und E. Stahnecker, Liebigs Ann. Chem. **605**, 69 (1957).

phenylmethyl-*alkalimetall*-Verbindungen in Tetrahydrofuran unbeständig[336]; das 2-Methyl-2-(4-pyridyl)-butyl-*magnesium-chlorid 28*, nicht aber das Lithium-Derivat, fragmentiert unter Abspaltung von Äthylen[337].

3.3.2. Das latente Carbanion

Gefühlsmäßig mag man erwarten, daß sich ein Organometall um so rascher umsetzt, je größer dabei der Energiegewinn ist, mit anderen Worten, je basischer es ist. Tatsächlich findet sich oftmals ein solcher Zusammenhang zwischen der *kinetischen* Reaktionsneigung und dem *thermodynamischen* Reaktionspotential. Beispielsweise behauptete in allen bislang untersuchten Fällen das n-Butyllithium einen Reaktionsgeschwindigkeitsvorsprung vor dem Phenyllithium.

Sehr oft laufen jedoch Basizität und Reaktivität *nicht* parallel. Wie aus Tabelle 20 (s. S. 126) ersichtlich, ist das Benzyllithium allgemein viel

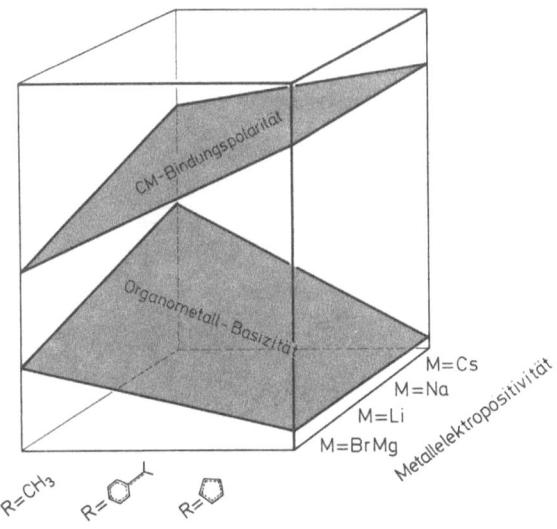

Abb. 23. Änderung von Bindungspolarität und Basizität eines Organometalls in Abhängigkeit von dem Metall und dem organischen Molekelrumpf

---

[336] *F. R. Jensen* und *R. L. Bedard*, J. org. Chemistry **24**, 874 (1959).
[337] *G. Fraenkel* und *J. W. Cooper*, Tetrahedron Letters **1968**, 599.

Tabelle 20. Relativgeschwindigkeiten der Umsetzung verschiedener Organolithium-Verbindungen mit Phenylacetylen[338,339] (Metallierung), Triphenylmethan[339,340] (Metallierung), Styrol[341] (Addition) und 1.1-Diphenyl-äthylen[342] (Addition)

Organometall	⌬-C≡C-H Äther, 0°C (1,5 f)[a,b]	⌬-C≡C-H THF, 0°C (, f)[a,b]	(⌬)₃CH Äther, 20°C[339] [c]	(⌬)₃CH THF, 22°C[340] (0,01 f)[a,d]	⌬-CH=CH₂ THF, 20°C (0,2 f)[a]	(⌬)₂C=CH₂ THF, 22°C (0,5 f)[a]
Li—CH₃	1	1	1	1	1	1
Li—CH=CH₂	—	—	—	2,5	0,8	0,9
Li—⌬	9	1,2	—	5,5	1,6[e]	1,5
Li—ⁿC₄H₉	15	4,5	450	13	5,3	3600
Li—CH₂—CH=CH₂	—	—	—	51	2,0	470
Li—CH₂⌬	[g]	—	—	250	2,8[f]	17000

[a] In Klammern sind die titrierbaren Organolithium-Konzentrationen (Formalkonzentration f) angegeben, ohne Rücksicht auf den jeweiligen Aggregationszustand.
[b] Formale Gesamtkonzentration an Methyl- und Butyllithium (Konkurrenzexperiment!).
[c] LiCH₃: f = 1,1 Mol·l⁻¹, LiC₄H₉, LiC₆H₅ sowie LiCH₂—C₆H₅: f = 0,035 Mol·l⁻¹
[d] Bei 0,01 f lauten die Relativgeschwindigkeiten: 1; 2,8; 4,3; 14; 20; 150. Bei 0,10 f: 1,0; 4,2; 6,3; 23; 90; 450.
[e] In Gegenwart einer äquivalenten Menge LiBr beträgt der Wert 0,9.
[f] Mit Triphenylmethyl-natrium statt Benzyllithium sinkt der Wert auf 0,4.
[g] Weniger reaktiv als n-Butyllithium.

[338] M. Schlosser und V. Ladenberger, Tetrahedron Letters **1964**, 1945.
[339] M. Schlosser, J. Hartmann, unveröffentlicht.
[340] R. Waack, P. West, J. Amer. chem. Soc. **86**, 4494 (1964). P. West, R. Waack, J. I. Purmort, J. Amer. chem. Soc. **92**, 840 (1970).
[341] R. Waack, M. A. Doran, J. org. Chemistry **32**, 3395 (1967).
[342] R. Waack, M. A. Doran, J. Amer. chem. Soc. **91**, 2456 (1969).

reaktionsfreudiger, als es dem Rang des Toluols in der pK-Skala entspricht; ja mitunter ist es sogar dem n-Butyllithium überlegen. Die Reaktivitätsabstufung der Organomagnesium-Reagenzien unterliegt stärker als die der Organolithium-Verbindungen dem jeweiligen Reaktionstyp (Tabelle 21). Die deutlichsten Abweichungen beobachtet man erstaunlicherweise bei einem Vergleich der Additionsgeschwindigkeiten an Aceton und an Benzophenon. Während sich Äthylmagnesiumhalogenid regelmäßig als überlegen erweist, kann sich eine weitere Kettenverlängerung und insbesondere eine Kettenverzweigung als kräftig reaktionsfördernd oder nachhaltig reaktionshemmend bemerkbar machen. Soweit feststellbar, ist jedoch immer das Allylmagnesiumbromid, das am wenigsten basische Grignard-Reagens der Reihe, zugleich das reaktionsfreudigste.

Tabelle 21. *Relativgeschwindigkeiten k_{rel} der Umsetzung verschiedener Grignard-Reagenzien RMgBr mit Phenylacetylen[343], Benzonitril[344], Aceton[345] und Benzophenon[345] (in Diäthyläther-Lösung bei 35°[343, 344] bzw. 20°[345])*

R	k_{rel}			
	Metallierung von Phenylacetylen[a]	Addition an Benzonitril	Addition an Aceton	Addition an Benzophenon[b]
CH_3	1	1[c]	1	1
C_2H_5	17	9	2	24
C_3H_7	10	1,7	0,6	—
$CH(CH_3)_2$	35	0,7	0,4	70
$C(CH_3)_3$	—	0,3	0,1	90
C_6H_5[d]	—	25	11	1
$CH_2-CH=CH_2$	72	150	—	—

[a] Die gleiche Rangfolge scheint auch für die Metallierung des Indens (in Dibutyläther, 100° C) zu gelten[346].
[b] Eine analoge Reaktivitätsabstufung wird offenbar auch bei der CC-Verknüpfung zwischen Grignard-Reagenzien und Allylbromid beobachtet[347].
[c] Unter Verwendung von Methylmagnesium*jodid* statt Methylmagnesium*bromid*.
[d] Elektronenreiche Substituenten (p—CH_3, p—OCH_3) erhöhen, elektronenarme (p—Cl, p—Br) erniedrigen die Reaktivität des Phenylmagnesiumbromids in allen untersuchten Fällen.

---

[343] *J. H. Wotiz, C. A. Hollingsworth* und *R. Dessy*, J. Amer. chem. Soc. **77**, 103 (1955); vgl. auch *R. E. Dessy* und *R. M. Salinger*, J. org. Chemistry **26**, 3519 (1961).
[344] *H. Gilman, E. L. St. John, N. B. St. John* und *M. Lichtenwalter*, Rec. trav. chim. Pays-Bas **55**, 577 (1936).
[345] *T. Holm*, Acta chem. Scand. **23**, 582 (1969).
[346] *D. Ivanoff* und *I. Abdouloff*, Compt. rend. **196**, 491 (1933).
[347] *M. G. Sturrock* und *R. A. Duncan*, J. org. Chemistry **33**, 2148 (1968).

Überdurchschnittliche Reaktionsfähigkeit war bereits dem Allyllithium zuerkannt worden (Tabelle 20) und ist schließlich auch den Allyl- und Benzyl-Derivaten des Natriums zu eigen[348]. Wie kommt diese kinetische Bevorrechtigung schwach basischer, mesomeriestabilisierter Organometalle zustande?

Bei gleichbleibendem Metall ändern sich Organometall-*Basizität* und *CM-Bindungspolarität* gegensinnig (Abb. 23, s. S. 125). Schwächer basische Organometalle können somit leichter als stärker basische ionisiert werden, sofern sie nicht ohnehin schon als Ionenpaare vorliegen.

Unterstellen wir einmal, alle Organolithium-Verbindungen könnten grundsätzlich nur in ionisiertem Zustand Umwandlungen herbeiführen. Dann müßte das Butyllithium — selbst wenn wir von der zusätzlich zu überwindenden Selbstaggregation absehen wollen — die Reaktionsfähigkeit mit einem hohen Energieaufwand erkaufen. Das von vornherein

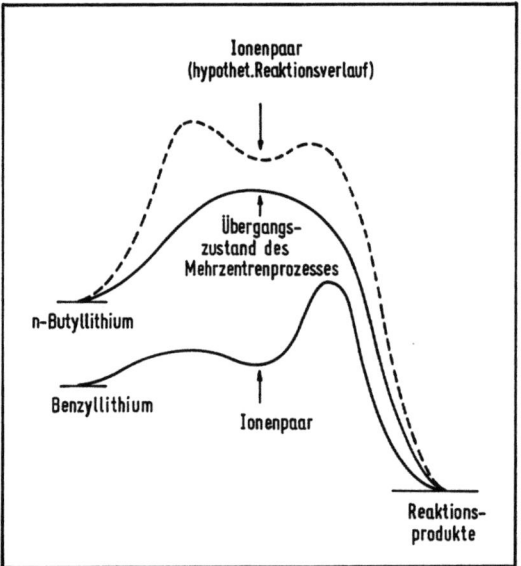

Abb. 24. Energieprofile von Reaktionen des n-Butyllithiums und Benzyllithiums, wenn Ionenpaar-Zwischenstufen durchlaufen werden. Mittlere Linie: Reaktion des n-Butyllithiums gemäß einem anderen Mechanismus, z.B. Mehrzentrenprozeß)

---

[348] *A.A. Morton* und *H.C. Wohlers*, J. Amer. chem. Soc. **69**, 167 (1947). *A.A. Morton, F.D. Marsh, R.D. Coombs, A.L. Lyons, S.E. Penner, H.E. Ramsden, V.B. Baker, E.L. Little* und *R.L. Letsinger*, J. Amer. chem. Soc. **72**, 3785 (1950). *A.A. Morton* und *E.J. Lanpher*, J. org. Chemistry **20**, 839 (1955). *C.D. Broaddus, T.J. Logan* und *T.J. Flautt*, J. org. Chemistry **28**, 1174 (1963).

weitgehend ionische Benzyllithium müßte in dieser Phase nur Reste kovalenter Bindungsbeziehungen aufgeben. Im eigentlichen produktbildenden Schritt wäre das Butyl-Anion dann zwar dank seiner hohen Basizität dem Benzyl-Anion überlegen, könnte aber nicht mehr dessen Vorsprung ausgleichen (Abb. 24). In Wirklichkeit wird deshalb das Butyllithium Mechanismen bevorzugen, die keine vorherige Ionisation verlangen (mittlere Linie, Abb. 24).

Gemäß diesen Überlegungen sollte das Reaktivitätsverhältnis $k_{\text{Benzyl-Li}}/k_{\text{Butyl-Li}}$ ansteigen, wenn der Reaktionsmechanismus polarer wird, das Lösungsmittel weniger solvatisiert und die Umwandlung exergoner verläuft. Die beiden letztgenannten Faktoren verkleinern zugleich auch den Reaktivitätsvorsprung des n-Butyllithiums gegenüber dem Methyllithium (Tabelle 20, s. S. 126).

3.3.3. Die Aggregation der Organometalle

Butyllithium und Benzyllithium unterscheiden sich nicht nur hinsichtlich ihrer Bindungspolarität. Vielmehr schließt sich, wie wir bereits wissen, das n-Butyllithium in Diäthyläther zu einem tetrameren Aggregat zusammen, wogegen das Benzyllithium monomer bleibt. Welche Konsequenzen hat das Aggregationsbestreben organometallischer Verbindungen für deren Reaktivität?

Wie aus dem Massenwirkungsgesetz folgt, beträgt die Konzentration des Monomers (30), das mit einem Oligomer (29) des Aggregationsgrades n („n-mer") im Gleichgewicht steht, einen durch den Koeffizienten $(K/n)^{1/n}$ [$K = k_1/k_{-1}$] und den Exponenten $1/n$ gekennzeichneten Bruchteil des titrierbaren Organometall-Formalgehalts (s. S. 130).

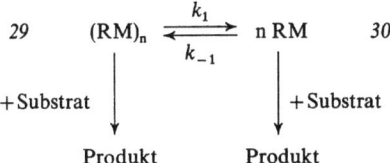

29   (RM)$_n$ $\underset{k_{-1}}{\overset{k_1}{\rightleftarrows}}$ n RM   30

+Substrat   +Substrat

Produkt   Produkt

Für Alkyl-, Alkenyl- und Aryllithium ist wegen der kleinen Gleichgewichtskonstanten K die Monomer-Stationärkonzentration durchweg verschwindend gering. Ist nun allein das Monomer ausreichend reaktiv, um sich mit dem Substrat umzusetzen, so muß die Reaktionsgeschwindigkeit in $1/n$. Potenz von der Formalkonzentration des Organometalls („titrierbares" Organometall) abhängen:

$$-\frac{d[\text{RM}]_{\text{titr}}}{dt} = k_2 \cdot [\text{RM}]_{\text{monomer}} \cdot [\text{Substrat}]$$

$$= k_2 \cdot \left(\frac{K}{n}\right)^{1/n} \cdot [\text{RM}]_{\text{titr}}^{1/n} \cdot [\text{Substrat}]$$

Der alternative Grenzfall ist gegeben, wenn das Oligomer ausreichend reaktiv ist, um das Substrat *direkt*, ganz ohne Zwischenschaltung des Monomers, angreifen zu können. Unter diesen Umständen ist die Reaktionsgeschwindigkeit der Organometall-Konzentration linear proportional:

$$-\frac{d[\text{RM}]_{\text{titr}}}{dt} = k_2 \cdot [(\text{RM})_n]_{\text{oligomer}} \cdot [\text{Substrat}]$$

$$= k_2 \cdot \frac{1}{n} \cdot [\text{RM}]_{\text{titr}} \cdot [\text{Substrat}]$$

Gewöhnlich müssen organometallische Reaktionen über das Monomer abgewickelt werden, da die organometallischen Bindungen im Aggregat sterisch und elektronisch zu sehr abgeschirmt sind. Als Folge davon erscheint bei kinetischen Messungen die Organolithium-Konzentration in aller Regel mit einem Exponenten <1 versehen in der Geschwindigkeit-Zeit-Formel. Meist beträgt die „Reaktionsordnung", also die Potenz, mit der sich die Organolithium-Konzentration auf die Reaktionsgeschwindigkeit auswirkt, $1/n$, wenn n der Aggregationsgrad ist (Tabelle 22).

Für ätherische Reaktionsmedien ist bislang lediglich eine einzige Ausnahme bekannt geworden. t-Butyllithium vermag sich an Äthylen ohne vorherige Entaggregierung anzulagern und besitzt in diesem Falle also die Reaktionsordnung 1 [349].

In gesättigten Kohlenwasserstoff-Medien (Petroläther, Cyclohexan) beobachtet man häufiger Reaktionsordnungen, die von $1/n$ abweichen. Hier ist der für die Aggregat-Spaltung erforderliche Energiebedarf [350] mangels jeglicher Solvatationskräfte kaum erschwinglich, so daß die Reaktion notgedrungen von den Aggregaten selbst oder größeren Aggregat-Bruchstücken ausgelöst werden muß und entsprechend schleppend abläuft. Der Reaktionspartner wird dabei vermutlich zunächst an einer freien Koordinationsstelle des Metalls fixiert (vgl. etwa *30*, S. 19) und erwartet so den nucleophilen Angriff des organischen Restes.

---

[349] *P.D. Bartlett, C.V. Goebel* und *W.P. Weber*, J. Amer. chem. Soc. **91**, 7425 (1969).

[350] So soll bereits die Entaggregierung des als dimer erachteten Polyisoprenyllithiums in Hexan mit einem Enthalpiebedarf von 37 kcal/mol verknüpft sein [*M. Morton* und *L.J. Fetters*, J. Polymer Sci. **2A**, 3311 (1964); vgl. hierzu aber auch *S. Bywater* und *D.J. Worsfold*, J. organomet. Chem. **10**, 1 (1967)].

Tabelle 22. *Abhängigkeit der Reaktionsgeschwindigkeit von der Organolithium-Anfangskonzentration („Reaktionsordnung")*

Organolithium	Reaktionspartner[a]	Lösungsmittel	Aggregationsgrad[b]	Reaktionsordnung[c]
Methyllithium	$(H_5C_6)_3CH$	Tetrahydrofuran[340]	4	0,3
	$(H_5C_6)_2C=CH_2$	Tetrahydrofuran[342]	4	0,27
	4-Methylmercapto--2',4'-dimethyl--benzophenon[j]	Diäthyläther[331]	4	0,25
Äthyllithium	Fluoren[k]	Benzol[351]	6	0,11
	$(H_5C_6)_2C=CH_2$	Benzol[351]	6	0,11
		Benzol/Diäthyläther (0,4 %)[352]	6[d]	0,25
	$H_5C_6-CH_2Cl$	Benzol[353]	6	1,0
n-Butyllithium	Fluoren[k]	Benzol[354]	6	0,18
	$(H_5C_6)_3CH$	Tetrahydrofuran[340]	4	0,3
	$H_2C=CH-CH=CH_2$	Cyclohexan[355, 359]	6	0,9[e]; 1[f]
	$H_2C=C(CH_3)-CH=CH_2$	Cyclohexan[356, 359]	6	0,7[e]; 1[f]
	$H_5C_6-CH=CH_2$	Cyclohexan[355, 357, 359]	6	0,7[e]; 1[f]
		Benzol[358]	6	0,16
	$(H_5C_6)C=CH_2$	Benzol[360]	6	0,18
		Benzol/Diäthyläther (0,4 %)[352]	6[d]	0,5
		Tetrahydrofuran[342, 352]	4	0,4; 0,5
	1-Brom-octan	Hexan[361]	6	1,0
i-Propyllithium	$H_2C=CH-CH=CH_2$	Cyclohexan[359]	4	1
s-Butyllithium	$H_2C=C(CH_3)-CH=CH_2$	Cyclohexan[362, 359]	4	0,75[e]; 1[f]
		Benzol[362]	4	0,25
	$H_5C_6-CH=CH_2$	Cyclohexan[362, 359]	4	1,4[e]; 1[f]
		Benzol[362]	4	0,25
t-Butyllithium	Fluoren[k]	Benzol[363]	4	0,25
	$CH_2=CH_2$	Diäthyläther/Hexan[349]	4	1,0
	$(H_5C_6)_2C=CH_2$	Benzol[363]	4	0,25
Vinyllithium	$(H_5C_6)_3CH$	Tetrahydrofuran[340]	4[d]	0,24
	$(H_5C_6)_2C=CH_2$	Tetrahydrofuran[342]	4[d]	0,3
Phenyllithium	$H_5C_6-CH=CH-Cl$	Diäthyläther[364]	2	0,5
	$(H_5C_6)_3CH$	Tetrahydrofuran[340]	2[d]	0,6
	$(H_5C_6)_2C=CH_2$	Benzol/Diäthyläther (0,4 %)[352]	2[g]	0,4
		Tetrahydrofuran[342]	2[g]	0,66

Tabelle 22 (Fortsetzung)

Organolithium	Reaktionspartner[a]	Lösungsmittel	Aggregationsgrad[b]	Reaktionsordnung[c]
Allyllithium	$(H_5C_6)_3CH$ $(H_5C_6)_2C=CH_2$	Tetrahydrofuran[340] Tetrahydrofuran[342]	1 1	1,1 1
Benzyllithium	$(H_5C_6)_3CH$ $(H_5C_6)_2C=CH_2$	Tetrahydrofuran[340] Tetrahydrofuran[342]	1 1	0,9 1,1
Polybutadienyllithium	$H_2C=CH-CH=CH_2$	Cyclohexan[355, 365]	6[d, h]	0,21, 0,3—0,5[i]
Polyisoprenyllithium	$H_2C=C(CH_3)-CH=CH_2$	Cyclohexan[356, 365] Toluol[365]	4[d, h] 4[d, h]	0,25 0,3—0,5[i] 0,3—0,5[i]
Polystyryllithium	$H_5C_6-CH=CH_2$	Cyclohexan[355, 365] Toluol[365] Benzol[366] Tetrahydrofuran[358]	2[d] 2[d] 2[d] 1[d]	0,5 0,5 0,5 1,0

[a] Fluoren, Triphenylmethan und Styrylchlorid reagieren mit Organolithium unter Metallierung; Benzylchlorid und Bromoctan unter Kondensation; Olefine, Diene sowie Ketone unter Addition.
[b] Der Aggregationsgrad ist lösungsmittelabhängig. Die genannten Werte sind großteils experimentell gesichert (s. S. 8); in einigen Fällen ist man auf Vermutungen angewiesen.
[c] Die wahrscheinliche Fehlerabweichung, der diese experimentell ermittelten Reaktionsordnungen unterliegen, dürfte meist $\pm 15\%$ betragen.
[d] Der angegebene Aggregationsgrad ist einigermaßen fraglich.
[e] Die doppelt-logarithmische Auftragung der Reaktionsgeschwindigkeiten gegen die Anfangskonzentrationen an Organolithium liefert keine gerade, sondern eine S-förmig gebogene Linie. Der hier als Reaktionsordnung vermerkte Wert ist die Steigung im steilsten und linearen Kurvenabschnitt.
[f] Die Abweichung der verzeichneten Reaktionsordnungen könnte (teilweise) konzentrationsbedingt sein.
[g] Vermutlich stehen im unteren Konzentrationsbereich bereits nennenswerte Mengen des monomeren Phenyllithiums mit dem Dimeren im Gleichgewicht.
[h] Viscositätsmessungen zufolge sollen Polybutadienyllithium und Polyisoprenyllithium in Hexan-Lösung durchschnittlich nur 2—3fach bzw. 2fach aggregiert sein.
[i] Konzentrationsabhängig.
[j] Formel: $H_3C-C_6H_3(CH_3)-C(=O)-C_6H_4-SCH_3$
[k] Formel: (Fluoren)

Aggregat-Bruchstücke können schließlich auch als Schaltstellen von Metall/Metall-Austauschprozessen fungieren. Der kernresonanzspektroskopisch verfolgbare Li/Li-Austausch zwischen t-Butyl-lithium und Trimethylsilyllithium wird in Cyclopentan-Lösung praktisch nicht von der Konzentration der siliciumorganischen Verbindung beeinflußt. Geschwindigkeitsbestimmend ist lediglich die Zerlegung des tetrameren t-Butyllithiums in zwei dimere Untereinheiten[367]. Analog wechseln im System Methyl-lithium/Lithium-tetramethylborat die Lithium-Atome ihre Plätze über die Zwischenstationen eines Methyllithium-Dimeren und dessen Li$^\oplus$-Assoziat 31. Dabei erfordert die Halbierung des tetrameren Organometalls in Diäthyläther-Lösung eine Aktivierungsenthalpie von 11 kcal/Mol[368].

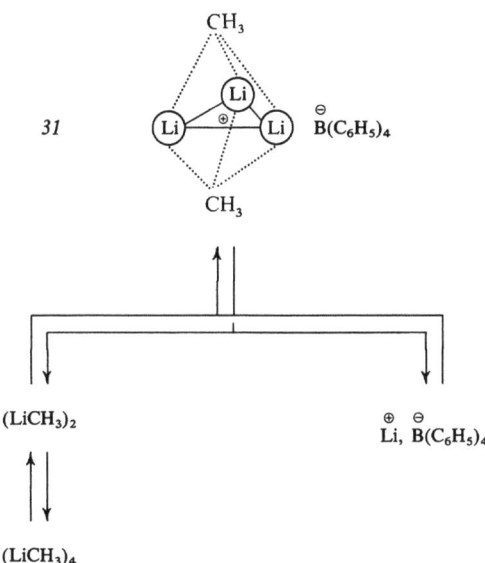

Das Aggregationsverhalten der verschiedenen Organometalle ist mitbestimmend für deren Reaktivitätsabstufung. Methyllithium bildet dank geringer sterischer Hinderung besonders feste Aggregate und büßt dadurch viel an Reaktionsfähigkeit ein. Daher ist es in kinetischer Hinsicht dem schwächer aggregierten Phenyllithium allgemein deutlich unterlegen (Abb. 25, s. S. 135), obgleich die relativen Carbanion-Basizitäten das Gegenteil erwarten lassen. Erst in hochverdünnter Tetrahydrofuran-Lösung, also unter aggregatauflösenden Bedingungen, vermag sich die natürliche Reaktivitätsrangfolge der monomeren Spezies durchzusetzen (Tabelle 23; Abb. 26). Umgekehrt läßt sich die überraschende Reaktionsfähigkeit des Menthyllithiums — Toluol wird glatt metalliert — auf ungewöhnliche sterische Behinderung der Aggregation zurückführen [369].

Tabelle 23. *Relativgeschwindigkeiten der Organolithium-Addition an 1.1-Diphenyläthylen in Tetrahydrofuran-Lösung* [342]

Organolithium	Anfangskonzentration[a]	
	$0,50 f$	$0,01 f$
$Li-CH_3$	1	1
$Li-CH=CH_2$	0,9	0,7
$Li-C_6H_5$	1,5	0,3
$Li-{}^nC_4H_9$	3 600	1 900
$Li-CH_2-CH=CH_2$	470	33
$Li-CH_2-C_6H_5$	17 000	650

[a] Formalkonzentration („titrierbares" Organometall).

[351] *A. G. Evans, C. R. Gore* und *N. H. Rees*, J. chem. Soc. (London) **B 1966**, 519.
[352] *J. G. Carpenter, A. G. Evans, C. R. Gore* und *N. H. Rees*, J. chem. Soc. (London) **B 1969**, 909.
[353] *R. West* und *W. Glaze*, J. chem. Physics **34**, 685 (1961).
[354] *A. G. Evans* und *N. H. Rees*, J. chem. Soc. (London) **1963**, 6039.
[355] *A. F. Johnson* und *D. J. Worsfold*, J. Polymer Sci. **3 A**, 449 (1965).
[356] *D. J. Worsfold* und *S. Bywater*, Canad. J. Chem. **42**, 2884 (1964).
[357] Ähnliche Befunde in Hexan: *H. L. Hsieh*, J. Polymer Sci. A, 153, 163 (1965). *D. J. Worsfold* und *S. Bywater*, zitiert nach *G. M. Burnett* und *R. N. Young*, Europ. Polymer J. **2**, 329 (1966).
[358] *S. Bywater* und *D. J. Worsfold*, Canad. J. Chem. **40**, 1564 (1962).
[359] *H. L. Hsieh*, J. Polymer. Sci. **3 A**, 163 (1965).
[360] *A. G. Evans* und *D. B. George*, J. chem. Soc. (London) **1961**, 4653.
[361] *J. F. Eastham* und *G. W. Gibson*, J. Amer. chem. Soc. **85**, 2171 (1963).
[362] *S. Bywater* und *D. J. Worsfold*, J. organomet. Chem. **10**, 1 (1967).
[363] *R. A. Casling, A. G. Evans* und *N. H. Rees*, J. chem. Soc. (London) **B 1966**, 519.
[364] *M. Schlosser* und *V. Ladenberger*, Chem. Ber. **100**, 3877 (1967).
[365] *H. L. Hsieh*, J. Polymer Sci. **3 A**, 173.
[366] *D. J. Worsfold* und *S. Bywater*, Canad. J. Chem. **38**, 1891 (1960).
[367] *G. E. Hartwell* und *T. L. Brown*, J. Amer. chem. Soc. **88**, 4625 (1966). *M. Y. Darensbourg, B. Y. Kimura, G. E. Hartwell* und *T. L. Brown*, J. Amer. chem. Soc. **92**, 1236 (1970).
[368] *K. C. Williams* und *T. L. Brown*, J. Amer. chem. Soc. **88**, 4134 (1966).
[369] *W. H. Glaze* und *C. H. Freeman*, J. Amer. chem. Soc. **91**, 7198 (1969).

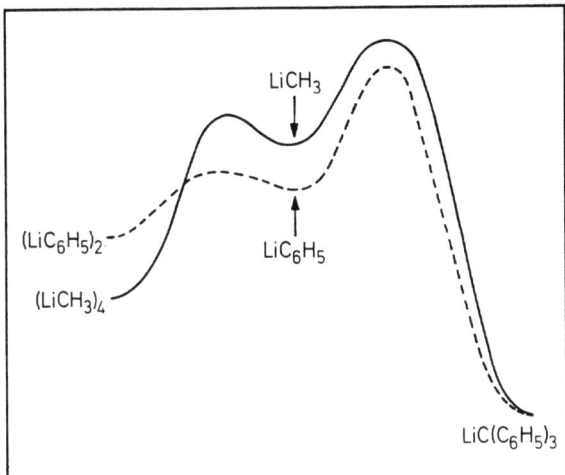

Abb. 25. Vergleich der Energieprofile einer durch Methyllithium und einer durch Phenyllithium herbeigeführten organometallischen Reaktion (Beispiel: Metallierung von Triphenylmethan, Diäthyläther-Lösung, Organometall-Konzentration im Bereich 1,0 f)

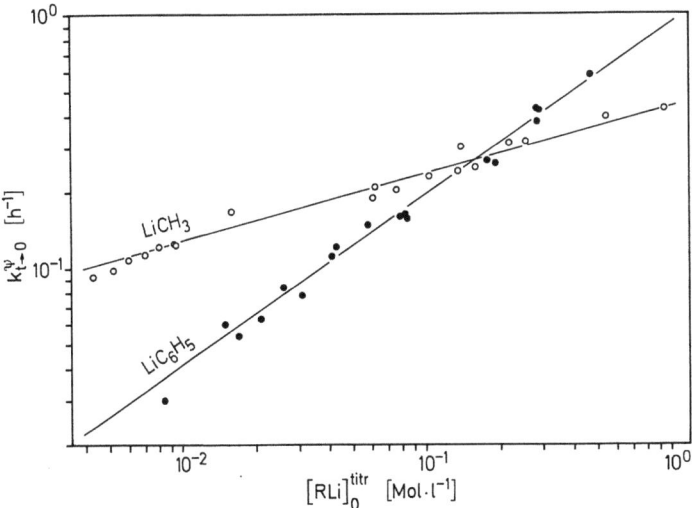

Abb. 26. Doppelt-logarithmische Auftragung der Anfangsreaktionsgeschwindigkeitsfaktoren $k_{t\to 0}^{\psi}$ für die Addition von Methyllithium und Phenyllithium an 1,1-Diphenyläthylen in Abhängigkeit von der Organometall-Anfangsformalkonzentration $[RLi]_0$.
(k^{ψ} bedeutet: es handelt sich um eine „Pseudo-Konstante", bei deren Berechnung die — titrierbare — Organometall-*Formal*konzentration zugrunde gelegt worden ist)

Die unterschiedliche Aggregationstendenz äußert sich nicht nur in den *Geschwindigkeiten*, sondern auch in den *Gleichgewichtslagen* organometallischer Umsetzungen. So gehen Jodäthylen und Phenyllithium (*32*) durch Halogen-Metall-Austausch nahezu vollständig in Vinyllithium (*33*) und Jodbenzol über [370]. Da aber das Aryllithium und das Alkenyllithium praktisch gleichartig hybridisiert sind und somit die Basizitäten der betreffenden Carbanionen recht ähnlich sein müssen, dürfte die einseitige Lage des Gleichgewichtes auf unterschiedliche Aggregationsfähigkeiten zurückzuführen sein (vgl. auch S. 56).

$$CH_2=CH-J + Li-\langle\rangle \;\underset{\leftarrow}{\overset{1:250}{\longrightarrow}}\; CH_2=CH-Li + J-\langle\rangle$$

$$\quad\quad 32 \quad\quad\quad\quad\quad\quad\quad\quad\quad\quad\quad\quad\quad\quad 33$$

Eine ähnliche reaktivitätshemmende Rolle wie die *Aggregation* der Organolithium-Verbindungen spielt die *Schwerlöslichkeit* zahlreicher organischer Derivate des Natriums und Kaliums. Der rätselhafte Befund, wonach in Octan-Suspension zwar Alkenyl-*natrium*, nicht aber Alkenyl-*kalium* die Olefin-Isomerisierung katalysiert [371], könnte somit lediglich Löslichkeitsunterschiede widerspiegeln. Auch die eindrucksvolle Beschleunigung, die manche mit Organonatrium arbeitende Synthesen durch den Zusatz von Natriumalkoholaten [372] erfahren, findet auf dieser Grundlage eine plausible Erklärung. Reines n-Pentyl-natrium ist nämlich in Petroläther- oder Ligroin-Fraktionen praktisch unlöslich. Beträchtliche Mengen des Organometalls lassen sich jedoch in Lösung nachweisen, wenn Natrium-t-butanolat zugegen ist [373].

Aggregat-Bildung muß nicht zwangsläufig zu einer Reaktionshemmung führen. Im Gegenteil können Reaktionen *beschleunigt* werden, wenn beide Reaktionspartner sich zu einem gemeinsamen (Misch-) Aggregat vereinigen und dadurch auf engstem Raum benachbart bleiben. Insbesondere *Multi-metallierungen* scheinen von diesem „Aggregat-Effekt" zu profitieren. Anders ließe sich schwerlich verstehen, weshalb

---

[370] *D. E. Applequist* und *D. F. O'Brien*, J. Amer. chem. Soc. **85**, 743 (1963).
[371] *C. D. Broaddus*, *T. J. Logan* und *T. J. Flautt*, J. org. Chemistry **28**, 1174 (1963).
[372] *A. A. Morton*, *E. E. Magat* und *R. L. Letsinger*, J. Amer. chem. Soc. **69**, 950 (1947).
A. A. Morton, *F. D. Marsh*, *R. D. Coombs*, *A. L. Lyons*, *S. E. Penner*, *H. E. Ramsden*, *V. B. Baker*, *E. L. Little* und *R. L. Letsinger*, J. Amer. chem. Soc. **73**, 3785 (1950).
A. A. Morton, *C. E. Claff* und *F. W. Collins*, J. org. Chemistry **20**, 428 (1955). *T. F. Crimmins*, *W. S. Murphy* und *C. R. Hauser*, J. org. Chemistry **31**, 4273 (1966).
[373] *R. A. Benkeser*, *T. F. Crimmins* und *W. Tong*, J. Amer. chem. Soc. **90**, 4366 (1968).

n-Butyllithium zwar aus Lithium-propinid (*34*), nicht jedoch aus Butin-(2) (*35*) Methyl-Protonen abstrahieren kann[374].

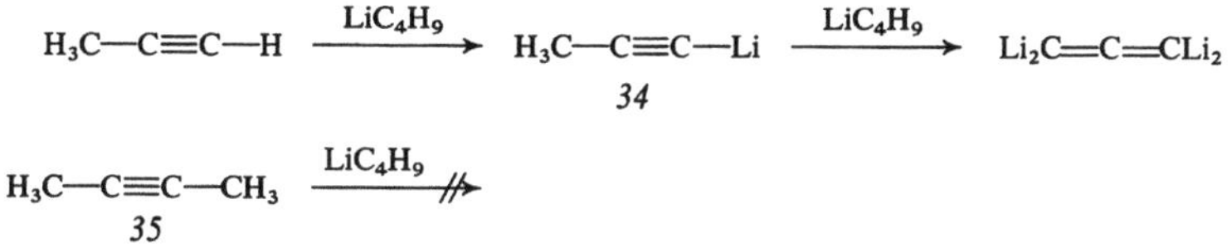

$$H_3C-C\equiv C-H \xrightarrow{LiC_4H_9} H_3C-C\equiv C-Li \xrightarrow{LiC_4H_9} Li_2C=C=CLi_2$$
$$\phantom{H_3C-C\equiv C-H \xrightarrow{LiC_4H_9} }34$$

$$H_3C-C\equiv C-CH_3 \xrightarrow{LiC_4H_9} \!\!\!/\!\!\!/\!\!\!\to$$
$$35$$

Ein analoges Verhalten zeigen Organolithium-Verbindungen vom Benzyl-Typ[375] und Stilbenyl-Typ (z.B. *36*)[376]. Unter der Einwirkung von n-Butyllithium tauschen sie bereitwillig aromatische Wasserstoffe gegen Metall aus, während die zugrunde liegenden Kohlenwasserstoffe selbst allenfalls langsam, wenn überhaupt, an den Phenylringen metallierbar sind.

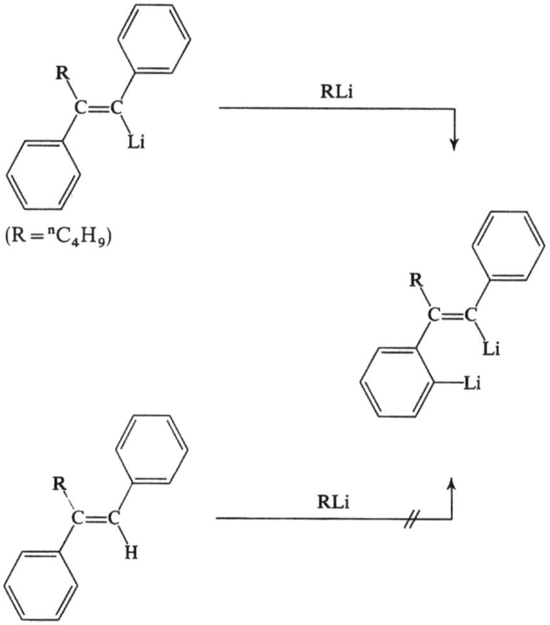

36 (R = $^nC_4H_9$)

---

[374] K.C. Eberly und H.E. Adams, J. organomet. Chemistry **3**, 165 (1965). R. West und P.J. Jones, J. Amer. chem. Soc. **91**, 6156 (1969). Vgl. auch M. Schlosser und V. Ladenberger, Chem. Ber. **100**, 3912 (1967).

[375] T.V. Talalaeva und K.A. Kocheshkov, Dokl. Akad. Nauk SSSR **77**, 621 (1951).

[376] J.E. Mulvaney, Z.G. Gardlund, S.L. Gardlund und D.J. Newton, J. Amer. chem. Soc. **88**, 476 (1966). J.E. Mulvaney und L.J. Carr, J. org. Chemistry **33**, 3286 (1968). D.Y. Curtin und R.P. Quirk, Tetrahedron **24**, 5791 (1968).

Die außerordentliche Leichtigkeit, mit welcher halogen-α-substituierte Organolithium-Verbindungen Eliminierungen [364] und Substitutionen [377] anheimfallen, legt nahe, daß sich diese Umwandlungen ebenfalls innerhalb eines Mischaggregates vollziehen.

3.3.4. Anorganische Salze und andere salzartige Zusätze

Ebenso wie sich Organometalle mit ihresgleichen zu Aggregaten vereinigen, bilden sie gemeinsam mit Metallsalzen Assoziate. Ein Zusatz löslicher Metallsalze sollte daher ebenfalls die Konzentration des reaktiven monomeren Organometalls und damit die Bruttogeschwindigkeit organometallischer Umsetzungen verringern.

In qualitativer Hinsicht ist dieser Zusammenhang seit langem bekannt. Mehrfach wurde mit Erfolg das aus Diphenylquecksilber bereitete, *salzfreie* Phenyllithium eingesetzt, wenn sich dessen aus Brombenzol gewonnene, Lithiumbromid enthaltende, ätherische Lösung als zu reaktionsträge erwiesen hatte [378]. In genau dem gleichen Ausmaß hemmen auch Lithiumchlorid, Lithiumjodid, Lithiumperchlorat und Lithiumphenylacetylid; Lithium-tetraphenylborat bleibt ohne Einfluß [379].

Auch Diorganomagnesium, R_2Mg, reagiert häufig rascher als die entsprechenden Organyl-magnesiumhalogenide RMgX. Dieser Salzeffekt kann sich aber sehr leicht umkehren, so daß man oftmals eine größere Reaktionsfähigkeit des Grignard-Reagenzes feststellt [380, 381]. Ebenso hängt es von dem jeweiligen Einzelfall ab, ob der Zusatz eines Lithiumalkoholates [382] oder Lithium-dialkylamides [383, 384] die Geschwindigkeit

---

[377] *G. Köbrich*, Angew. Chem. **79**, 21 (1967).
[378] *G. Wittig* und *E. Benz*, Chem. Ber. **91**, 874 (1958).
[379] *M. Schlosser* und *V. Ladenberger*, Chem. Ber. **100**, 3877 (1967). Vgl. auch *R. Waack* und *M. A. Doran*, Chem. and Ind. **1964**, 496. *W. Glaze* und *R. West*, J. Amer. chem. Soc. **82**, 4437 (1960).
[380] *H. Gilman* und *R. E. Brown*, J. Amer. chem. Soc. **52**, 1181 (1930).
[381] *T. Holm*, Acta chem. Scand. **20**, 1139 (1966).
[382] *D. M. Wiles* und *S. Bywater*, J. physic. Chem. **68**, 1983 (1964). *G. N. Newman*, unveröffentlichte Ergebnisse, zitiert nach *T. L. Brown*, Adv. Organometallic Chem. **3**, 392, Academic Press, New York 1965. *J. Trekoval* und *D. Lim*, J. Polymer Sci. **C 4/1**, 333 (1964). *T. Fujimoto*, *N. Ozaki* und *M. Nagasawa*, J. Polymer Sci. A **3**, 2259 (1965). *J. E. L. Roovers* und *S. Bywater*, Trans. Faraday Soc. **62**, 1876 (1966). *M. Schlosser* und *V. Ladenberger*, Chem. Ber. **100**, 3877 (1967).
[383] *R. Huisgen* und *J. Sauer*, Chem. Ber. **92**, 192 (1959); Angew. Chem. **72**, 100 (1960). *J. Eisch* und *W. Kaska*, Chem. and Ind. **1961**, 470.
[384] Einfluß von Magnesium-dialkylamiden: *T. Cuvigny* und *H. Normant*, Bull. Soc. chim. France **1964**, 2000.

einer Organolithium-Reaktion herabsetzt, unverändert läßt oder erhöht. Selbst die „obligatorische" Reaktionshemmung durch Lithiumhalogenide kann sich in hochverdünnter Tetrahydrofuran-Lösung in eine Reaktionskatalyse verwandeln [385].

Das uneinheitliche Bild der Salzeffekte gewinnt an Klarheit, wenn man eine *Doppelfunktion* der Salze in Betracht zieht [386]. Sie drängen einerseits durch Assoziat-Bildung die Konzentration an reaktionsfähigem, monomerem Organometall zurück. Andererseits erhöhen sie jedoch die Solvenspolarität und verstärken damit den reaktionsfördernden Medium-Einfluß. Bei großer Verdünnung überwiegen die beschleunigenden, bei mittleren und hohen Konzentrationen die hemmenden Wirkungen (Abb. 27) [387].

Im einzelnen ist der konzentrationsabhängige Verlauf, den die Reaktivität eines Organometalls in Gegenwart und bei Abwesenheit eines

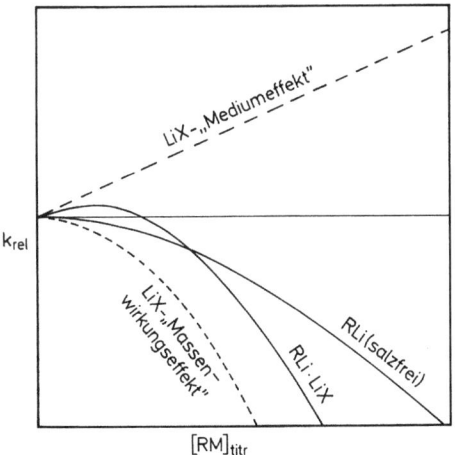

Abb. 27. Reaktivitäten von salzfreien und salzhaltigen Organolithium-Lösungen in Abhängigkeit von der Konzentration

---

[385] *R. Waack*, persönliche Mitteilung.

[386] Übersicht über Lösungsmittel- und Salzeffekte: *E. S. Gould*, Mechanismus und Struktur in der organischen Chemie, Verlag Chemie, Weinheim 1964 (2. Auflage), S. 220—225.

[387] Folgerichtig sollten die Geschwindigkeiten organometallischer Reaktionen aufgrund eines positiven Salzeffektes auch mit zunehmender *Organometall*-Konzentration ansteigen, solange noch keine Aggregation zum Zuge kommt. In der Tat ist das Kettenwachstum des Polyisoprenyllithiums im Konzentrationsbereich $5 \cdot 10^{-7}$ bis 10^{-6} m (n-Heptan-Lösung) durch Reaktionsordnungen >1 gekennzeichnet. [*H. Sinn* und *O. T. Onsager*, Makromolek. Chem. **55**, 167 (1962). *H. Sinn* und *F. Patat*, Angew. Chem. **75**, 805 (1963). Siehe dort auch andere Deutungsmöglichkeiten des Befundes].

löslichen Salzes nimmt, mehreren, individuell verschiedenen Faktoren unterworfen. Maßgeblich sind vor allem die Zusammensetzung und Struktur des Organometalls[388] ebenso wie der salzartigen Verbindung sowie die Art des Lösungsmittels. Der Schnittpunkt der beiden Reaktivitätskurven von salzfreien und salzhaltigen Organometall-Lösungen (Abb. 27) liegt daher in jedem Einzelfall anders.

Außer in der beschriebenen *indirekten* Weise können Metallsalze grundsätzlich auch als Elektrophile *aktiv* in den Ablauf einer organometallischen Reaktion eingreifen. Der bemerkenswerte Geschwindigkeitsvorsprung, den Grignard-Reagenzien bei der Anlagerung an Benzonitril im Vergleich zu Diorganomagnesium-Verbindungen besitzen[380], läßt an eine Mitwirkung von Nitril-Metallsalz-Addukten 37 als reaktive Zwischenstufen denken.

Die 15fache Beschleunigung, welche die Lithiumbromid-Abspaltung aus 2-Brom-cyclopenten-1-yl-lithium durch Lithiumperchlorat erfährt[389], könnte durch kombinierten elektrophilen und nucleophilen Angriff des Salzes im Übergangszustand 38 zustande kommen.

Die reaktionsfördernde Rolle der Assoziatbildung wird besonders augenfällig anhand der Umsetzungen von Allylmagnesium[390]- oder

---

[388] In Tetrahydrofuran-Lösungen mittlerer Konzentration bewirkt Zusatz von Lithiumbromid eine in dieser Reihenfolge zunehmende Desaktivierung des Organometalls n-Butyllithium (unverändert!) < Benzyllithium < Vinyllithium (R. *Waack* und M. A. *Doran*, Chem. and Ind. **1964**, 496).
[389] G. *Wittig* und J. *Heyn*, Liebigs Ann. Chem. **726**, 57 (1969).
[390] J.J. *Eisch* und G.R. *Husk*, J. Amer. chem. Soc. **87**, 4194 (1965). M. *Chérest*, H. *Felkin*, C. *Frajerman*, C. *Lion*, G. *Roussi* und G. *Swierczewski*, Tetrahedron Letters **1966**, 875; H.G. *Richey* und S.S. *Szucs*, Tetrahedron Letters **1971**, 3785.

Alkyl- sowie Aryl-lithium[391]-Reagenzien mit Allyl- und Homoallylalkoholaten wie etwa *39* und *40* sowie Hydroxyallenen. Die Organometalle lagern sich im Assoziat-Verband glatt an die CC-Doppelbindung an, obwohl sie gegenüber einfachen Alkenen völlig inert sind.

---

[391] J. K. *Crandall* und A. C. *Clark*, Tetrahedron Letters **1969**, 325. H. *Felkin*, G. *Swierczewski* und A. *Tambute*, Tetrahedron Letters **1969**, 707.

3.3.5. Das Lösungsmittel und andere Solvat-Bildner

Die Solvatationsfähigkeit eines Lösungsmittels wächst mit seiner Elektrondonor-Kapazität, also in folgender Rangordnung*:

Petroläther < Benzol <
Dioxan < Dibutyläther < Diäthyläther <
Tetrahydrofuran < Glykoldimethyläther („Glyme") <
Diäthylenglykoldimethyläther („Diglyme") <
Hexamethylphosphorsäuretriamid, Dimethylsulfoxid.

Eine Verbesserung der Kation-Solvatation äußert sich stets ganz ähnlich, als würde das Metall gegen ein elektropositiveres ersetzt: die organometallische Bindung erfährt eine Lockerung, das Metall wird beweglicher, das Carbanion leichter verfügbar.

In aller Regel geht diese Erhöhung der Bindungspolarität mit einer kräftigen Steigerung der organometallischen Reaktivität einher. Die Stärke des Lösungsmitteleffektes richtet sich erwartungsgemäß nach der Art des verwendeten Organometalls und dem jeweiligen Reaktionstyp. Die kräftigsten Geschwindigkeitssteigerungen verbuchen Ummetallierungen mit Organolithium-Reagenzien. Bei einem Solvenswechsel von Hexan nach Diäthyläther oder von Diäthyläther zu Tetrahydrofuran sind hier Beschleunigungen um 6 Zehnerpotenzen keine Seltenheit!

Ausschlaggebend für die Reaktionserleichterung ist dabei die *spezifische* Metall-Solvatation (s. S. 16ff.). Deshalb genügt es bereits, eine kleine Menge eines polaren Solvens im Gemisch mit einem unpolaren anzubieten, um eine sprunghafte Reaktionsbeschleunigung zu erzielen. Eine weitere Zugabe des polaren Lösungsmittels über den Punkt hinaus, wo die Solvathülle komplett ist, bewirkt nur noch einen sanften Weiteranstieg der Reaktionsgeschwindigkeit (Abb. 28).

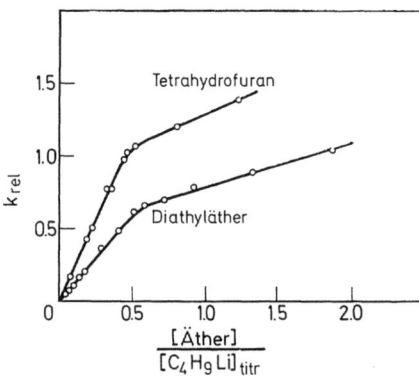

Abb. 28. Umsetzung zwischen Butyllithium und Butylbromid: Relativgeschwindigkeiten in Abhängigkeit von der zugesetzten Menge Diäthyläther oder Tetrahydrofuran [392]

Stark komplexierende Assoziat-Bildner wie Tetramethyläthylendiamin[393, 394] oder Kalium-t-butanolat[395] werden grundsätzlich in stöchiometrischer Menge, allenfalls in geringem Überschuß, eingesetzt. Die 1:1-Assoziate mit Alkyllithium (*39* bzw. *40*, R = Alkyl) gebieten über eine bislang unerreichte Reaktivität. Beispielsweise wird Benzol in Sekundenschnelle metalliert[395], obgleich es von Butyllithium oder Phenyllithium allein selbst bei tagelanger Einwirkung kaum nennenswert verändert wird[396].

$$
\begin{array}{cc}
\text{H}_3\text{C}\diagdown\text{N}\diagup\text{CH}_3 & \\
\quad\diagdown\text{CH}_2 & \quad\text{Li} \\
\text{R—Li}\quad\quad & \text{R}\quad\quad\text{OC(CH}_3)_3 \\
\quad\diagup\text{CH}_2 & \quad\text{K} \\
\text{H}_3\text{C}\diagup\text{N}\diagdown\text{CH}_3 & \\
\mathit{39} & \mathit{40}
\end{array}
$$

Eine ganz gleichartige Rolle wie externe Solvatbildner können solche Elektronendonor-Liganden übernehmen, die Bestandteile des organometallisch anzugreifenden Substrats sind. So läßt sich der Triphenylmethyl-methyl-äther (*41*) recht gut, nicht aber der ähnliche Kohlenwasserstoff 1,1,1-Triphenyläthan, in der ortho-Stellung metallieren[397]. Besonders leistungsfähig sind in dieser Hinsicht lateral gebundene

---

* Selbstverständlich ist die Wahl des Reaktionsmediums wegen der Aggressivität vieler Organometalle eingeengt. Nur die schwach basischen Verbindungen sind in *allen* genannten Lösungsmitteln beständig, so etwa Metallacetylide und -enolate sowie Organoberyllium- und Organomagnesium-Derivate (diese allerdings schon nicht mehr in Dimethylformamid und Dimethylsulfoxid). Allyl- und Benzylalkalimetalle sowie Organolithium-Verbindungen sind in Tetrahydrofuran meist nur noch sehr begrenzt haltbar. Alkylnatrium ist lediglich gegen paraffinische Kohlenwasserstoffe inert; Alkylkalium reagiert selbst damit unter Ummetallierung.

[392] *E. A. Kovrizhnykh* und *A. I. Schatenstein*, Russ. Chem. Reviews **38**, 840 (1969). Vgl. *A. I. Schatenstein, E. A. Kovrizhnykh* und *V. M. Basmanova*, Reaktionnaya Sposobnost Organ. Soedin. Tartusk. Gos. Univ. **2**, 135 (1965); C. A. **64**, 6428f (1966). *C. G. Screttas* und *J. F. Eastham*, J. Amer. chem. Soc. **88**, 5668 (1966).
[393] *G. G. Eberhardt* und *W. A. Butte*, J. org. Chemistry **29**, 2928 (1964).
[394] Schon tertiäre Monoamine wie Triäthylamin können merkliche katalytische Wirksamkeit entfalten: *A. A. Morton* und *H. C. Wohlers*, J. Amer. chem. Soc. **69**, 167 (1947). *G. A. Razuvaev, G. G. Petukhov, R. F. Galiulina* und *T. N. Brevnova*, J. Gen. Chem. UdSSR (Engl. Transl.) **31**, 2187 (1961).
[395] *M. Schlosser*, J. organomet. Chem. **8**, 9 (1967). Vgl. *L. Lochman, J. Pospišil* und *D. Lím*, Tetrahedron Letters **1966**, 257.
[396] *R. V. Young*, Iowa State Coll. J. Sci. **12**, 177 (1937); C. A. **32**, 4979^2 (1938). Vgl. *H. Gilman* und *J. W. Morton*, Organic Reactions **8**, 265, J. Wiley, New York 1954.
[397] *H. Gilman, W. J. Meikle* und *J. W. Morton*, J. Amer. chem. Soc. **74**, 6282 (1952); vgl. auch *H. Gilman, G. E. Brown, F. J. Webb* und *S. M. Spatz*, J. Amer. chem. Soc. **62**, 977 (1940). *H. Gilman* und *T. H. Cook*, J. Amer. chem. Soc. **62**, 2813 (1940).

Amino-Gruppen: beispielsweise wird Benzyldimethylamin (*42*) rasch und in hoher Ausbeute in das *o*-Dimethylaminomethyl-phenyllithium übergeführt[398].

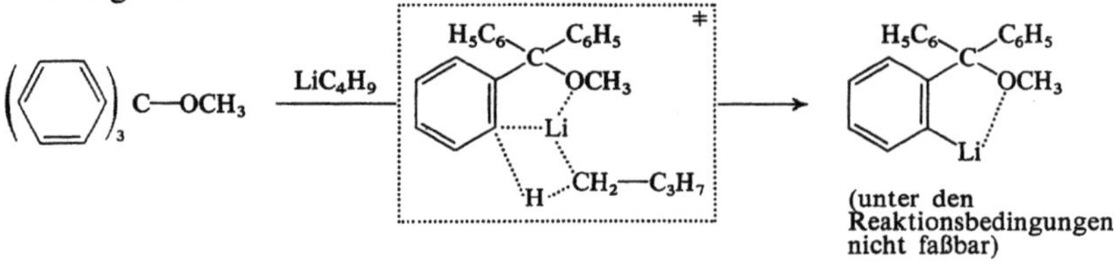

41

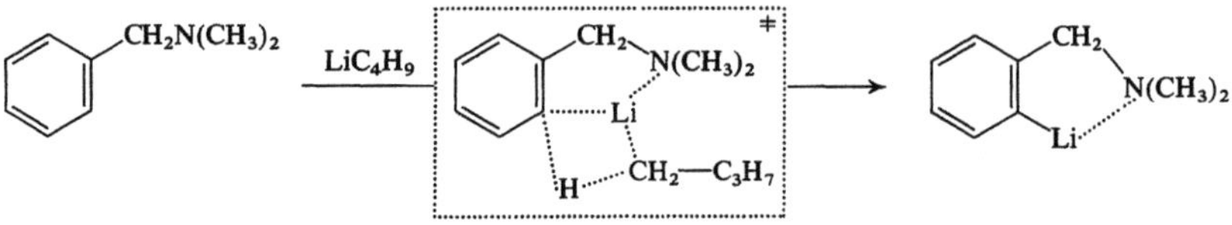

(unter den Reaktionsbedingungen nicht faßbar)

42

Ebenso ist die Leichtigkeit, mit der *ortho*-ständige Wasserstoffe des Anisols durch Metall ersetzt werden können[399], hauptsächlich auf „intrakomplexe" Solvatation zurückzuführen. Wäre nämlich der induktive Effekt der Methoxy-Gruppe die maßgebliche Triebkraft, dann sollte der 4-Methoxy-diphenyläther (*43*) bevorzugt in unmittelbarer Nachbarschaft des Phenoxy-Restes und nicht, wie experimentell nachgewiesen, neben der Methoxy-Gruppe metalliert werden[400].

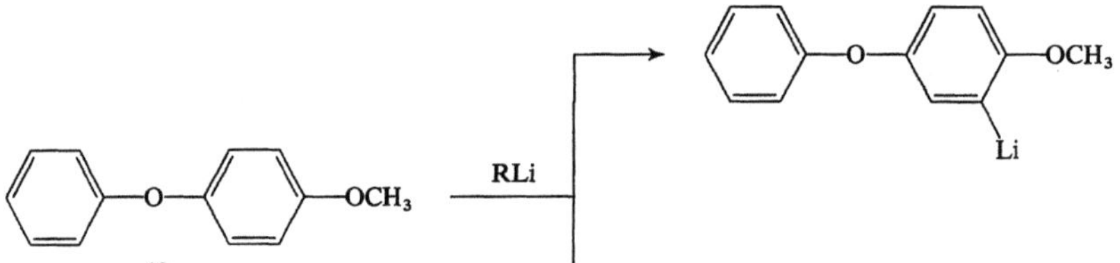

43

---

[398] *F. N. Jones* und *C. R. Hauser*, J. org. Chemistry **27**, 701 (1962). *W. H. Puterbaugh* und *C. R. Hauser*, J. Amer. chem. Soc. **85**, 2467 (1963).
[399] *A. A. Morton* und *I. Hechenbleikner*, J. Amer. chem. Soc. **58**, 2599 (1936). *G. Wittig*, *U. Pockels* und *H. Dröge*, Ber. dtsch. chem. Ges. **71**, 1903 (1938). *H. Gilman* und *R. L. Bebb*, J. Amer. chem. Soc. **61**, 109 (1939). *G. Wittig* und *E. Benz*, Chem. Ber. **91**, 874 (1958); vgl. *A. Lüttringhaus* und *G. v. Sääf*, Liebigs Ann. Chem. **542**, 241 (1939). *C. D. Broaddus*, J. org. Chemistry **35**, 10 (1970).
[400] *W. Langham*, *R. Q. Brewster* und *H. Gilman*, J. Amer. chem. Soc. **63**, 545 (1941).

Solvatationsfähige Liganden vermögen schließlich auch Additionsreaktionen entscheidend zu erleichtern, wie zahlreiche Umsetzungen von Organomagnesium- oder Organolithium-Verbindungen mit Vinyl-, Allyl- oder Homoallyläthern[401] (etwa 44) sowie Allylacetalen[402] und Allylaminen[403] beweisen.

$$H_2C=CH-\underset{\underset{CH_3}{|}}{\overset{\overset{CH_3}{|}}{C}}-CH_2OCH_3 \xrightarrow{(H_3C)_2CH-Li} (H_3C)_2CH-CH_2-\underset{\underset{Li}{|}}{CH}-\underset{\underset{CH_3}{|}}{\overset{\overset{CH_3}{|}}{C}}-CH_2OCH_3$$

44

Der Gedanke, polare Lösungsmittel könnten organometallische Reaktionen auch *verzögern*, mutet zunächst paradox an. Gleichwohl lassen sich derartige reaktionshemmende Solvenseinflüsse zuweilen beobachten, und zwar immer dann, wenn das Reaktionsgeschehen von elektrophilen Kräften beherrscht wird. Eindrucksvolle Beispiele bieten α-Halogen-alkyl- und α-Halogen-alkenyl-lithium-Verbindungen. Solche „geminal-konterpolarisierten" Substanzen (z. B. 45) sind in Gegenwart von Tetrahydrofuran oder Glycoldimethyläther bei tiefen Temperaturen haltbar, wogegen sie sich in reinem Hexan, Diäthyläther oder einem anderen schwach solvatisierenden Medium augenblicklich unter Lithiumhalogenid-Abspaltung zersetzen. Der auffällige Solvenseinfluß auf die Beständigkeit dieser α-Halogen-organometalle darf als Zeichen dafür gewertet werden, daß die Zerfallsreaktion durch einen elektrophilen Angriff des Metall-Kations eingeleitet wird. Die Umhüllung mit kräftig solvatisierenden Lösungsmittelmolekeln legt diese kationische Aktivität lahm[404].

$$\underset{Cl}{\overset{H}{\diagdown}}\underset{\diagup}{\overset{\diagup}{C}}\underset{Cl}{\overset{Li}{\diagup}} \longrightarrow Li^{\oplus} \longrightarrow \underset{Cl}{\overset{H}{\diagdown}}C: + [LiClLi]^{\ominus}$$

45

---

[401] *C. M. Hill, L. Haynes, D. E. Simmons* und *M. E. Hill*, J. Amer. chem. Soc. **75**, 5408 (1953). *F. L. M. Pattison* und *R. E. A. Dear*, Canad. J. chem. **41**, 2602 (1963). *A. H. Veefkind, F. Bickelhaupt* und *G. W. Klumpp*, Rec. Trav. chim. Pays-Bas **83**, 1058 (1969). Homoallylamine: *A. H. Veefkind, J. V. D. Schaaf, F. Bickelhaupt* und *G. W. Klumpp*, Chem. Commun. **1971**, 722.

[402] *R. Quelet, C. Broquet* und *J. D'Angelo*, Compt. rend. **C 264**, 1316 (1967). Vgl. *R. Quelet* und *J. D'Angelo*, Bull. Soc. chim. France **1967**, 1503.

[403] *H. G. Richey, W. F. Erickson* und *A. S. Heyn*, Tetrahedron Letters **1970**, 2183.

[404] *G. Köbrich, H. R. Merkle* und *H. Trapp*, Tetrahedron Letters **1965**, 969. *G. Köbrich*, Angew. Chem. **79**, 20f. (1967).

Die wesentlich bessere Beständigkeit von α-Halogenalkyl-*natrium*-Verbindungen[405] bestätigt diese Vorstellungen.

Die Solvat-Absättigung von Elektronenlücken am Metall beeinträchtigt vor allem auch manche Organomagnesium-Reaktionen. So verzögert sich die Anlagerung des Di-n-butyl-magnesiums an Aceton deutlich, wenn Tetrahydrofuran statt Diäthyläther als Lösungsmittel gewählt wird[406]. Auf die gleiche Weise hemmt ein Zusatz von Glykoldimethyläther oder insbesondere Tetramethyläthylendiamin den in Diäthyläther ungemein raschen Ligandenaustausch zwischen Diorganomagnesium-Verbindungen[407].

3.3.6. Die Temperatur

Polare organometallische Reagenzien sind wegen ihrer hohen Reaktionsfähigkeit für Umsetzungen bei tiefen Temperaturen wie geschaffen. In Tetrahydrofuran und anderen gut solvatisierenden Lösungsmitteln laufen bei $-80°$ C viele Metallierungen und Halogen-Metall-Austauschprozesse binnen weniger Minuten vollständig ab.

Welchen Vorteil gewährt aber eigentlich das Arbeiten im Bereich zwischen $-60°$ C und $-120°$ C? Zunächst einen doppelten: bei diesen tiefen Temperaturen lassen sich sowohl Neben- als auch insbesondere Folgereaktionen wirkungsvoll unterdrücken. Die erfolgreiche Präparierung so labiler Substanzen, wie es die o-Halogen-phenyllithium-Verbindungen[408] (*46*) oder das 1-Chlor-2.2-diphenyl-vinyllithium[409] (*47*) sind, bezeugen die Leistungsfähigkeit der Tieftemperatur-Synthese.

46 (X = F, Cl, Br)   *47*

---

[405] B. *Martel* und J.M. *Hiriart*, Tetrahedron Letters **1970**, 2737.
[406] T. *Holm*, Acta chem. Scand. **20**, 1141 (1966).
[407] H.O. *House*, R.A. *Latham* und G.M. *Whitesides*, J. org. Chemistry **32**, 2481 (1967).
[408] H. *Gilman* und R.D. *Gorsich*, J. Amer. chem. Soc. **78**, 2217 (1956). H. *Gilman* und T.S. *Soddy*, J. org. Chemistry **22**, 1715 (1957).
[409] G. *Köbrich* und H. *Trapp*, Z. Naturforsch. **18b**, 1125 (1963).

Darüber hinaus werden kurioserweise organometallische Synthesen durch Temperatur*erniedrigung* bisweilen sogar *beschleunigt*. Ein eindrucksvolles Beispiel bietet die mit Natrium initiierte Polymerisation des Styrols in Tetrahydrofuran-Lösung. Das Kettenwachstum kommt durch ständig sich wiederholende Polystyryl-natrium-Anlagerung an das Monomer zustande.

$$\text{Ph-CH=CH}_2 + \text{Ph-CH(Na)-CH}_2\text{-(CH-CH}_2)_n\text{-R}$$

48

$$\longrightarrow \text{Ph-CH(Na)-CH}_2\text{-(CH-CH}_2)_{n+1}\text{-R}$$

$$\left(R = \text{Kettenende, z. B. } \text{CH}_2\text{-CH(Na)-Ph}\right)$$

Bei Raumtemperatur liegt nahezu das gesamte Polystyryl-natrium (*48*) als verhältnismäßig reaktionsträge Kontakt-Spezies vor[410, 411] (vgl. S. 23, 38). Mit fallender Temperatur nimmt jedoch der Anteil des ungleich reaktiveren solvensgetrennten Ionenpaares ($k_{\text{Kontakt}} = 25\,\text{l} \cdot \text{mol}^{-1} \cdot \text{sec}^{-1}$, $k_{\text{Persolvat}} = 63\,000\,\text{l} \cdot \text{mol}^{-1} \cdot \text{sec}^{-1}$![411]) rasch zu. Dadurch wird der normale Temperatureffekt völlig überspielt: mit dem Abkühlen wächst der Bruttoumsatz[410, 411]. Ohne die Kenntnis von dem Wechselspiel zwischen zwei verschiedenen organometallischen Reaktionsteilnehmern müßte die Auswertung der reaktionskinetischen Daten in dem Postulat einer *negativen Aktivierungsenergie* gipfeln!

3.4. Möglichkeiten zur Reaktionssteuerung

Immer wieder mußten wir feststellen, in wie hohem Maße das Gelingen organometallischer Umsetzungen von den Reaktionsbedingungen bestimmt wird. Gleichzeitig fiel aber auch auf, daß die einzelnen Reak-

---

[410] D. N. Bhattacharyya, J. Smid und M. Szwarc, J. physic. Chem. **69**, 624 (1965).
[411] B. J. Schmitt und G. V. Schulz, Makromolek. Chem. **142**, 325 (1971). Vgl. W. K. R. Barnikol und G. V. Schulz, Makromolek. Chem. **86**, 298 (1965); Z. physik. Chem. **47**, 89 (1965).

148   Reaktivität

tionstypen *individuell verschieden* empfindlich auf Änderungen eines Reaktionsparameters ansprechen. Diese Eigentümlichkeit beschert uns wertvolle präparative Bewegungsfreiheit. Sie bietet eine Handhabe, um organometallische Synthesen bei mehreren *grundsätzlich offenen* Reaktionswegen *wahlweise* in die eine oder andere Richtung zu lenken. Verbindungen, die funktionelle Gruppen tragen, enthalten meistens auch acide Wasserstoff-Atome und umgekehrt. Größte Beachtung verdienen daher alle Gesetzmäßigkeiten, die es erlauben, den Wasserstoff/ Metall-Austausch zugunsten einer organometallischen Addition, Substitution oder Eliminierung zu unterdrücken oder andernfalls — wenn nämlich gerade das Gegenteil angestrebt wird — eine Ummetallierung ohne begleitende Nebenreaktionen herbeizuführen.

In dieser Lage ist es ein glücklicher Umstand, daß Metallierungsreaktionen Änderungen der Reaktionsbedingungen mit sehr viel größeren Ausschlägen der Reaktionsgeschwindigkeiten beantworten als alle übrigen Reaktionstypen. Am einfachsten kann man durch Lösungsmittelvariation in das Reaktionsgeschehen eingreifen. So erleiden etwa aliphatische Nitrile[412] und aliphatische Ketone[412, 413] in ätherischer Lösung Deprotonierung durch Organolithium-Reagenzien, während in Petroläther oder einem anderen unpolaren Solvens sogleich die Addition die Oberhand gewinnt[414]. Mit *Grignard*-Verbindungen als organo-

$$(H_3C)_2CH-\underset{\underset{C(CH_3)_2}{\|}}{C}-O-MgBr \quad 49$$

$$(H_3C)_2CH{\diagdown \atop (H_3C)_2CH}C=O \quad \xrightarrow{H_5C_2-MgBr}$$

$$(H_3C)_2CH{\diagdown \atop (H_3C)_2CH}\underset{}{C}{\diagup C_2H_5 \atop \diagdown O-MgBr} \quad 50$$

---

[412] W. I. O'Sullivan, F. W. Swamer, W. J. Humphlett und C. R. Hauser, J. org. Chemistry **26**, 2306 (1961).

[413] Vgl. C. R. Hauser und W. H. Puterbaugh, J. Amer. chem. Soc. **75**, 4756 (1953). W. H. Puterbaugh und C. R. Hauser, J. org. Chemistry **24**, 416 (1959). C. R. Hauser und W. R. Dunnavant, J. org. Chemistry **25**, 1296 (1960).

[414] Vgl. die analoge solvensabhängige Zweigleisigkeit von Metallierungs- und Additionsreaktionen der Styrylhalogenide: H. Gilman, W. Langham und F. W. Moore, J. Amer. chem. Soc. **62**, 2327 (1940). M. Schlosser und M. Zimmermann, Chem. Ber. **104**, 2885 (1971).

metallischen Reaktionspartnern bedarf die Metallierung der Unterstützung durch stark polare Medien, damit sie sich gegenüber einer konkurrierenden Addition ebenfalls durchsetzen kann. Diisopropylketon liefert mit Äthylmagnesiumbromid erst in Gegenwart von Hexamethylphosphorsäuretriamid das Enolat 49; in reiner Diäthyläther-Lösung bildet sich noch ausschließlich das tertiäre Carbinolat 50 [415].

Die vergleichende Gegenüberstellung von Lithium- und Magnesium-Reagenzien vermochte uns zugleich einen ersten Eindruck von dem ausgeprägten Einfluß des beteiligten Metalles zu vermitteln. Allgemein gilt: je elektropositiver ein Metall ist, um so deutlicher neigen seine organischen Derivate zur Proton-Abstraktion und verschmähen sie die Addition an ungesättigte Reaktionspartner. Die stark basischen Alkyl- und Aryl-*natrium*-Verbindungen greifen aliphatische Nitrile (51) einzig unter α-Metallierung an [416]. Im Gegensatz dazu pflegen *Grignard-Reagenzien* sich ausschließlich an die CN-Dreifachbindung anzulagern [417]. Beide Arten von Umsetzungen sind präparativ außerordentlich nützlich, da sie einmal die α-Alkylierung von Nitrilen gestatten und im anderen Falle einen allgemein verwendbaren Zugang zu Ketonen erschließen.

Genauso erlaubt der Metall-Effekt, organometallische Reaktionen mit (teil)aliphatischen Ketonen produktselektiv zu steuern. Während Acetophenon unter der Einwirkung von Phenyl*kalium* ganz überwiegend zum Enolat 52 (M = K) deprotoniert wird, vereinigt es sich mit Phenyl*lithium* und Phenyl*magnesiumbromid* fast ausschließlich zum Carbinolat 53 (M = Li bzw. MgBr). Phenylnatrium liefert ein Produktgemisch (Tabelle 24) [412].

---

[415] J. Fauvarque und J. F. Fauvarque, Compt. rend. **263**, 488 (1966).
[416] M. Bockmühl und G. Ehrhart, Liebigs Ann. Chem. **561**, 52 (1949).
[417] E. E. Blaise, Compt. rend. **132**, 38 (1901).

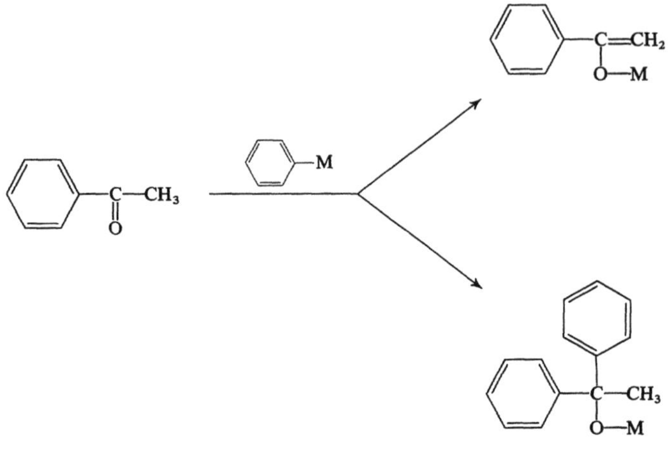

150   Reaktivität

$$\underset{O}{\overset{}{Ph-C-CH_3}} \xrightarrow{Ph-M} \begin{array}{l} Ph-C(=CH_2)-O-M \quad 52 \\ \\ Ph_2C(CH_3)-O-M \quad 53 \end{array}$$

Tabelle 24. *Enolat/Carbinolat-Produktverhältnis (52/53) nach der Umsetzung von Acetophenon mit verschiedenen Phenylmetall-Verbindungen*

Metall	Enolat/Carbinolat
K	10:1
Na	2:1
Li	1:23
MgBr	1:∞

Bisweilen reichen auch schon einfache sterische Effekte aus, um das Verhältnis Metallierung/Addition nachhaltig und gezielt zu verändern. Sperrige Basen wie Triphenylmethylnatrium haben sich als Protonakzeptoren besonders bewährt, wenn Anlagerung an Carbonyl- oder Ester-Gruppen droht[418]. Das sterisch behinderte Mesityllithium metalliert 2-Aryl-chinoline (54) in der 8-Stellung, wogegen sich Phenyllithium, wie zu erwarten, glatt an den heteroaromatischen Ring addiert[419].

In besonders kritischer Weise hängen Halogen/Metall-Austauschreaktionen[420] vom Metall ab. Sie gelingen gewöhnlich nur mit Organo-

---

[418] *N. Schlenk, H. Hillemann* und *I. Rodloff*, Liebigs Ann. Chem. **487**, 135 (1931). *E. Müller, H. Gawlick* und *W. Kreutzmann*, Liebigs Ann. Chem. **515**, 97 (1934). *B. E. Hudson* und *C. R. Hauser*, J. Amer. chem. Soc. **63**, 3156 (1941). *D. F. Thomas, P. L. Bayless* und *C. R. Hauser*, J. org. Chemistry **19**, 1940 (1954).

[419] *H. Gilman* und *T. L. Reid*, zitiert nach *H. Gilman* und *J. W. Morton*, Organic Reactions, Band 8, S. 265, J. Wiley, New York 1954; sowie persönliche Mitteilung der Autoren.

[420] Übersicht: *R. G. Jones* und *H. Gilman*, Organic Reactions, Wiley, New York 1951, Band **6**, S. 339.

Möglichkeiten zur Reaktionssteuerung

54 (R=C₆H₅)

lithium-Reagenzien. Bei Verwendung von Derivaten elektropositiverer Metalle ebenso wie von Grignard-Verbindungen schieben sich dagegen konkurrierende Eliminierungen und Kondensationen ganz in den Vordergrund, wie das Beispiel des 4-Brom-toluols (55) veranschaulicht.

Drohen nebeneinander Halogen/Metall-Austausch- und Metallierung zum Zuge zu gelangen, läßt sich der Wettbewerb bequem mit Hilfe der Polarität des verwendeten Organolithiums steuern. So erwies sich das leicht ionisierbare, aber schwach basische Dichlormethyl-lithium als ein ideales Metallierungsmittel, das dem Dibrommethan (56) bei −100°C sauber ein Proton zu entziehen vermag[421]. Die aggressiveren Reagen-

---
[421] G. *Köbrich* und R. H. *Fischer*, Chem. Ber. **101**, 3208 (1968). Vgl. auch G. *Köbrich*, Angew. Chem. **74**, 33 (1962).

zien Methyl- oder Butyllithium begünstigen dagegen eindeutig den Halogen/Metall-Austausch[422].

$$(56) \quad CH_2Br_2 \begin{array}{c} + \; LiCHCl_2 \quad \xrightarrow{-100°C} \quad LiCHBr_2 \;+\; CH_2Cl_2 \\ \\ + \; LiCH_3 \quad \longrightarrow \quad LiCH_2Br \;+\; CH_3Br \\ \text{(nicht faßbar)} \end{array}$$

Erstaunlicherweise bleibt die Reaktionsrichtung selbst dann noch regelbar, wenn zwei phänomenologisch ähnliche Prozesse miteinander um die Vorherrschaft ringen. Trotz der Verwandtschaft zwischen *Metallierung* und baseninduzierter *Eliminierung* — in beiden Reaktionsmustern spielt der Protonenentzug durch das angreifende Nucleophil eine beherrschende Rolle! — unterliegen ihre relativen Reaktivitäten in hohem Maße dem Einfluß des Metalls. Im Falle des Isobutylchlorids gelang es mittels Isotopenmarkierung (57), Einzelheiten aufzudecken[423]. Die Einwirkung organometallischer Reagenzien führt neben anderen Produkten auch zu Isobuten. Jedoch nur Alkyl*lithium* spaltet aus Isobutylchlorid unmittelbar Chlorwasserstoff ab. Alkyl*kalium* bevorzugt einen alternativen Weg, der mit einer α-Metallierung beginnt. Die resultierende Zwischenstufe ist unbeständig und wandelt sich unverzüglich unter Kaliumchlorid-Verlust und Wasserstoff-Verschiebung in das Olefin um.

$$\begin{array}{c} H_3C \\ \diagdown \\ H_3C \end{array} CH-CD_2Cl \quad \begin{array}{c} \xrightarrow{\text{Organolithium}} \quad \begin{array}{c} H_3C \\ \diagdown \\ H_3C \end{array} C=CD_2 \\ \\ 57 \quad \xrightarrow{\text{Organokalium}} \quad \begin{array}{c} H_3C \\ \diagdown \\ H_3C \end{array} CH-CD \begin{array}{c} K \\ \diagdown \\ Cl \end{array} \longrightarrow \begin{array}{c} H_3C \\ \diagdown \\ H_3C \end{array} C=CHD \end{array}$$

Sogar die Metallierung einer olefinischen (aromatischen) und einer allyl-(benzyl-)ständigen CH-Bindung sind einander mechanistisch hin-

---

[422] W. T. Miller und C. S. Y. Kim, J. Amer. chem. Soc. **81**, 5008 (1959). W. L. Dilling und F. Y. Edamura, Tetrahedron Letters **1967**, 589. U. Burger und R. Huisgen, Tetrahedron Letters **1970**, 3049.

[423] W. Kirmse und W. v. E. Doering, Tetrahedron **11**, 266 (1960).

reichend fremd, um deutlich verschieden auf Metalleinflüsse anzusprechen. Da die Allyl-(Benzyl-)Metallierung, zu einem mesomeriestabilisierten Organometall führt, sollte sie am günstigsten über einen carbanion-ähnlichen Übergangszustand (58) abrollen und deshalb auf leichte Ionisierbarkeit des Metallierungsmittels angewiesen sein. Demgegenüber dürften olefinisch und aromatisch gebundene Wasserstoffe eher in einem Vierzentren-Prozeß (59) übertragen werden, der auf hohe Partialladungen verzichtet und dafür alle Möglichkeiten zur Betätigung von Metall-Partialbindungen ausschöpft.

Während also die mesomerie-unterstützte Metallierung eindeutig von der Elektropositivität des beteiligten Metalls profitieren kann, sollte der Wasserstoff-Metall-Austausch an trigonalen Kohlenstoffen verhältnismäßig metall-unempfindlich sein (Abb. 29).

Die praktische Erfahrung steht ganz im Einklang mit diesen Überlegungen. Während Organo*kalium* auch bei kinetischer Reaktionssteuerung Alkene und Alkylbenzole bevorzugt an den thermodynamisch acidesten Allyl- bzw. Benzyl-Stellungen metalliert, greifen Organo*natrium* und vor allem Organo*lithium* lieber olefinische und aromatische CH-Bindungen an [424, 425]. Recht aufschlußreich ist ein Konkurrenzexperi-

---

[424] *R. L. Letsinger* und *A. W. Schnizer*, J. org. Chemistry **16**, 869 (1951). *R. A. Benkeser* und *T. V. Liston*, J. Amer. chem. Soc. **82**, 3221 (1960). *C. D. Broaddus*, J. org. Chemistry **29**, 2689 (1964); J. Amer. chem. Soc. **88**, 4174 (1966).

[425] *C. D. Broaddus* und *D. L. Muck*, J. Amer. chem. Soc. **89**, 6533 (1967).

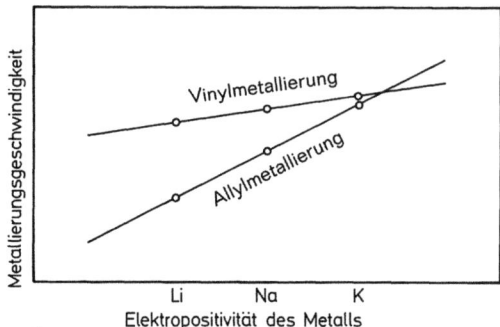

Abb. 29. Relative Metallierbarkeit vinyl- und allyl-ständiger CH-Bindungen in Abhängigkeit vom verwendeten Metall

ment, in welchem Cyclopenten und Cyclohexen gleichzeitig einem metallierenden Agens ausgesetzt wurden[425]. Butyl*kalium* lieferte dabei ein Gemisch von 1-Cyclopentenyl-kalium (*60*), 3-Cyclopentenyl-kalium (*61*) und 3-Cyclohexenyl-kalium (*62*), dessen Zusammensetzung die thermodynamischen CH-Aciditäten[426] zumindest näherungsweise widerspiegelt. Butyl*natrium* abstrahiert dagegen Wasserstoff praktisch nur aus der Vinyl-Stellung des Cyclopentens[425].

	60	61	62
M=Na	100 :	0 :	0
M=K	50 :	10 :	40

Alkoholat-Basen verhalten sich, zumindest in polaren Medien, analog den Organokalium-Verbindungen. So wird 1-Chlor-cyclohexen von ätherischem Phenyllithium zwar vinyl-ständig[427], von Kalium-t-butanolat in Dimethylsulfoxid jedoch allyl-ständig[428] deprotoniert. Beide resultierenden Metallierungsprodukte zerfallen sofort unter Metallhalogenid-

---

[426] Isotopenaustauschversuche [*G. Schröder*, Chem. Ber. **96**, 3178 (1963)] legen die folgende Abstufung der thermodynamischen CH-Aciditäten nahe: Cyclohexen-Allylposition > Cyclopenten-Vinylposition > Cyclopenten-Allylposition ~ Cyclohexen-Vinylposition.

[427] *F. Scardiglia* und *J.D. Roberts*, Tetrahedron **1**, 343 (1957).

[428] *G. Wittig* und *P. Fritze*, Angew. Chem. **78**, 905 (1966); Liebigs Ann. Chem. **711**, 82 (1968).

Abspaltung. Dabei entschlüpft jedem von ihnen eine andere äußerst kurzlebige Zwischenstufe mit „nicht-planarer" Doppelbindung: das Cyclohexin (63) und das Cyclohexadien-(1.2) (64).

$$\text{Cyclohexenylchlorid} \xrightarrow{H_5C_6-Li} \text{(Cl, Li-substituiert)} \rightarrow \text{Cyclohexin} \quad 63$$

$$\xrightarrow{(H_3C)_3COK} \text{(K, Cl-substituiert)} \rightarrow \text{Cyclohexadien} \quad 64$$

Oftmals ist es nicht der Reaktionspartner, sondern das Organometall selbst, das über mehrere reaktive Zentren gebietet. Als Musterfall dürfen Crotyl-metall-Verbindungen gelten. Gleichgültig ob von Crotylchlorid oder α-Methylallylchlorid ausgehend, gelangt man bei der Behandlung mit Magnesium stets zu dem Grignard-Reagens mit endständigem Metall (65). Den Carbanion-Stabilitäten (s. S. 68) gehorchend, vermeidet also das Metall die Bindung an den sekundären Kohlenstoff; das Isomer 66 wandelt sich bis auf eine verschwindend geringe Restkonzentration durch metallotrope Verschiebung in die stabilere Form 65 um [429].

$$H_3C-CH=CH-CH_2-Cl \xrightarrow{Mg} H_3C-CH=CH-CH_2-MgCl \quad 65$$

$$\updownarrow$$

$$H_3C-\underset{Cl}{CH}-CH=CH_2 \xrightarrow{Mg} H_3C-\underset{MgCl}{CH}-CH=CH_2 \quad 66$$

Dennoch taucht nun eine elektrophile Gruppe, die in einer Umsetzung das allyl-gebundene Metall verdrängt, keineswegs zwangsläufig wieder in

---

[429] J. E. Nordlander, W. G. Young und J. D. Roberts, J. Amer. chem. Soc. **83**, 494 (1961). Vgl. M. Gaudemar, Bull. Soc. chim. France **1958**, 1475. G. M. Whitesides, J. E. Nordlander und J. D. Roberts, J. Amer. chem. Soc. **84**, 2010 (1962). B. Gross, Bull. Soc. chim. France **1967**, 3605.

der Endstellung auf. Im Gegenteil, meist erhält man ein Produktgemisch, worin das verzweigt substituierte Isomer überwiegt. Beispielsweise neigen Ketone ganz ausgeprägt zur Vinyl-Anlagerung unter Ausbildung eines 4-Hydroxy-alk-1-ens 67[430]. Das isomere geradekettige Produkt 68 entsteht nur dann mit hohem Anteil, wenn massive sterische Hinderung mitspielt[431].

$$R-C(R')(R'')-C(OH)-CH=CH_2 \qquad 67$$

$$R-CH=CH-CH_2-MgBr \xrightarrow{\substack{① R'R''C=O \\ ② H^{\oplus}/H_2O}}$$

$$R-CH=CH-CH_2-C(R')(R'')-OH \qquad 68$$

Vinylog-Angriff wurde auch bei der Protolyse[432], Carboxylierung[433] und zahlreichen weiteren elektrophilen Substitutionen[434] von Allylmagnesium-Verbindungen beobachtet.

Welche Gründe sind für diese „Allyl-Verschiebung" maßgeblich? In erster Linie scheint es darauf anzukommen, den Elektronenvorrat des Allyl-Systems dem Elektrophil Y—X möglichst störungsfrei verfügbar

---

[430] *Ou Kiun-Houo,* Ann. chim. [11] **13**, 175 (1940). *J.D. Roberts* und *W.G. Young,* J. Amer. chem. Soc. **67**, 148 (1945). *W.G. Young* und *J.D. Roberts,* J. Amer. chem. Soc. **67**, 319 (1945); **68**, 649 (1946). *L. Miginiac-Groizeleau, P. Miginiac,* und *C. Prévost,* Bull. Soc. chim. France **1965**, 3560.

[431] *R.A. Benkeser, W.G. Young, W.E. Broxterman, D.A. Jones* und *S.J. Piaseczynski,* J. Amer. chem. Soc. **91**, 132 (1969). *M. Chérest, H. Felkin* und *C. Frajerman,* Tetrahedron Letters **1971**, 379. — Man beachte aber auch die Reversibilität der Addition in solchen Fällen: *R.A. Benkeser* und *W.E. Broxterman,* J. Amer. chem. Soc. **91**, 5162 (1962).

[432] *W.G. Young* und *A.N. Prater,* J. Amer. chem. Soc. **54**, 404 (1932). *K.W. Wilson, J.D. Roberts* und *W.G. Young,* J. Amer. chem. Soc. **72**, 215 (1950). *C. Agami, M. Andrac-Taussig* und *C. Prévost,* Bull. Soc. chim. France **1966**, 1915, 2596. *C. Agami, C. Prévost* und *M. Brun,* Bull. Soc. chim. France **1967**, 706.

[433] *J.F. Lane, J.D. Roberts* und *W.G. Young,* J. Amer. chem. Soc. **66**, 543 (1944). *J.D. Roberts* und *W.G. Young,* J. Amer. chem. Soc. **67**, 148 (1945).

[434] Zum Beispiel: *C. Prévost,* Bull. Soc. chim. France **1931**, 1372. *W.G. Young, J.D. Roberts* und *H. Wax,* J. Amer. chem. Soc. **67**, 841 (1945). *H.H. Inhoffen, F. Bohlmann* und *E. Reinefeld,* Chem. Ber. **82**, 313 (1949). *L. Miginiac* und *B. Mauze,* Bull. Soc. chim. France **1968**, 2544.

zu machen. Ein unmittelbarer Zutritt an das Elektronenpaar der organometallischen Bindung (S_E2-Mechanismus, Übergangszustand *69*) sähe sich starken abschirmenden Kräften ausgesetzt. Günstiger ist offensichtlich der Angriff an der unblockierten Vinyl-Stellung. Entgegen früheren Anschauungen durchlaufen dabei die Reaktionspartner keinen optimal ladungskompensierenden, jedoch entropisch aufwendigen Sechsring (S_Ei-Mechanismus, Übergangszustand *70*), sondern wählen die bequemere lineare Anordnung (S_E2'-Mechanismus, Übergangszustand *71*)[435].

$\delta\oplus \quad \delta\ominus$
Y—X = elektrophiles Agens, z. B. $\overset{R}{\underset{R}{\diagdown}}\overset{\delta\oplus \quad \delta\ominus}{C—O}$

Gestützt auf solche Detailkenntnisse fällt es nun nicht schwer, die Regioselektivität der Allylmetall-Reaktionen gezielt zu beeinflussen. Alleine durch das Auswechseln des Magnesiums gegen ein elektropositiveres Metall wird die organometallische Bindung einem elektrophilen Angriff schon um soviel zugänglicher, daß ein größerer oder überwiegen-

---

[435] H. *Felkin* und G. *Roussi*, Tetrahedron Letters **1965**, 4153. H. *Felkin* und C. *Frajerman*, Tetrahedron Letters **1971**, 1045. H. *Felkin*, C. *Frajerman* und G. *Roussi*, Bull. Soc. chim. France **1970**, 3704.

der Anteil des Reaktionsproduktes nun ohne Doppelbindungs-Verschiebung entstehen kann[436].

Wie die bisherige Erfahrung lehrt, arbeiten Solvenspolarität und Metallelektropositivität stets in die gleiche Richtung. Diese Faustregel bewährt sich auch hier. Kräftige Solvatbildner steigern die Reaktivität der Organomagnesium-Bindung so gewaltig, daß sie der Vinylog-Stellung den Rang abzulaufen vermag. So vereinigt sich Crotylmagnesiumbromid mit Heptylbromid in Gegenwart von Hexamethylphosphorsäuretriamid praktisch ausschließlich zu dem unverzweigten Alken 72[437].

$$H_3C-CH=CH-CH_2-MgBr \xrightarrow[43\%]{C_7H_{15}Br} H_3C-CH=CH-CH_2-C_7H_{15}$$
$$72$$

Auf eine derartig regulierende Solvens-Mithilfe stützt sich übrigens auch eine elegante Methode zum sterisch gezielten Aufbau von Isopren-Abkömmlingen, bei der es sich darum handelt, nicht die Vinylog-Reaktivität einer Allyl*metall*-Verbindung, sondern die eines Allyl*halogenids* in Schach zu halten. In rein ätherischer Lösung liefert sowohl das Z-

---

[436] T.W. Campbell und W.G. Young, J. Amer. chem. Soc. **69**, 688 (1947). C. Bouchole und P. Miginiac, Compt. rend. C **266**, 1614 (1968). Vgl. auch A.A. Morton, M.L. Brown, M.E.T. Holden, R.L. Letsinger und E.E. Magat, J. Amer. chem. Soc. **67**, 2224 (1945). A.A. Morton und M.E.T. Holden, J. Amer. chem. Soc. **69**, 1675 (1947). J. de Postis, Compt. rend. **224**, 579 (1947).

[437] J.F. Normant, Bull. Soc. chim. France **1963**, 1888; sowie persönliche Mitteilung.

konfigurierte Allylchlorid-Derivat *73* als auch sein *E*-Isomer *74* bei der Umsetzung mit α-Methyl-allyl-magnesiumchlorid beträchtliche Mengen des verzweigten Kondensationsproduktes *75*. Erst in einer Hexamethylphosphorsäuretriamid/Tetrahydrofuran-Mischung gelingt es der konstitutions- und konfigurationsbewahrenden S_N2-Reaktion, dem S_N2'-Angriff völlig den Rang abzulaufen[438].

Ambipositionelle („ambidente") Reaktivität gegenüber elektrophilen Agentien Y—X ist nicht auf Allyl-Systeme[439] beschränkt. Sie ist ebenso typisch für Pentadienyl-[440], Allenyl-[441] und Benzyl-[442]metall-Verbindungen (*76, 77* bzw. *78*) sowie außerdem für deren Heteroanaloge[443], wie es die Enolate[444] (*79*), Enamide[445], Pyrryle[446] (*80*) und Phenolate[447] (*81*) sind.

---

[438] *G. Stork, P. A. Grieco* und *M. Gregson*, Tetrahedron Letters **1969**, 1393.

[439] Übersicht: *R. A. Benkeser*, Synthesis **1971**, 437.

[440] *R. Paul* und *S. Tchelitcheff*, Bull. Soc. chim. France **1948**, 108.

[441] *J. H. Ford, C. D. Thompson* und *C. S. Marvel*, J. Amer. chem. Soc. 57, 2619 (1935). *G. R. Lappin*, J. Amer. chem. Soc. 71, 3966 (1949). *J. H. Wotiz*, J. Amer. chem. Soc. 72, 1639 (1950); 73, 693 (1951). *L. Brandsma, H. E. Wijers* und *J. F. Arens*, Rec. Trav. chim. Pays-Bas 82, 1040 (1963). *L. Gouin, M. C. Faroux* und *O. Riobé*, Bull. Soc. chim. France **1966**, 2320. *E. J. Corey* und *H. A. Kirst*, Tetrahedron Letters **1968**, 5041. *J. Gore* und *M. L. Roumestant*, Tetrahedron Letters **1971**, 1027.

[442] *M. Tiffeneau* und *R. Delange*, Compt. rend. 137, 573 (1903). *J. Schmidlin*, Ber. dtsch. chem. Ges. 39, 4183 (1906); 41, 426 (1908). *H. Gilman* und *J. E. Kirby*, J. Amer. chem. Soc. 54, 345 (1932). *S. Siegel, S. K. Coburn* und *D. R. Levering*, J. Amer. chem. Soc. 73, 3163 (1951). *G. A. Russell*, J. Amer. chem. Soc. 81, 2017 (1959). *V. F. Raeen* und *J. F. Eastham*, J. Amer. chem. Soc. 82, 1349 (1960). *R. A. Benkeser* und *T. E. Johnston*, J. Amer. chem. Soc. 88, 2220 (1966). *H. F. Ebel* und *V. Dörr*, unveröffentlicht; vgl. Dissertation *V. Dörr*, Univ. Heidelberg 1971.

[443] Übersicht: *R. Gompper*, Angew. Chem. 76, 412 (1964).

[444] *A. Brändström*, Arkiv Kemi 6, 155 (1953); 7, 81 (1954). *C. R. Krüger* und *E. R. Rochow*, J. organomet. Chem. 1, 476 (1964). *H. O. House* und *B. M. Trost*, J. org. Chemistry 30, 1341, 2502 (1965). *S. T. Yoffe, K. V. Vatsuro, E. E. Kugutcheva* und *M. I. Kabachnik*, Tetrahedron Letters **1965**, 593. *H. D. Zook, T. J. Russo, E. F. Ferrand* und *D. S. Stotz*, J. org. Chemistry 33, 2222 (1968). *A. L. Kurz, I. P. Beletskaya, A. Marcias* und *O. A. Reutov*, Tetrahedron Letters **1968**, 3679. *W. J. LeNoble* und *H. F. Morris*, J. org. Chemistry 34, 1969 (1969). *H. D. Zook* und *J. A. Miller*, J. org. Chemistry 36, 1112 (1971).

[445] *G. Wittig* und *H. Reiff*, Angew. Chem. 80, 13 (1968).

[446] *G. Ciamician* und *P. Silber*, Ber. dtsch. chem. Ges. 17, 1437 (1884). *A. Pictet*, Ber. dtsch. chem. Ges. 37, 2797 (1904). *G. Ciamician*, Ber. dtsch. chem. Ges. 37, 4225, 4238 (1904). *B. Oddo*, Gazz. chim. Ital. 39, 649 (1909); Ber. dtsch. chem. Ges. 43, 1012 (1910). *P. S. Skell* und *G. P. Bean*, J. Amer. chem. Soc. 84, 4655 (1962).

[447] *L. Claisen, F. Kremers, F. Roth* und *E. Tietze*, Liebigs Ann. Chem. 442, 210 (1925). *R. Barner* und *H. Schmid*, Helv. chim. Acta 43, 1393 (1960). *D. Y. Curtin* und *D. H. Dybvig*, J. Amer. chem. Soc. 84, 225 (1962). *N. Kornblum, P. J. Berrigan* und *W. J. LeNoble*, J. Amer. chem. Soc. 85, 1141 (1963). *G. Casiraghi, G. Casnati* und *G. Sartori*, Tetrahedron Letters **1971**, 3969.

76 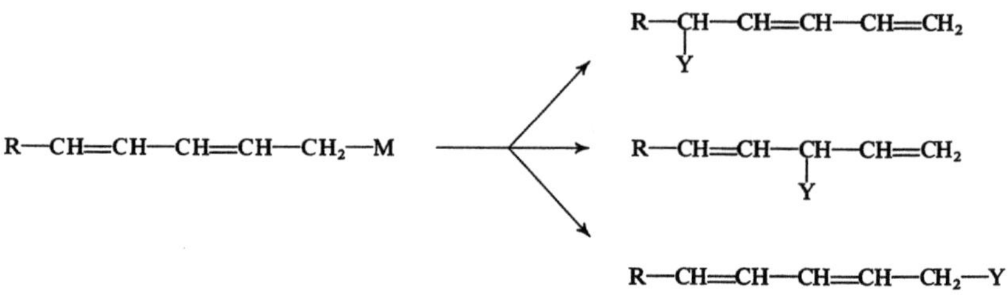

77 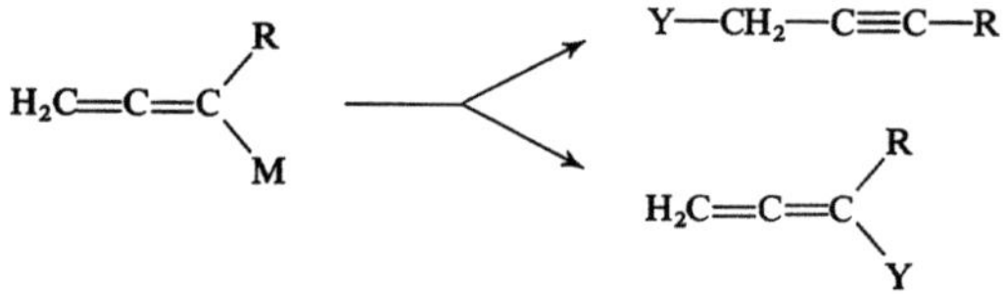

78 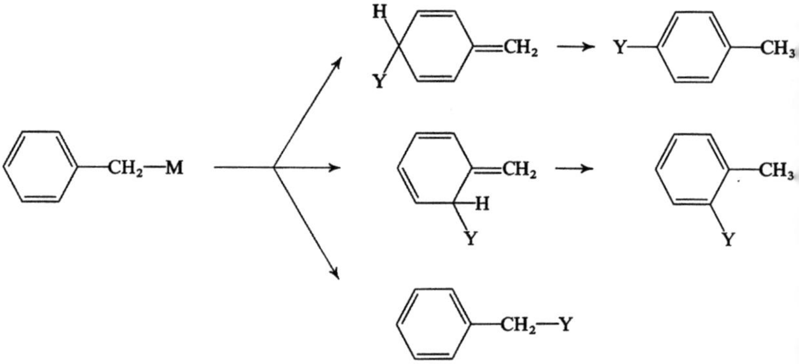

79 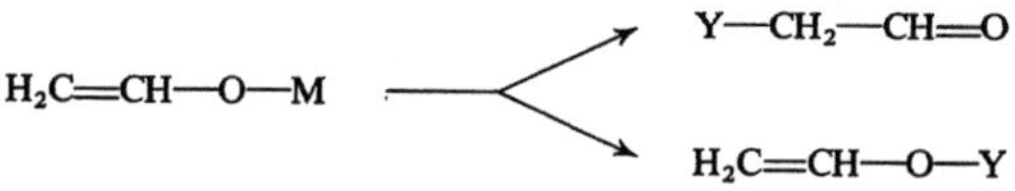

Möglichkeiten zur Reaktionssteuerung

80

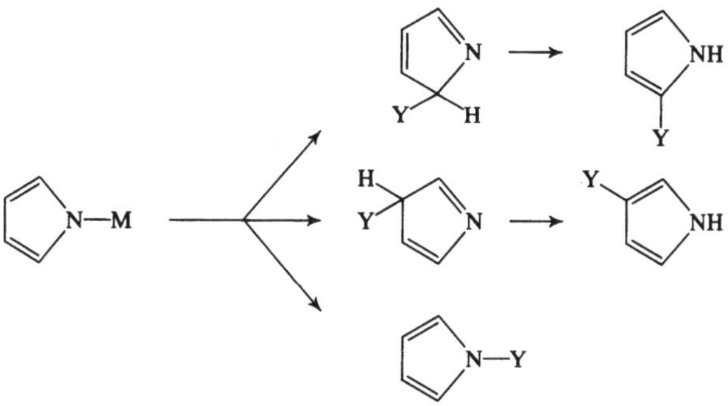

81

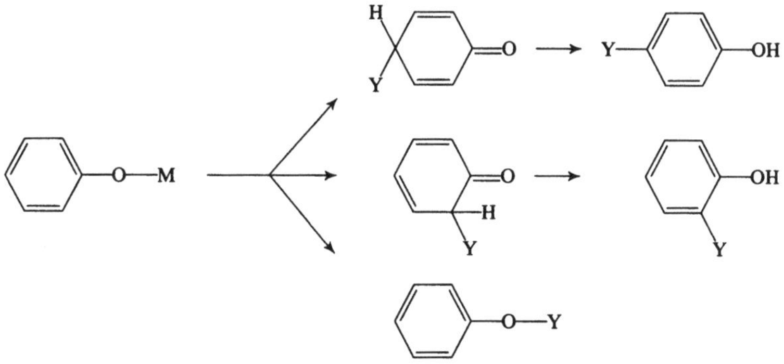

In allen diesen Fällen läßt sich die Produktverteilung durch geschickte Wahl des Metalls und des Lösungsmittels innerhalb weiter Grenzen steuern.

Der *gezielte* Einsatz von Organometallen wirft viele Fragen auf. In dem uns abgesteckten Rahmen können wir die Möglichkeiten und Schwierigkeiten der Reaktionslenkung nur gleichsam im Streiflicht betrachten. Soviel wird aber auch hierbei klar: auf präzise mechanische Kenntnisse kann nicht verzichtet werden. Allein auf ihrer Grundlage dürfen wir hoffen, die organometallische Synthese, eines der leistungsfähigsten Werkzeuge der präparativen Chemie, vollendet zu beherrschen.

4. Formelverzeichnis

der im Text oder in den Tabellen aufgeführten organometallischen Verbindungen

Formel	Name	Seiten
$CHCl_2Li$	Dichlormethyllithium	145, 151
CH_3BrMg	Methylmagnesiumbromid	15, 114—115, 127
CH_3K	Methylkalium	6
CH_3Li	Methyllithium	4—5, 8, 9, 11, 12, 14 16, 17, 21, 70, 111, 126, 131, 133, 134, 135, 152
C_2HK	Äthinylkalium	6
C_2HNa	Äthinylnatrium	6
C_2HRb	Äthinyllithium	6
C_2H_2NNa	Natrium-acetonitril	26
C_2H_3Li	Vinyllithium	8, 56, 111, 126 131, 134, 136, 140
C_2H_5BrMg	Äthylmagnesiumbromid	15, 16, 127, 148, 149
C_2H_5ClMg	Äthylmagnesiumchlorid	15
C_2H_5K	Äthylkalium	124
C_2H_5Li	Äthyllithium	5, 7, 8, 9, 10, 11, 56, 124, 131
C_2H_5Na	Äthylnatrium	5, 124
C_2H_6Be	Dimethylberyllium	4, 7, 10, 18, 65
C_2H_6Mg	Dimethylmagnesium	4, 10, 11, 12, 16, 18
C_3Li_4	Tetralithium-allen	137
C_3H_3K	Propinylkalium	6
C_3H_3Li	Propinyl-lithium	137
C_3H_3Na	Propinylnatrium	6
$C_3H_3NaO_2$	Natrium-malondialdehyd	25
C_3H_5BrMg	Allylmagnesiumbromid	23, 127, 140, 141
C_3H_5K	Allylkalium	23
C_3H_5Li	Allyllithium	8, 23, 111, 126, 132, 134, 136
C_3H_5Li	Propenyl-lithium	23
C_3H_5Li	Cyclopropyl-lithium	56
C_3H_5Na	Allylnatrium	23
C_3H_7BrMg	n-Propylmagnesiumbromid	127
C_3H_7BrMg	s-Propylmagnesiumbromid (Isopropylmagnesiumbromid)	127
C_3H_7Li	s-Propyllithium (Isopropyllithium)	8, 22, 131
C_3H_9KZn	Kaliumtrimethyl-zinkat	12
C_4KN_3	Tricyanomethyl-kalium	6
$(C_4H_6)_nLi_2$	Polybutadienyl-lithium	132
C_4H_7BrMg	But-2-enyl-magnesiumbromid	26
C_4H_7ClMg	Crotyl-magnesiumchlorid (Butenyl-magnesiumchlorid)	155, 158

C_4H_7ClMg	α-Methyl-allyl-magnesiumchlorid (α-Methallyl-magnesiumchlorid)	158, 159
C_4H_7Li	But-3-enyl-lithium	19
C_4H_9BrMg	n-Butylmagnesiumbromid	123
C_4H_9BrMg	t-Butylmagnesiumbromid	15, 127
C_4H_9ClMg	t-Butylmagnesiumchlorid	15
C_4H_9K	n-Butylkalium	123, 154
C_4H_9Li	n-Butyllithium	9, 10, 18, 40, 111, 121, 122, 123, 125, 126, 128, 129, 131, 134, 140, 143, 152
C_4H_9Li	s-Butyllithium	8, 56, 131
C_4H_9Li	t-Butyllithium	8, 9, 131, 133
C_4H_9Na	n-Butylnatrium	123, 154
$C_4H_{10}Be$	Dimethylberyllium	4, 10, 16, 18
$C_4H_{10}Mg$	Dimethylmagnesium	4, 10, 16, 18, 146
$C_4H_{11}LiSi$	Trimethylsilylmethyl-lithium	7, 8, 133
$C_4H_{12}Li_2Mg$	Dilithium-tetramethylmagnesiat	12
$C_4H_{12}Li_2Zn$	Dilithium-tetramethyl-zinkat	12
C_5H_5K	Cyclopentadienyl-kalium	37
C_5H_5Li	Cyclopentadienyl-lithium	21, 37, 40
C_5H_5Na	Cyclopentadienyl-natrium	21, 37
C_5H_7K	1-Cyclopentenyl-kalium	154
C_5H_7K	3-Cyclopentenyl-kalium	154
C_5H_7Na	1-Cyclopentenyl-natrium	154
$(C_5H_8)_nLi_2$	Polyisoprenyl-lithium	8, 130, 132, 139
$C_5H_{11}Na$	n-Pentyl-natrium (Amyl-natrium)	136
$C_5H_{15}Li_3Mg$	Trilithium-pentamethylmagnesiat	12
$C_6H_4BrClMg$	p-Chlorphenyl-magnesiumbromid	127
C_6H_4BrLi	o-Brom-phenyl-lithium	146
$C_6H_4Br_2Mg$	p-Bromphenyl-magnesiumbromid	127
C_6H_4ClLi	o-Chlor-phenyl-lithium	146
C_6H_4FLi	o-Fluor-phenyl-lithium	146
C_6H_5BrMg	Phenylmagnesiumbromid	15, 16, 111, 119, 127, 149, 150
C_6H_5JMg	Phenylmagnesiumjodid	15
C_6H_5K	Phenylkalium	149, 150
C_6H_5Li	Phenyllithium	8, 11, 12, 13, 14, 18, 56, 111, 125, 126, 131, 134, 135, 136, 138, 143, 149, 150, 154
C_6H_5Na	Phenylnatrium	11, 12, 150
C_6H_9K	3-Cyclohexenyl-kalium	154
C_6H_9Li	Hexinyl-lithium	23
$C_6H_9NaO_3$	Natrium-acetessigester	39
$C_6H_{11}BrMg$	Hex-5-enyl-magnesiumbromid	120
$C_6H_{14}Be$	Diisopropyl-beryllium	10
$C_7H_4BrF_3Mg$	p-Trifluormethyl-phenyl-magnesiumbromid	15
C_7H_7BrMg	p-Tolyl-magnesiumbromid	119, 127
C_7H_7BrMgO	p-Anisyl-magnesiumbromid	127

Formelverzeichnis

Formel	Name	Seiten
C_7H_7ClMg	Benzylmagnesiumchlorid	111
C_7H_7K	Benzylkalium	23, 124
C_7H_7Li	Benzyllithium	8, 18, 23, 111, 125, 126, 128, 129, 132, 134, 140
C_7H_7Na	Benzylnatrium	23, 53, 111, 124
$C_7H_{13}BrMgO$	Magnesium-3-(2,4-dimethyl-)-pent-2-enolat	148
$C_8H_4K_2Zn$	Dikalium-tetraäthinyl-zinkat	12
C_8H_5Li	Phenyläthinyl-lithium (Lithium-phenylacetylid)	111, 126
C_8H_7KO	Kalium-phenylacetaldehyd	25
$C_8H_8Na_2$	Cyclooctatetraen-Dinatrium	118
$(C_8H_8)_nCs_2$	Polystyryl-cäsium	38, 123, 124
$(C_8H_8)_nK_2$	Polystyryl-kalium	23
$(C_8H_8)_nLi_2$	Polystyryl-lithium	23, 24, 123, 124, 132
$(C_8H_8)_nNa_2$	Polystyryl-natrium	23, 38, 147
$C_8H_{10}ClMgN$	2-(4-Pyridyl-)isopropyl-magnesiumchlorid	124
$C_8H_{18}Be$	Di-n-butyl-beryllium	10
$C_8H_{18}Be$	Di-t-butyl-beryllium	7, 10
C_9H_7Li	Indenyllithium	30, 111
C_9H_9K	Phenyl-allyl-kalium	25
$C_9H_{11}BrMg$	Mesitylmagnesiumbromid	15
$C_9H_{11}K$	Cumylkalium	23, 118
$C_9H_{11}Li$	Mesityl-lithium	150
$C_9H_{12}LiN$	o-Dimethylamino-phenyl-lithium	144
$C_{10}H_8Na$	Naphthalin-Natrium	32, 33, 37, 38
$C_{10}H_{10}Be$	Dicyclopentadienyl-beryllium	7, 16
$C_{10}H_{10}Hg$	Dicyclopentadienyl-quecksilber	20
$C_{10}H_{10}Mg$	Dicyclopentadienyl-magnesium	6, 11, 16, 21
$C_{10}H_{11}K$	Phenyl-butenyl-kalium	25
$C_{10}H_{11}NaO$	Natrium-butyrophenon	10
$C_{10}H_{14}ClMgN$	2-Methyl-2-(4-pyridyl)-butyl-magnesiumchlorid	124, 125
$C_{10}H_{14}LiN$	2-Methyl-2-(4-pyridyl)-butyl-lithium	125
$C_{10}H_{19}Li$	Menthyllithium	8
$C_{10}H_{21}BrMg$	Decylmagnesiumbromid	15
$C_{10}H_{21}LiO$	3-(2-Methoxy-2,5-dimethyl-)-hexyl-lithium	145
$C_{10}H_{22}BeO_2$	Di-(4-methoxy-butyl)-beryllium	18
$C_{10}H_{22}Mg$	Dipentylmagnesium	10
$C_{12}H_{10}Be$	Diphenylberyllium	10
$C_{12}H_{10}LiNa$	Phenyllithium/natrium	11, 12
$C_{12}H_{10}Mg$	Diphenylmagnesium	10
$C_{13}H_8NaO$	Fluorenon-Natrium	35
$C_{13}H_9K$	Fluorenyl-cäsium	28—31, 37
$C_{13}H_9Li$	Fluorenyl-lithium	20, 28—31, 37, 40, 111
$C_{13}H_9Na$	Fluorenyl-natrium	28—31, 37
$C_{13}H_{10}NaO$	Benzophenon-Natrium	35
$C_{13}H_{11}K$	Diphenylmethyl-kalium	102, 103
$C_{13}H_{11}Li$	Diphenylmethyl-lithium	102, 103
$C_{13}H_{11}Na$	Diphenylmethyl-natrium	53, 102, 103
$C_{13}H_{12}LiO_2$	o-Methoxy-p-phenyl-lithium	144

$C_{14}H_{10}ClLi$	1-Chlor-2,2-diphenyl-vinyl-lithium	146
$C_{14}H_{10}Li_2$	Diphenylacetylen-Dilithium (α,α'-Dilithium-stilben)	119
$C_{14}H_{10}NNa$	1-Cyano-diphenylmethyl-natrium	116
$C_{14}H_{14}Mg$	Dibenzylmagnesium	23
$C_{15}H_{13}Li$	1,1-Diphenyl-prop-2-en-1-yl-lithium	126
$C_{15}H_{15}Li$	1,1-Diphenyl-1-propyl-lithium	126
$C_{17}H_{17}Li$	1,1-Diphenyl-pent-4-en-1-yl-lithium	126
$C_{17}H_{17}Li$	9-t-Butyl-9-fluorenyl-lithium	30
$C_{18}H_{14}Li$	o-Terphenyl-Lithium	34
$C_{18}H_{14}Li$	p-Terphenyl-Lithium	34
$C_{18}H_{14}Na$	o-Terphenyl-Natrium	34
$C_{18}H_{14}Na$	p-Terphenyl-Natrium	34
$C_{18}H_{15}LiMg$	Lithium-triphenyl-magnesiat	13
$C_{18}H_{19}Li$	1,2-Diphenyl-1-hex-1-enyl-lithium	137
$C_{18}H_{21}Li$	1,1-Diphenyl-1-hexyl-lithium	24, 126
$C_{19}H_{15}BrMg$	Triphenylmethyl-magnesiumbromid	23, 124
$C_{19}H_{15}ClCa$	Triphenylmethyl-calciumchlorid	10
$C_{19}H_{15}Cs$	Triphenylmethyl-cäsium	102
$C_{19}H_{15}K$	Triphenylmethyl-kalium	22, 23, 101, 102, 125
$C_{19}H_{15}KO$	Phenoxydiphenylmethyl-kalium	28—29
$C_{19}H_{15}Li$	Triphenylmethyl-lithium	23, 30, 51, 102, 111, 125, 126
$C_{19}H_{15}LiO$	Phenoxydiphenylmethyl-lithium	28—29, 124
$C_{19}H_{15}Na$	Triphenylmethyl-natrium	10, 23, 32, 38, 39, 40, 53, 102, 116, 117, 118, 125, 126, 150
$C_{19}H_{15}NaO$	Phenoxydiphenylmethyl-natrium	28—29
$C_{19}H_{21}Li$	9-(2-Hexyl)-9-fluorenyl-lithium	30
$C_{20}H_{17}Li$	1,1,2-Triphenyläthyllithium	126
$C_{20}H_{17}LiO$	o-(1,1-Diphenyl-methoxymethyl-)-phenyl-lithium	144
$C_{21}H_{19}Li$	1,1,3-Triphenyl-1-propyl-lithium	126
$C_{24}H_{20}BLi$	Lithium-tetraphenyl-boranat	13
$C_{26}H_{20}Li_2$	Tetraphenyläthylen-Dilithium	36
$C_{26}H_{20}Na$	Tetraphenyläthylen-Natrium	32
$C_{26}H_{20}Na_2$	Tetraphenyläthylen-Dinatrium	36, 38
$C_{30}H_{20}Li_2$	1,4-Dilithium-1,2,3,4-tetraphenyl-butadien	119
$C_{35}H_{25}Na$	Bis-p-biphenyl-α-naphthyl-methyl-natrium	22
$C_{36}H_{30}LiSb$	Lithium-hexaphenyl-stibonat (Lithium-hexaphenyl-antimonat)	13
$C_{38}H_{58}K$	Hexa-t-butyl-tolan-Kalium	34

5. Autorenverzeichnis

Die auf Zeilenhöhe gesetzten Zahlen bezeichnen die Seite(n), wo auf eine Fußnote *hingewiesen* wird. Dies ist nicht notwendigerweise dieselbe Seite, auf der die Fußnote dann *abgedruckt* ist. Hochgestellt erscheint neben der Seitenangabe entweder — in kleineren Zahlen — die Nummer des Literaturzitates, auf das verwiesen wird, oder ein Sternchen, falls eine Anmerkung gemeint ist. Die dem Sternchen beigefügten Zahlen nennen jene beiden Literaturzitate, zwischen welche die Anmerkung eingeschaltet ist.

Abdouloff, I. 127[346]
Accascina, F. 37, 40[144]
Adams, G.M. 8[26]
Adams, H.E. 137[374]
Adolph, H.G. 96, 98[263]
Agami, C. 156[432]
Alikhanov (Alichanow), P.P. 10[40]; 75[226]
Allen, L.C. 84[238]; 96[266]
Allinger, N.L. 65[199]
Almenningen, A. 7[13]; 7[18]; 68[209]; 65[198]
Alsdorf, H. 10[40]
Amburn, H.W. 94[253]
Amma, E.L. 3[2]
Andersen, P. 6[11]
Anderson, L.C. 23[103]
Andrac-Taussig, M. 156[432]
Applequist, D.E. 11[48]; 55, 56[175]; 93[251]; 136[370]
Arens, J.F. 159[441]
Asami, R. 23[105]
Ashby, E.C. 10, 15[45]; 15[73]; 113[298]
Atherton, N.M. 33[133]
Atkinson, J.G. 94[254]
Ayers, P.W. 120[317]
Ayres, D.C. 105[284]
Ayscough, P.B. 35[141]

Bacon, N. 25[114]
Baechler, R.D. 96[265]
Bafus, D.A. 7[15]; 8[23]
Bähr, G. 16[76]; 18[86]; 105[284]
Bähr, K. 118[311]

Bailey, D.S. 65[199]
Baine, O. 124[333]
Baker, E.B. 14[60]; 21[97]
Baker, V.B. 128[348]; 136[372]
Balasubramanian, K. 61[191]; 78[229]
Baldeschwieler, J.D. 104[282]
Balk, P. 32[130]
Ballester, M. 87[246]
Baney, R.H. 9[33]
Bank, S. 25[112]
Bargon, J. 121[319]
Barner, R. 159[447]
Barnikol, W.K.R. 147[411]
Bartell, L.S. 64[196]; 64[197]; 68[209]
Bartlett, P.D. 16, 17[80]; 130, 131[349]; 85[240]; 117[309]
Basmanova, V.M. 142[392]
Bastiansen, O. 7[13]; 68[209]
Baughan, E.C. 116[307]
Baumgarten, E. 102, 103[279]
Baumgärtner, F. 16[76]
Bayless, P.L. 150[418]
Bean, G.P. 159[446]
Bebb, R.L. 144[399]
Becker, E.I. 110[292]
Becker, H.D. 57[180]
Becker, W.E. 14[65]; 15[69]
Bedard, R.L. 125[336]
Beletskaya, I.P. 62, 63[194]; 62[195]; 159[444]
Bell, R.P. 42, 44[161]; 57[179]; 57[181]
Bencze, L. 121[327]
Benkeser, R.A. 136[373]; 153[424]; 156[431]; 159[439]; 159[442]
Benz, E. 138[378]; 144[399]

Berkowitz, B.J. 48[166]
Berkowitz, J. 7[15]
Berrigan, P.J. 159[447]
Berthier, G. 91[247]
Bessonov, V.A. 10[40]
Bestmann, H.J. 94[259]
Bhattacharyya, D.N. 23[106]; 37[146]; 38[151]; 124[332]; 147[410]
Bickelhaupt, F. 10[46]; 145[401]
Bieron, J.F. 81[236]
Billet, J. 113[301]; 117[310]
Birmingham, J.M. 38[153]
Blair, L.K. 101[277]; 104[283]
Blaise, E.E. 149[417]
Blank, H. 113[296]
Blomberg, C. 10[46]; 40[159]; 117[310]
Blouri, B. 81[234]
Bobko, E. 110[289]
Bobnov, N.N. 121[322]
Bockmühl, M. 149[416]; 116[304]
Boer, T.J. de 94[253]
Bohlmann, F. 156[434]
Bohme, D.K. 101[277]; 104[283]
Boileau, S. 23[103]; 32[132]
Bollinger, R. 116[305]
Bonham, R.A. 68[209]; 71[216]
Booth, H. 65[199]
Bordwell, F.G. 59[187]; 93[252]; 97, 98[271]; 97[273]
Bottini, A.P. 94[254]
Bouchole, C. 158[436]
Bowden, K. 48[167]; 50[170]
Boyd, D.B. 84[238]
Boyle, W.J. 59[187]
Boyles, H.B. 113[297]
Braig, W. 121[322]
Brandsma, L. 159[441]
Brändström, A. 159[444]
Branscomb, L.M. 116[307]
Braude, E.A. 93[252]
Brauman, J.I. 53[174]; 101[276]; 101[277]; 104[283]; 116[305]
Breslow, R. 61[191]; 78[229]; 86[243]; 94[258]
Brevnova, T.N. 143[394]
Brewer, T.L. 116[305]
Brewster, R.Q. 144[400]
Broaddus, C.D. 128[348]; 136[371]; 144[399]; 153[424]; 153, 154[425]
Brönsted, J.N. 58[182]
Broquet, C. 145[402]

Brown, G.E. 143[397]
Brown, H.C. 67, 68[208]
Brown, J. 94[258]
Brown, J.M. 81[234]
Brown, M.L. 158[436]
Brown, R.E. 138, 140[380]
Brown, T.L. 7[15]; 7, 8[16]; 7, 8, 10[19]; 8[21]; 8[22]; 8[23]; 8[24]; 8[28]; 9[36]; 10[37]; 11[49]; 11[50]; 11, 12[54]; 14[64]; 16[81]; 21[98]; 133[367]; 133[368]; 138[382]
Broxterman, W.E. 156[431]
Brun, M. 156[432]
Bryce-Smith, D. 16[74]; 112*(292—293); 121[322]
Bryson, A. 75[223]
Buenker, R.J. 77*(228—229)
Burdon, J. 120[317]
Burger, U. 152[422]
Burkus, J. 40[157]
Burnett, G.M. 110[291]; 131[357]
Butin, K.P. 62, 63[194]; 62[195]
Butte, W.A. 18[89]; 143[393]
Bywater, S. 8[27]; 23[106]; 38[151]; 130[350]; 131, 132[356]; 131[357]; 131, 132[358]; 131[362]; 132[366]; 138[382]

Cain, E.N. 81[234]
Caldwell, R.A. 60[190]; 66[206]; 108[286]
Campbell, T.W. 158[436]
Caravajal, C. 33[134]; 38[150]; 39[155]
Carpenter, J.G. 131[352]
Carr, L.J. 119[314]; 137[376]
Carraway, R. 33[135]; 38[150]
Carter, H.V. 32[130]
Carter, R.E. 21[96]
Casiraghi, G. 159[447]
Casling, R.A. 131[363]
Casnati, G. 159[447]
Casper, J. 113[300]
Castellano, J.A. 121[326]
Cerceau, C. 81[234]
Chan, L.L. 27[121]; 30[128]
Chang, C.J. 30[128]; 51[172]
Chang, P. 33[134]; 38[150]
Chao, K. 7[14]
Cheema, Z.K. 16, 17[79]
Chen, A. 55, 56[176]; 62, 63[193]
Chérest, M. 140[390]; 156[431]
Chik, C. 7[14]

Chivers, T. 55, 56[176]; 62, 63[193]
Chu, W. 61[191]
Ciamician, G. 159[446]
Cioffari, A. 120[317]
Citron, J.D. 110[292]
Ciuffarin, E. 53[174]
Ciula, R.P. 66[202]
Claff, C.E. 136[372]
Claisen, L. 159[447]
Clark, A.C. 141[391]
Closs, G.L. 66[203]; 66[204]; 69 *[(209—210)]; 70[212]; 121[320]
Closs, L.E. 66[203]; 70[212]; 121[320]
Coates, G.E. 7, 10[17]; 7[18]; 10[42]; 16[74]; 16[76]; 18[88]; 18[90]
Coburn, S.K. 159[442]
Cockerill, A.F. 50[170]
Cole, J.A. 93[252]
Collins, F.W. 136[372]
Conant, J.B. 52[173]
Connor, D.S. 66[202]
Cook, T.H. 143[397]
Coombs, R.D. 128[348]; 136[372]
Cooper, G.D. 121[327]
Cooper, J.W. 125[337]
Cooper, M.A. 69 *[(209—210)]
Cooper, R.A. 121[319]; 121[321]
Corey, E.J. 86[243]; 159[441]
Cotton, F.A. 21[96]; 38[153]
Coulson, C.A. 68[209]
Cowan, D.O. 16[75]
Cram, D.J. 42, 44[161]; 57[178]; 60[188]; 81[234]; 86, 87[245]; 97[273]; 101[276]
Crandall, J.K. 141[391]
Crawford, B.L. 2[1]
Crimmins, T.F. 136[372]; 136[373]
Crössmann, F. 22[100]
Crump, J.W. 93[252]
Csakvary, J.J. 94[254]
Cserhegyi, A. 38[154]
Csizmadia, I.G. 91[247]
Curtin, D.Y. 93[250]; 93[252]; 137[376]; 159[447]
Cuvigny, T. 138[384]

Dadali, V.A. 75[224]
Dale, J. 27[122]
D'Angelo, J. 145[402]
Darensbourg, M.Y. 133[367]
Dauben, H.J. 52[173]

Davidson, A.J. 94[254]
Davies, A.G. 120[317]
Davis, M. 68[209]
Davis, W.R. 18[89]
Dear, R.E.A. 145[401]
DeBoer, E. 31[129]; 32[130]; 33[137]; 118[312]
Degel, C. 81[236]
Delange, R. 159[442]
Deno, N.C. 48[166]; 61[192]
Denzel, T. 94[259]
Dessy, R.(E.) 15[70]; 55, 56[176]; 62, 63[193]; 127[343]
Dewar, M.J.S. 41[160]; 76[227]; 78[229]; 80[232]; 91[248]
Dewhurst, F. 101[275]
Deyrup, A.J. 48[165]
Dietrich, B. 27[124]
Dietrich, H. 5[7]
Dilling, W.L. 152[422]
Dillon, R.L. 59[185]; 85[240]
Dixon, J.A. 21[95]; 121[322]
Dobler, M. 68[209]
Dodd, J.R. 34[138]
Doering, W.v.E. 84[239]; 85[240]; 152[423]
Dörr, V. 159[442]
Dolman, D. 50[170]
Doran, M.A. 12[55]; 14[60]; 21[97]; 22[99]; 23[101]; 24[107]; 24[108]; 27[125]; 32[132]; 121[324]; 126[341]; 126, 131, 132, 134[342]; 138[379]; 140[388]
Doubleday, C.E. 121[320]
Downs, A.J. 7[18]
Dreiding, A.S. 93[252]
Dröge, H. 144[399]
Drunen, J.A.A.van 25[113]
Ducom, J. 18[85]
Duncan, R.A. 127[347]
Dunitz, J.D. 68[209]
Dunnavant, W.R. 148[413]
Dyachkovskii, F.S. 121[322]
Dybvig, D.H. 159[447]

Eaborn, C. 74[222]
Eastham, J.F. 16, 17[79]; 17[82]; 122[328]; 131[361]; 142[392]; 159[442]
Ebel, H.F. 20[93]; 23[102]; 42, 44[161]; 59[186]; 105[284]; 159[442]
Eberhardt, G.G. 18[89]; 143[393]
Eberhardt, W.H. 2[1]

Eberly, K.C. 137[374]
Edamura, F.Y. 152[422]
Edgell, W.F. 26[115]
Effler, A.H. 65[199]
Ehrhart, G. 149[416]; 116[304]
Eigen, M. 44[162]
Eisch, J.(J.) 138[383]; 140[390]
Eliel, E.L. 114, 115[303]
Ellis, L.E. 116[305]
Emerson, M.T. 19[92]
Epstein, I.R. 96[269]
Erickson, W.F. 145[403]
Eschenmoser, A. 96[268]
Evans, A.G. 131[351]; 131[352]; 131[354]; 131[360]; 131[363]
Evans, D.F. 15[68]
Evans, M.G. 116[307]
Evans, W.V. 37[146]; 40[159]
Exner, J.H. 111[294]
Eyring, H. 57[177]

Farády, L. 121[327]
Faroux, M.C. 159[441]
Fauvarque, J. 149[415]
Fauvarque, J.F. 149[415]
Fawcett, J.K. 71[213]
Fedorov, L.A. 25[109]
Feldmann, M.F. 79[230]
Felkin, H. 140[390]; 141[391]; 156[431]; 157[435]
Ferrand, E.F. 26[117]; 159[444]
Fetters, L.J. 8[34]; 130[350]
Finkbeiner, H.L. 121[327]
Finnegan, R.A. 70[210]
Fischer, E.O. 6[12]; 7[14]
Fischer, H.(Hanns) 121[319]
Fischer, H.(Herbert) 42, 44[161]
Fischer, R.H. 151[421]
Flautt, T.J. 128[348]; 136[371]
Fletcher, R.S. 67, 68[208]
Flygare, W.H. 68[209]
Foote, C.S. 69* (209—210)
Ford, J.H. 159[441]
Ford, W.T. 27[123]; 60[189]
Fouquet, G. 85, 95[242]; 101[275]; 102[280]
Fraenkel, G. 21[96]; 125[337]
Frajerman, C. 140[390]; 156[431]; 157[435]
Freedman, H.H. 25[109]; 25[110]; 32[132]
Freeman, C.H. 8[29]; 10[43]; 134[369]

Fritze, P. 154[428]
Frostik, F.C. 102, 103[279]
Fuente, G.de la 87[246]
Fujimoto, T. 138[382]
Fujishiro, R. 39[155]
Fuoss, R.M. 37, 40[144]; 37[146]; 37, 40[147]

Gajewski, J.J. 94[258]
Galiulina, R.F. 143[394]
Gardlund, S.L. 119[314]; 137[376]
Gardlund, Z.G. 119[314]; 137[376]
Garst, J.F. 36[143]; 120[317]
Gaudemar, M. 155[429]
Gawlick, H. 150[418]
Genzer, M. 16[76]
George, D.B. 131[360]
George, W.O. 25[114]
German, L.S. 62[195]
Gernert, F. 37, 40[148]; 40[159]
Gerteis, R.L. 8[23]
Gibson, G.W. 16, 17[79]; 131[361]
Gilbert, J.M. 48[166]; 102[278]
Gillespie, R.J. 64[197]
Gilman, H. 105[284]; 124[333]; 124[334]; 127[344]; 138, 140[380]; 143[396]; 143[397]; 144[399]; 144[400]; 146[408]; 148[414]; 150[419]; 150[420]; 159[442]
Glasstone, S. 57[177]
Glaze, W.(H.) 8[26]; 8[29]; 10[43]; 10[47]; 14[61]; 116[305]; 131[353]; 134[369]; 138[379]
Glockling, F. 7, 10[17]; 10[42]
Goebel, C.V. 16, 17[80]; 130, 131[349]
Goldberg, S.Z. 84[238]
Goldstein, J.H. 69* (209—210)
Goliasch, K. 34[140]
Gompper, R. 159[443]
Goodwin, T.H. 68[209]
Gore, C.R. 131[351]; 131[352]
Gore, J. 159[441]
Gorsich, R.D. 146[408]
Goubeau, J. 16[76]
Gough, R.G. 121[322]
Gouin, L. 159[441]
Gould, E.S. 48[167]; 139[386]
Graham, I.F. 16[74]
Green, S.I.E. 18[88]
Gregson, M. 159[438]
Grieco, P.A. 159[438]
Griffith, D.L. 96[267]

Grisdale, P.J. 76^{227}
Groen, S. 119^{314}
Gross, B. 26^{116}; 155^{429}
Grün, N. 116^{307}
Grunwald, E. 46^{164}; 48^{166}
Grützmacher, H.F. 10^{40}
Guggenberger, L.J. 16^{78}
Gumby, W.L. 10^{39}; 123^{330}
Guryanova, E.N. 10^{40}
Gutowsky, H.S.   69* (209—210)
Gwinn, W.D. 68^{209}
Gwinner, P.A. 21^{95}

Haaland, A. 7^{13}; 7^{18}; 65^{198}
Haeyer, N.d' 23^{103}; 32^{132}
Häfelinger, G. 23^{104}; 34^{140}
Hafner, K. 34^{140}
Haggerty, M.   16, 17^{79}
Halaška, V. 10^{40}
Hall, G.E. 74^{219}
Ham, G.   67, 68^{208}
Hammett, L.P. 48^{165}; 48^{167}
Hammond, G.S. 58^{184}
Hammons, J.H.   42, 44^{161}; 53^{174}
Hamrick, P.J.   102, 103^{279}
Harris, E.E. 93^{252}
Hartmann, J. 126^{339}
Hartwell, G.E.   7, 8^{16}; 8^{28}; 133^{367}
Hass, H.B. 94^{255}
Hassel, O. 68^{209}
Hauser, C.R. 40^{157}; 102, 103^{279}; 136^{372}
   144^{398}; 148, 149^{412}; 148^{413}; 150^{418}
Hausser, K.H. 34^{139}
Haynes, L. 145^{401}
Hechenbleikner, I. 144^{399}
Heck, R.   67, 68^{208}
Hedberg, K. 68^{209}
Heiszwolf, G.J. 25^{111}
Hendrix, J.P. 122^{329}
Herbert, G.T. 94^{254}
Heslop, J.A. 18^{90}
Hess, K. 113^{300}
Heyn, A.S. 145^{403}
Heyn, J. 140^{389}
Hill, C.M. 145^{401}
Hill, D.C. 40^{157}
Hill, M.E. 145^{401}
Hillemann, H. 150^{418}
Hine, J. 48^{167}; 91, 95, 96, 98^{261}

Hinze, J. 116^{307}
Hiriart, J.M. 146^{405}
Hirota, N. 33^{135}; 33^{136}; 35^{141}; 35^{142};
   38^{150}
Hirsch, J.A. 65^{199}
Hoffenberg, D.S.   102, 103^{279}
Hoffmann, A.K. 84^{239}
Hoffmann, R. 84^{238}
Hofmann, J.E. 57^{180}; 60^{188}
Hogen-Esch, T.E. 27^{123}; 29, 30, 31,
   36^{126}; 37^{149}; 124^{332}
Hoijtink, G.J. 32^{130}
Holden, M.E.T. 158^{436}
Hollingsworth, C.A. 127^{343}
Hollyhead, W.B. 30^{128}; 51^{172}
Holm, T. 14^{66}; 113^{299}; 113^{301}; 114^{302};
   127^{345}; 138^{381}; 146^{406}
Hopton, F.J. 23^{105}
Hornberger, P. 10^{44}; 16^{76}
Horstmann, H.O. 81^{236}
House, H.O. 146^{407}; 159^{444}
House, N.O. 11^{51}
Howden, M.E.H. 120^{317}
Hsieh, H.L. 131^{357}; 131^{359}; 132^{365}
Hsü, S.K. 57^{181}
Huck, N.D.   7, 10^{17}
Hudrlik, P.F. 26^{118}
Hudson, B.E. 150^{418}
Hudson, J.A. 60^{188}
Huffman, J.C. 3^2
Huisgen, R. 138^{383}; 152^{422}
Humpfner, K. 10^{41}
Humphlett, W.J.   148, 149^{412}
Hurd, D.T. 11^{53}
Hush, N.S. 23^{105}
Husk, G.R. 140^{390}

Imes, R.H.   97, 98^{271}
Impastato, F.J. 93^{251}
Ingold, C.K. 57^{181}
Inhoffen, H.H. 156^{434}
Israilewitsch, E.A. 75^{226}
Ivanoff, D. 127^{346}

Jaffé, H.H. 116^{307}
Jagur-Grodzinski, J. 38^{154}
Janzen, E.G. 57^{180}; 117^{310}
Jaruzelski, J.J. 61^{192}

Jensen, F.R. 125[336]
Johannesen, R.B. 67, 68[208]
Johnson, A.F. 131, 132[355]
Johnson, C.S. 25[109]
Johnson, U. 121[319]
Johnston, T.E. 159[442]
Jones, D.A. 156[431]
Jones, F.N. 144[398]
Jones, P.J. 137[374]
Jones, R.G. 150[420]
Jordan, T. 86[244]
Juan, C. 69*[(209—210)]
Jurygina, E.N. 75[226]

Kabachnik, M.I. 159[444]
Kadibelban, T. 108[287]
Kahl, D.C. 101[276]
Kaiser, E.T. 31[129]; 118[312]
Kalinowski, H.O. 105[284]
Kamlet, M.J. 96, 98[263]
Kaplan, L.A. 96[264]
Kaptein, R. 121[320]
Kari, R.E. 91[247]
Kashin, A.N. 62, 63[194]; 62[195]
Kaska, W. 138[383]
Katz, T.J. 118[313]
Kauffman, K.C. 94[253]
Keever, L.D. 9[35]
Kelly, W.L. 83[237]
Kevan, L. 31[129]; 118[312]
Khan, M.S. 15[68]
Kim, C.S.Y. 152[422]
Kimball, G.E. 84[238]
Kimura, B.Y. 21[98]; 133[367]
Kimura, K. 39[155]
Kingsbury, C.A. 60[188]; 81[234]
Kirby, J.E. 159[442]
Kirmse, W. 152[423]
Kirst, H.A. 159[441]
Kitching, W. 55, 56[176]; 62, 63[193]
Kleene, R.D. 52[173]; 79[231]
Kleiner, H. 22[100]
Klewe, B. 6[11]
Kloosterziel, H. 25[111]; 25[113]
Klumpp, G.W. 145[401]
Köbrich, G. 94[257]; 138[377]; 145[404]; 146[409]; 151[421]
Koch, H.F. 60[188]; 74[221]
Kocheshkov, K.A. 14[60]; 137[375]

Koehl, W.J. 93[250]
Kohl, D.A. 68[209]
Kolthoff, I.M. 46[163]
Kondryew, N.W. 37[145]; 40[159]
König, H. 86[243]
Kornblum, N. 159[447]
Kortüm, G. 37, 40[144]
Kovar, R.A. 7[18]
Kovrizhnykh, E.A. 122[329]; 142[392]
Krager, R.J. 9[33]
Kraus, C.A. 37[146]; 37, 40[147]; 102, 103[279]
Krauß, D. 81[236]
Kremers, F. 159[447]
Kreutzmann, W. 150[418]
Krieg, G. 10[38]
Kristiansen, P.O. 27[122]
Krüger, C.(R.) 26[119]; 159[444]
Kugutcheva, E.E. 159[444]
Kühr, H. 10[40]
Kurz, A.L. 159[444]
Kuwata, K. 23[101]

Lacher, A.J. 81[236]
Ladd, J.A. 8[23]; 14[64]
Ladenberger, V. 14[62]; 60[188]; 65, 74[200]; 66[205]; 110[290]; 126[338]; 131, 138[364]; 137[374]; 138[379]; 138[382]
Laidler, K.J. 57[177]
Lamb, R.C. 120[317]
Lambert, J.B. 65[199]
Lampman, G.M. 66[202]
Lamson, D.W. 121[322]
Landau, R.L. 121[321]
Landis, P.S. 93[252]
Landsfeld, H. 37, 40[148]; 40[159]
Lane, J.F. 156[433]
Lange, G. 8[31]
Langer, A.W. 18[89]
Langham, W. 144[400]; 148[414]
Lanpher, E.J. 66[201]; 128[348]
Lansbury, P.T. 81[236]
Lappin, G.R. 159[441]
Lapworth, A. 57[179]
Laroche, M. 81[234]
Larrabee, R.B. 66[204]
Laszlo, P. 69*[(209—210)]
Latham, R.A. 11[51]; 146[407]
Lavanish, J. 66[202]

Lawler, R.G. 71[214]; 76[227]; 80[233]; 121[319]; 121[321]
Lawrence, J. 71[215]
Lee, C.L. 23[106]; 37[146]; 38[151]; 124[332]
Lee, F.H. 37[146]
Lee, T. 7[14]
Lehn, J.M. 27[124]; 96[266]
Le Noble, W.J. 159[444]; 159[447]
Lepley, A.R. 121[321]
Leto, J.R. 21[96]
Letsinger, R.L. 93[249]; 110[289]; 128[348]; 136[372]; 153[424]; 158[436]
Levering, D.R. 159[442]
Levine, R. 102, 103[279]
Levy, L.K. 85[240]
Levy, M. 23[105]
Lewis, A. 71[214]; 80[233]
Lewis, H.L. 8[24]; 16[81]
Lewis, P.H. 3[2]
Lewis, P.M.E. 72[218]
Lewis, R.N. 110[292]
Lichtenwalter, M. 127[344]
Lide, D.R. 68[209]; 71[216]; 71[217]
Lim, D. 10[40]; 14[63]; 138[382]; 143[395]
Lini, D.C. 21[95]
Lion, C. 140[390]
Liotta, C.L. 91, 95, 96, 98[261]
Lipkin, D. 32[130]
Lipscomb, W.N. 2[1]; 86[244]; 96[269]
Liston, T.V. 153[424]
Little, E.L. 128[348]; 136[372]
Litvinenko, L.M. 75[224]
Lochmann, L. 10[40]; 14[63]; 143[395]
Logan, T.J. 128[348]; 136[371]
Löhmann, L. 124[335]
Loken, H.Y. 121[319]
Lorenz, P. 66[207]
Lotsch, W. 61[191]
Lowry, T.H. 86[243]
Luck, S.M. 40[157]
Lucken, E.A.C. 4[6]
Ludwig, R. 11[52]
Ludwig, U. 121[323]
Lüttringhaus, A. 105[284]; 144[399]
Lyford, J. 26[115]
Lyons, A.L. 128[348]; 136[372]

MacDonald, S.G.G. 71[215]
Mackor, E.L. 33[137]

Maercker, A. 108[287]
Magat, E.E. 136[372]; 158[436]
Mahone, L.G. 91, 95, 96, 98[261]
Manatt, S.L. 69* (209—210)
Manojew, D.P. 37[145]
Manotschkina, P.N. 75[226]
Marcias, A. 159[444]
Marcus, E. 37[145]
Mares, F. 60[188]; 74[219]; 76[228]; 96, 98[262]
Margerison, D. 8[25]
Markó, L. 121[327]
Marsh, F.D. 128[348]; 136[372]
Martel, B. 146[405]
Maruyama, K. 117[310]
Marvel, C.S. 159[441]
Marzilli, T.A. 121[321]
Maskornick, M.J. 56* (176—177)
Maslowsky, E. 20[94]
Masthoff, R. 10[38]
Mathisen, H. 68[209]
Matthias, A. 32[130]
Mauze, B. 156[434]
Maxey, B.W. 26[115]
McClelland, B.J. 32[130]
McCoy, W.H. 71[216]
McEwen, W.K. 52[173]
McKeever, L.D. 14[60], 21[97]; 22[99]; 24[107]
McKinley, S.V. 8[32]; 25[109]; 25[110]
McLachlan, A. 21[96]
McNees, R.S. 70[210]
Meijere, A. de 68[209]
Meikle, W.J. 143[397]
Meisenheimer, J. 113[300]
Merkel, D. 294[257]
Merkle, H.R. 145[404]
Metz, B. 27[124]
Meyer, F.J. 8[31]
Michel, B.F. 65[199]
Miginiac, P. 156[430]; 158[436]
Miginiac(-Groizeleau), L. 156[430]; 156[434]
Miller, J.A. 159[444]
Miller, M.A. 65[199]
Miller, W.T. 152[422]
Millié, P. 91[247]
Mills, J.M. 57[179]
Miltenberger, K. 10[41]
Mislow, K. 68[209]; 69* (209—210); 84[238]; 96[265]; 96[266]
Moffit, W.E. 84[238]

Mohacsi, E. 86[243]
Momany, F. A. 68[209]; 71[216]
Mongini, L. 34[139]
Moore, F. W. 124[333]; 148[414]
Morantz, D. J. 32[130]
Moras, D. 27[124]
Morgan, G. L. 7[18]; 65[198]
Morris, H. F. 159[444]
Morton, A. A. 66[201]; 128[348]; 136[372]; 143[394]; 144[399]; 158[436]
Morton, J. W. 143[396]; 143[397]; 150[419]
Morton, M. 8[34]; 130[350]
Moseley, P. T. 10[40]
Mosher, H. S. 16[75]; 117[310]
Motes, J. M. 94[256]
Mowery, P. C. 71[214]; 80[233]
Muck, D. L. 153, 154[425]
Mugnoli, A. 68[209]
Müller, E. 119[316]; 150[418]
Müller, K. 96[268]
Muller, N. 69*[(209—210)]
Mulvaney, J. E. 119[314]; 137[376]
Murdoch, J. R. 30[128]; 51[172]
Murphy, W. S. 136[372]

Nader, F. 114, 115[303]
Nagasawa, M. 138[382]
Nakomoto, K. 20[94]
Narath, A. 68[209]
Nelson, N. J. 101[276]
Newman, G. N. 14[64]; 138[382]
Newport, J. P. 8[25]
Newton, D. J. 137[376]
Nichols, R. E. 60[188]
Nielsen, W. D. 97[273]
Nordlander, J. E. 25[109]; 155[429]
Norman, N. 68[209]
Normant, H. 17[84]; 138[384]
Normant, J. F. 158[437]
Nützel, K. 105[284]
Nyholm, R. S. 64[197]

Oae, S. 85[241]
O'Brien, D. F. 11[48]; 55, 56[175]; 136[370]
Ochs, R. 117[308]
Oddo, B. 159[446]
O'Donnell, J. P. 48[166]
Ohno, A. 85[241]

Okhlobystin, O. Y. 121[322]
Oliver, J. P. 19[92]
Onsager, O. T. 139[387]
Oosterhoff, L. J. 121[320]
Ostermann, G. 121[323]
O'Sullivan, W. I. 148, 149[412]
Ou Kiun Houo 156[430]
Owen, W. J. 112*[(292—293)]
Ozaki, N. 138[382]

Padgett, W. M. 37[149]; 40[158]
Parker, A. J. 39[155]
Patat, F. 139[387]
Patsch, M. 121[232]
Pattison, F. L. M. 145[401]
Paul, D. E. 32[130]
Paul, R. 159[440]
Pauli, G. H. 68[209]
Pauling, L. 2[1]; 20[93]; 116[306]
Paulson, D. R. 121[320]
Pazdzerski, A. 81[234]
Pearson, R.(G.) 40[159]; 57[179]; 59[185]; 85[240]
Pedersen, C. J. 27[122]
Pederson, K. J. 58[182]
Penner, S. E. 128[348]; 136[372]
Perry, D. D. 121[326]
Peters, F. M. 17[83]
Peterson, A. H. 93[251]
Petukhov, G. G. 143[394]
Peyrimhoff, S. D. 77*[(228—229)]
Pfeiffer, P. 113[296]
Phillips, D. D. 97[273]
Piaseczynski, S. J. 156[431]
Piccolini, R. 74[219]
Pickard, H. B. 96[264]
Pictet, A. 159[446]
Piskala, A. 85, 95[242]
Plass, H. 6[10]; 12[57]
Pockels, U. 144[399]
Pocker, Y. 111[294]
Polanyi, M. 58[183]; 116[307]
Polishchuk, V. R. 62[195]
Polster, R. 11[52]; 18[87]
Popov, A. I. 26[115]
Posey, I. Y. 83[237]
Pospišil, J. 14[63]; 143[395]
Postis, J. de 158[436]
Powell, H. M. 64[197]

Prater, A. N. 156[432]
Pratt, R. J. 93[252]
Prelog, V. 67, 68[206]
Prévost, C. 156[430]; 156[432]; 156[434]
Price, E. 46[164]
Psarras, T. 15[70]; 55, 56[176]; 62, 63[193]
Pritchard, D. E. 69*[(209—210)]
Purmort, J. I. 8[32]; 25[109]; 111[293]; 126, 131, 132[340]
Puterbaugh, W. H. 102, 103[279]; 144[398]; 148[413]

Quelet, R. 145[402]
Quirk, R. P. 137[376]

Radlick, R. 81[235]
Raeen, V. F. 159[442]
Ramsden, H. E. 128[348]; 136[372]
Rappe, C. 94[253]
Rauk, A. 84[238]; 96[266]
Razuvaev, G. A. 143[394]
Reddy, T. B. 46[163]
Redmen, L. M. 66[201]
Rees, N. H. 131[351]; 131[352]; 131[354]; 131[363]
Reichardt, C. 39[155]
Reid, T. L. 150[419]
Reiff, H. 159[445]
Reinefeld, E. 156[434]
Reuben, D. M. E. 30[128]; 53[174]
Reutov, O. A. 62, 63[194]; 159[444]
Rewicki, D. 42, 44[161]
Rheinboldt, H. 113[300]
Richards, J. H. 21[96]
Richey, H. G. 140[390]; 145[403]
Rickborn, B. 60[188]; 81[234]; 97[273]
Ridley, D. 16[74]
Rifi, M. R. 52[173]
Riobé, O. 159[441]
Risen, W. M. 26[115]
Ritchie, C. D. 46[163]; 49[169]; 50[171]; 100[274]
Ritterbusch, G. 59[186]
Roberts, B. P. 120[317]
Roberts, J. D. 25[109]; 74[219]; 96[267]; 120[317]; 154[427]; 155[429]; 156[430]; 156[432]; 156[433]; 156[434]
Roberts, P. D. 7[18]
Roberts, R. C. 32, 36[131]

Robinson, R. 72[218]
Rochester, C. H. 48[167]
Rochow, E. R. 159[444]
Rodewald, B. 16[76]
Rodewald, P. G. 108[287]
Rodloff, I. 150[418]
Rodinov, A. N. 14[60]
Rogers, M. T. 8[22]; 9[36]
Roovers, J. E. L. 138[382]
Rosen, R. 102, 103[279]
Rosen, W. 81[235]
Rosenfeld, D. D. 57[180]
Roth, F. 159[447]
Roumestant, M. L. 159[441]
Roussi, G. 140[390]; 157[435]
Rowe, C. A. 25[112]
Rüchardt, C. 66[207]
Rundle, R. E. 3[2]; 4[3]; 16[75]; 16[77]; 16[78]
Russell, G. A. 57[180]; 117[310]; 121[322]; 159[442]
Russo, T. J. 26[117]; 159[444]
Ryan, J. F. 102, 103[279]

Sääf, G. von 144[399]
Sachs, W. H. 94[253]
Salinger, R. (M.) 55, 56[176]; 62, 63[193]; 127[343]
Sandel, V. R. 25[109]; 25[110]; 32[132]
Sartori, G. 159[447]
Sauer, J. 121[322]; 138[383]
Sauermann, G. 5[8]; 6[9]
Sauvage, J. P. 27[124]
Scardiglia, F. 154[427]
Schaaf, J. V. D. 145[401]
Schacht, E. 66[207]
Schaefer, T. 21[96]
Schäfer, H. 120[318]
Schäfer, O. 22[100]; 119[315]
Schatenstein, A. I. 10[40]; 42, 44[161]; 57[181]; 74, 76[220]; 75[226]; 122[329]; 142[392]
Scheibe, G. 16[76]
Schertler, P. 66[202]
Schlenk, N. 150[418]
Schlenk, W. 14[67]; 16[75]; 37[145]; 117[308]
Schlenk, W., jr. 14[67]
Schleyer, P. v. R. 69*[(209—210)]
Schlosser, M. 19[91]; 60[188]; 65, 74[200]; 66[205]; 79[230]; 85, 95[242]; 95[260]; 102[280]; 105[284]; 108[285]; 108[287]; 110[290];

111[295]; 118[312]; 121[325]; 126[338]; 126[339]; 131, 138[364]; 137[374]; 138[379] 138[382]; 143[395]; 148[414]
Schmid, H. 159[447]
Schmidbaur, H. 85, 95[242]
Schmidlin, J. 159[442]
Schmitt, B.J. 38[151]; 147[411]
Schneider, W.G. 21[96]
Schnizer, A.W. 153[424]
Schöllkopf, U. 105[284]; 108[287]; 120[318]; 121[323]
Schomaker, V. 68[209]
Schook, W. 33[135]; 38[150]
Schoolery, J.N. 69*[(209—210)]
Schossig, J. 121[323]
Schreiner, S. 7[14]
Schreurs, J.W.H. 32[130]
Schriesheim, A. 25[112]; 57[180]; 60[188]; 61[192]
Schröder, G. 70[211]; 154[426]
Schulz, G.V. 38[151]; 147[411]
Schwager, I. 37[149]; 40[158]
Scott, D.A. 97[273]
Scott, D.W. 65[199]
Screttas, C.G. 17[82]; 122[328]; 142[392]
Seifert, F. 10[41]; 37, 40[148]
Seitz, L.M. 8[21]; 11[50]; 11, 12[54]; 21[98]
Selman, C.M. 10[43]; 10[47]
Settle, F.A. 16, 17[79]
Seyferth, D. 25[109]; 93[252]
Shah, P.K.J. 101[275]
Shapiro, I.O. 10[40]
Shearer, H.M.M. 10[40]
Shechter, H. 94[253]; 94[255]
Shilov, A.E. 121[322]
Shimomura, T. 27[120]; 38[151]
Shirley, D.A. 122[329]
Sicher, J. 108[288]
Sidgwick, N.V. 64[197]
Siegel, S. 159[442]
Sigwalt, P. 23[103]; 32[132]
Silber, P. 159[446]
Simmons, D.E. 145[401]
Simonov, A.P. 10[40]
Sinn, H. 139[387]
Skancke, P.N. 68[209]
Skell, P.S. 159[446]
Skinner, G.A. 74[222]
Slates, R.V. 33[134]; 38[150]

Smart, J.B. 19[92]
Smentowski, F.J. 57[180]
Smid, J. 23[106]; 27[120]; 27[121]; 27[123]; 29, 30, 31, 36[126]; 30[128]; 33[134]; 37[146]; 37[149]; 38[150]; 38[151]; 39[155]; 124[332]; 147[410]
Smith, H.F. 121[326]
Smith, L.G. 68[209]
Smith, M.B. 14[65]; 15[69]
Smith, S.G. 113[299]; 113[301]; 117[310]; 123, 131[331]
Smith, W. 86[244]
Snow, A.I. 4[3]
Soddy, T.S. 146[408]
Sommer, L.H. 108[287]
Spatz, S.M. 143[397]
Spencer, T. 57[179]
Ssusi, A.K. 37[145]; 40[159]
Stahnecker, E. 29[127]; 124[335]
Starkey, J.D. 49[168]
Steenwinkel, R. van 34[139]
Steinberg, H. 94[253]
Steiner, E.C. 48[166]; 49[168]; 97, 98[271]; 102[278]
Steinhoff, G. 108[287]
Stevenson, P.E. 8[30]; 24[108]; 27[125]
Stewart, R. 48[166]; 50[170]
St. John, E.L. 127[344]
St. John, N.B. 127[344]
Stork, G. 26[118]; 159[438]
Stotz, D.S. 26[117]; 159[444]
Streib, W.E. 3[2]
Streitwieser, A. 23[104]; 30[128]; 34[140]; 37[149]; 40[158]; 42, 44[161]; 51[172]; 53[174]; 56*[(176—177)]; 60[188]; 60[190]; 66[206]; 71[214]; 74[219]; 74[221]; 76[227]; 76[228]; 80[233]; 96, 98[262]; 108[286]; 118[312]
Stringer, B.H. 25[114]
Strohmeier, W. 10[41]; 37, 40[148]; 40[159]
Strom, E.T. 117[310]
Strunin, B.N. 121[322]
Stuart, R.S. 94[254]
Stucky, G.(D.) 16[75]; 16[77]
Sturrock, M.G. 127[347]
Su, G. 113[299]
Suzuki, R. 93[252]
Swain, C.G. 113[297]; 117[309]
Swamer, F.W. 148, 149[412]
Swierczewski, G. 140[390]; 141[391]
Swift, E. 40[157]

Autorenverzeichnis

Szucs, S. S. 140^{390}
Szwarc, M. 23^{105}; 23^{106}; 27^{120};
32, 36^{131}; 33^{134}; 37^{146}; 38^{150}; 38^{151};
38^{154}; 39^{155}; 118^{312}; 124^{332}; 147^{410}

Taft, R. W. 118^{312}
Tagaki, W. 85^{241}
Talalaeva, T. V. 14^{60}; 137^{375}
Tambute, A. 141^{391}
Taylor, D. R. 66^{206}
Tchoubar, B. 39^{155}
Theilacker, W. 85^{240}
Thiele, K. H. 16^{76}; 18^{86}
Thill, B. P. 25^{109}
Thomas, D. F. 150^{418}
Thompson, C. D. 159^{441}
Thyagarajan, B. S. 94^{258}
Tietze, E. 159^{447}
Tiffeneau, M. 159^{442}
Tochtermann, W.   13, 14^{59}; 81^{236}
Tolle, J. K. 33^{134}; 38^{150}
Tölle, K. J. 27^{120}; 39^{155}
Toney, M. K. 120^{317}
Tong, W. 136^{373}
Töpel, T. 119^{316}
Tranah, M. 16^{76}
Trapp, H. 145^{404}; 146^{409}
Trekoval, J. 14^{63}; 138^{382}
Trifunac, A. D. 121^{320}
Tronich, W.   85, 95^{242}
Trost, B. M. 159^{444}
Trotter, J. 71^{213}
Tchelitcheff, S. 159^{440}
Tsutsui, M. 119^{315}

Uschold, R. E. 46^{163}; 49^{169}; 50^{171}; 100^{274}

VanTamelen, E. E. 116^{305}
Vatsuro, K. V. 159^{444}
Vaughan, L. G. 93^{252}
Veefkind, A. H. 145^{401}
Vink, P. 10^{46}
Vodnansky, J. 14^{63}
Vogel, G. 8^{28}
Vögtle, F. 65^{199}
Volz, H. 61^{191}

Vranka, R. G. 3^{2}
Vreugdenhil, A. D. 10^{46}; 40^{159}

Waack, R. 8^{20}; 8^{30}; 9^{35}; 12^{55}; 14^{60};
16, 17^{80}; 21^{97}; 22^{99}; 23^{101}; 24^{107};
24^{108}; 27^{125}; 32^{132}; 111^{293}; 121^{324};
126, 131, 132^{340}; 126^{341}; 126, 131,
132, 134^{342}; 138^{379}; 139^{385};
140^{388}
Wagner, B.(O.) 19^{91}; 23^{102}
Wakefield, B. J. 15^{73}
Walborsky, H. M. 93^{251}; 94^{256}
Walker, F. W.   10, 15^{45}; 15^{73}
Walling, C. 120^{317}
Walter, D. 120^{318}
Walton, D. R. M. 74^{222}
Ward, H. R. 121^{319}; 121^{321}
Warhurst, E. 32^{130}
Watts, A. T. 26^{115}
Watts, V. S. $69*$ (209—210)
Waugh, J. S. 21^{96}; 25^{109}
Wax, H. 156^{434}
Webb, F. J. 143^{397}
Weber, W. P.   16, 17^{80}; 130, 131^{349}
Wegner, E. 85^{240}
Weiner, M.(A.) 8^{28}; 11^{50}; 25^{109}
Weiss, E. 4^{4}; 4^{5}; 4^{6}; 5^{8}; 6^{9}; 6^{10}; 6^{12};
10^{40}; 11^{50}; 12^{56}; 12^{57}; 12^{58}; 15^{71};
15^{72}
Weiss, R. 27^{124}
Weissman, S. I. 32^{130}; 33^{133}; 35^{141}; 35^{142}
Wells, P. R. 75^{225}
West, P. 8^{20}; 8^{32}; 16, 17^{80}; 25^{109};
111^{293}; 126, 131, 132^{340}
West, R. 8^{28}; 11^{50}; 14^{61}; 131^{353};
137^{374}; 138^{379}
Wheland, G. W. 52^{173}; 79^{231}
Whitesides, G. M. 11^{51}; 25^{109}; 146^{407};
155^{429}
Wiberg, K. B. 66^{202}; 110^{290}
Wijers, H. E. 159^{441}
Wijnen, W. T. van 94^{253}
Wiles, D. M. 138^{382}
Wilkinson, G. 38^{153}
Williams, J. M. 97^{273}
Williams, K. C. 133^{368}
Wilson, C. L. 57^{178}; 57^{181}
Wilson, K. W. 156^{432}

Wilson, R. 35[141]
Winkler, H. 116[305]
Winkler, H.J.S. 116[305]
Wittenberg, D. 118[313]
Wittig, G. 8[31]; 10[44]; 11[52]; 13, 14[59]; 16[76]; 18[87]; 29[127]; 38[156]; 102[281]; 108[287]; 118[313]; 124[335]; 138[378]; 140[389]; 144[399]; 154[428]; 159[445]
Wohlers, H.C. 128[348]; 143[394]
Wolfrum, R. 12[56]
Wollschitt, H. 38[152]
Wong, C. 7[14]
Wong, K.H. 27[121]
Woodgate, S.S. 104[282]
Woods, G.F. 85[240]
Woodward, R.B. 117[309]
Wooster, C.B. 31[129]; 102, 103[279]
Worsfold, D.J. 8[27]; 23[106]; 38[151]; 130[350]; 131, 132[355]; 131, 132[356]; 131[357]; 131, 132[358]; 131[362]; 132[366]
Wotiz, J.H. 127[343]; 159[441]
Wright, G.F. 105[284]
Wright, J.R. 110[292]
Wustrow, W. 113[300]

Yakovleva, E.A. 10[40]
Yee, K.C. 59[187]
Yoffe, S.T. 159[444]
Young, A.E. 93[251]
Young, L.B. 101[277]; 104[283]
Young, R.N. 110[291]; 131[357]
Young, R.V. 124[334]; 143[396]
Young, W.G. 155[429]; 156[430]; 156[431]; 156[432]; 156[433]; 156[434]; 158[436]
Young, W.R. 60[190]; 66[206]; 108[286]
Youssef, A.A. 94[256]

Zabolotny, E.R. 36[143]
Zakharkin, L.I. 121[322]
Zandstra, P.J. 33[133]
Zieger, H.E. 25[109]
Ziegler, G.R. 71[214]; 80[233]
Ziegler, K. 22[100]; 38[152]; 118[311]; 119[315]
Zimmerman, H.E. 34[138]; 94[258]
Zimmermann, M. 85, 95[242]; 95[260]; 148[414]
Zook, H.D. 10[39]; 26[117]; 83[237]; 123[330]; 159[444]

6. Sachverzeichnis

ab initio-Rechnungen 77, 91
Acetaldehyd 82
Acetale 115
Aceton 89, 127, 146
Acetonitril 39
Acetophenon 83, 149, 150
Acetylen 70
Acetylide 6, 51, 70, 106, 111, 126, 143
Acidität s. auch CH-Aciditäten 41
Aciditätsabweichungen, solvensbedingte 46, 98—104
Aciditätsfunktion H_- 48, 49
Aciditätsgefälle, notwendiges, in Abhängigkeit von dem bei einer Ummetallierung zu übertragenden Metall 123
Aciditätsinkremente 87—88, 104
Aciditätskonstante, Definition 43—44
Aciditätskonstanten 41—63
— in Cyclohexylamin 53—54
— in Diäthyläther 52
— in Dimethylsulfoxid 50
— in Wasser 44—45
Aciditätsmessungen, elektrochemische 60—63
—, kinetische 56—60
Aciditätsreihen 88, 90, 98
Aciditätsskalen, relative 47, 51, 52, 53, 54
Aciditätstabellen 45, 50, 52, 53, 54, 56, 61, 63
Acidifizierung, sterische 65
Additionen 106, 110, 113, 114, 126, 127, 131, 132, 134, 135, 137, 141, 145, 147—151, 156, 157
— an Allylacetale 145
— an Allyläther 145
— an Homoallyläther 145
— an Ketone 148, 149, 150
— an Nitrile 148
— an Vinyläther 145
Additionsreaktionen s. Additionen
Additivität von Ligandeinflüssen 87—98

Äquivalenzleitfähigkeit 37, 38, 40
Äthan 68, 96
Äthyliden-imin 82
Äthylen 69, 131
Aggregatauflösung 17—18
Aggregatbildung, Einfluß auf Aciditätsmessungen 56, 57
— Einfluß auf Reaktivität 129—138
Aggregat-Bruchstücke 130, 133
Aggregat-Effekte 136
Aggregation in der Gasphase 7
— s. auch Gasphasenstrukturen
— im Kristallgitter 4—7
Aggregation in Lösungen 8—11, 15—17, 20, 56, 128, 129—138
—, Alkoholate 10
—, Alkylmagnesiumalkoxide 16
—, Diorganoberyllium-Verbindungen 10, 11
—, Diorganomagnesium-Verbindungen 10, 11
—, Grignard-Reagenzien 15
—, Organolithium-Verbindungen 8, 9, 128—138
—, Organonatrium-Verbindungen 10
Aggregationsenthalpien 130, 133
Aggregationsgrade 7, 8, 11, 130—132
Aggregationskonstanten 129—130
Aggregationsunterschiede 56
Aggregationszustand s. Aggregation in Lösungen
Aggregatstrukturen in Lösungen, Äthyllithium 9
—, n-Butyllithium 9
—, t-Butyllithium 9
—, Methyllithium 9, 16, 17
Aktivierungsparameter für Ionenpaar-Umwandlungen 33
Aktivität, optische s. Konfigurationsstabilität
Aktivitäten 43
Aktivitätskoeffizienten 43, 44

Sachverzeichnis

Aktivitätskoeffizienten-Postulat 47, 48, 49, 50
Alkoholate 10, 14, 101, 136, 138, 143, 154
Alkoholat-Katalyse 136
Alkylkalium, Lösungsmittelbeständigkeit 143
Alkylnatrium, Lösungsmittelbeständigkeit 143
Allenyl-metall-Verbindungen, Vinylog-Reaktionen (ambidente Reaktivität) 159—160
Allylacetale 145
Allylamine 145
Allyl-Anion 77—78, 82
Allyläther 145
Allylmetall-Verbindungen, Vinylog-Reaktionen (ambidente Reaktivität) 155—160
Allyl-Verbindungen, Lösungsmittelbeständigkeit 143
Allyl-Verschiebungen 155—160
Amin-Katalyse 143
Anilin 80
Anisol 144
Anionisierung 105
Ankersubstanzen 47
Anlagerungsreaktionen s. Additionen
Antiaromatizität 78
Anziehung, elektrostatische 37
Aromate, Protonbeweglichkeiten 71, 75, 76, 80
Aromat/Metall-Addukte s. π-System/Metall-Addukte
Assoziation 10—16, 18, 20, 131, 138—141, 143
—, Organometall/Organometall-Assoziate 10—13
—, Organometall/Metallsalz-Assoziate 14—16, 138—141
—, Organometall/Solvatbildner-Assoziate 18, 143
at-Komplexe 11, 12, 13, 38, 108
Austauschgleichgewichte 54—56, 136
Austauschprozesse 133
Austauschreaktionen 148
Azoalkan-Thermolyse 66

Basizität 41, 125, 128, 133
Benzol 75
Benzonitril 127
Benzophenon 116, 127
Benzylalkalimetall-Verbindungen, Lösungsmittelbeständigkeit 143
Benzyl-Anion 53, 78, 90, 129
Benzylchlorid 131
Benzyldimethylamin 144
Benzyl-metall-Verbindungen, Vinylog-Reaktionen (ambidente Reaktivität) 159—160
Beschleunigungsfaktoren je nach Reaktionstyp 123, 142, 148
Beständigkeit von Organometallen gegenüber Lösungsmitteln 39, 143
Bindung, organometallische 1, 2, 20
Bindungspolarität 20, 21, 125, 128, 142
Bindungsstärken 91
Bindungsverhältnisse zwischen Kohlenstoff und Metall 1, 2, 20
Bindungswinkel 64—73
Bicycloalkane, Protonbeweglichkeiten 66
2.2'-Bipyridyl 18
1-Brom-octan 131
*Brönsted*sches Katalysegesetz 58
Brückenkopf-Positionen 80, 83, 85
Butadien 131, 132
Butin-(2) 137
Butyl-Anion 129
Butyrophenon 83

Carbanionen 2, 27, 41, 51, 57, 60, 62, 64—68, 99
Carbanion-Bildungsgeschwindigkeiten 56—60
Carbanion-Konfigurationen 65—70, 72—73, 76—81, 83, 85—87, 89—98
Carbanion-Konformationen 86—87
Carbanion-Prozesse 107, 108
Carbanion-Stabilisierung, externe 89
Carbanion-Wasserstoffbrücken-Assoziate 60
Carbokation-Zwischenstufen 112—116
Carboxylierung 156
CH-Acidität 41, 43—104, 105—106, 123, 154
CH-Aciditäten, relative, von Cycloalkenen 154
Chinoline 150

Sachverzeichnis

1-Chlor-cyclohexen 154
CIDNP-Effekt 120, 121
cis-trans-Isomerisierungen 121
Conant-Wheland-McEwen-Skala 52
Crotylchlorid 155
Cumol 79
Cycloalkane, Protonbeweglichkeiten 66—69
Cycloalkene, Protonbeweglichkeiten 70
Cycloalkyltosylat-Acetolyse 66, 67
Cyclobutadien 78
Cyclobutan 68, 70, 73
Cyclohexadien-(1.2) 155
Cyclohexan 68, 69
Cyclohexen 154
Cyclohexin 155
Cyclohexylamin 23, 30, 40
Cyclooctan 68
Cyclopentadienyl-Anion 79
Cyclopentan 68, 70
Cyclopenten 154
Cyclopentin 140
Cyclopropan 68, 69, 70, 73
Cyclopropenyl-Anion 78
Cyclopropyl-Anion 93

Dampfdruck-Messungen 16
Deprotonierung s. CH-Acidität, sowie Metallierungen
Deprotonierungsgeschwindigkeiten 59, 68
Destabilisierung, konjugative 96
Diäthylenglykoldimethyläther 19, 39, 142
Diäthylzink 38
Dibenzofuran 124
Dibenzylsulfon 97
Dibrommethan 151
Di-t-butyl-äthylen (cis-) 70
Dielektrikum 37
Dielektrizitätskonstante 38, 39, 98
Difluormethan 71, 73
Diisopropylketon 149
Dimethylformamid 39
Dimethylsulfon 97
Dimethylsulfoxid 39, 45, 47—50, 81, 99, 101, 154—155
Diorganoberyllium-Verbindungen s. Organoberyllium-Verbindungen
Diorganomagnesium-Verbindungen s. Organomagnesium-Verbindungen
Diorganoquecksilber-Verbindungen s. Organoquecksilber-Verbindungen
1.3-Dioxolan 18
Diphenylacetylen 119
1,1-Diphenyl-äthylen 131, 132, 135
α,α'-Diphenyl-diäthylsulfon 97
Diphenylmethan 90
Diphenylmethyl-Anion 53, 90, 103
Diphenylquecksilber 138
Dipolmomente 10, 98
Dissoziation s. Dissoziation, elektrolytische, sowie Ionen-Dissoziation
Dissoziation, elektrolytische 37
Dissoziationsgleichgewichte 41—42
Dissoziationskonstanten 37
Doppelbindung als Solvatbildner 19
d-Orbital-Mesomerie 83—87, 94
—, nicht-klassische 87
Durchtrittsfaktor 62

Effekte, induktive 71—76, 144
—, d-mesomere 83—87, 94
—, p-mesomere 75—83
—, sterische 150
Eigenacidität 104
Eigendissoziation 42
Einelektron-Übertragungen 117, 122
Elektron-Elektron-Wechselwirkungen 64—77
Elektronegativität 72, 96
elektrolytische Dissoziation s. Dissoziation, elektrolytische
Elektronenaffinitäten 82, 116
Elektronenanregungsspektroskopie 19, 22—24, 27—32, 34
—, Allylmetall-Verbindungen 23—25
—, Benzylmetall-Verbindungen 23—24
—, But-3-enyl-lithium 19
—, Cumylkalium 23—24
—, 1,1-Diphenyl-hexyllithium 24
—, 9-Fluorenyl-metall-Verbindungen 28—31
—, Hexin 23
—, Hexinyl-lithium 23
—, Phenoxydiphenylmethyl-metall-Verbindungen 28—29
—, Polystyrylmetall-Verbindungen 23—24

Sachverzeichnis

Elektronenanregungsspektroskopie
—, Propen 23
—, Propenyl-lithium 23
—, π-System-Metall-Addukte 31, 32, 34
—, Triphenylmethyl-Verbindungen 23—24
Elektronenbeugung 7
Elektronendichten 77
Elektronendonor-Fähigkeiten 98
Elektronenmangelbindungen 2
Elektronenpaare, einsame 64, 65, 96
Elektronenspektren s. Elektronenanregungsspektren
Elektronenspinresonanzspektroskopie 31—35
Elektropositivität von Metallen 20, 24, 122, 158
Eliminierungen s. Eliminierungsreaktionen
Eliminierungsreaktionen 106, 107, 138, 152
Enamide, ambidente Reaktivität 159, 161
Enolat-Anion 82
Enolate, Aggregation 10
—, ambidente Reaktivität 159, 161
—, Herstellung durch Deprotonierung von Ketonen 148, 150
—, Metallotropie 26
—, Rotationsisomerie 25
Entaggregierung 17—18
ESR s. Elektronenspinresonanzspektroskopie

Fluoraden 79
Fluoradenyl-Anion 79
Fluor-amine 121
Fluoren 91, 96, 131, 132
Fluorenyl-Anion 79
Fluoressigsäure-äthylester 96
9-Fluorfluoren 95
Friedel-Crafts-Alkylierung
— mit Butylchlorid/Magnesium 112

Gasphasenaciditäten 104
Gasphasenstrukturen (von Organolithium und Organoberyllium-Verbindungen) 7
Gitterstrukturen s. Kristallstruktur
Glaselektrode 44, 46

Gleichgewichtsmessungen s. Säuren-Basen-Gleichgewichte, sowie Austauschgleichgewichte
Glykoldimethyläther 19, 28, 39
Grignard-Reagens/Keton-Assoziate 113, 114
Grignard-Reagenzien
—, Aggregation 15
—, Allyläther 145
—, Gleichgewicht mit Diorganomagnesium (Schlenk-Gleichgewicht) 14—15
— und Homoallyläther 145
— und Ketone 148, 149, 150
—, Metallotropie 26
—, Metall-Übertragungsreaktionen mit Olefinen 121
— und Nitrile 148
—, Oxidation 119—120
—, Reaktivitätsvergleich mit Diorganomagnesium 138, 140
—, Struktur und Reaktivität 127
—, ungesättigte 155
— und Vinyläther 145
—, Vinylog-Reaktionen 156—159

Halbstufenpotentiale 61, 62
α-Halogen-alkenyl-lithium-Verbindungen 145, 146
α-Halogen-alkyl-lithium-Verbindungen 145, 146
α-Halogenalkyl-natrium-Verbindungen 146
Halogen/Metall-Austausch s. Metall/Halogen-Austausch
*Hammett*sche Reaktionskonstanten 73, 74, 110
Hammond-Postulat s. *Polanyi-Hammond-Postulat*
Heteroelementeinfluß auf CH-Aciditäten 82—88, 94—98
Heterolyse 116
Hexamethyl-phosphorsäuretriamid 17, 38, 39, 142, 149, 158, 159
H_--Funktion 48, 49
Hinderung, sterische 73
Hochfrequenztritration 16
Homolysen 116
Homoallyläther 145

Sachverzeichnis

Hybridisierung metalltragender Kohlenstoffe 21—24
Hybridisierungseffekte 64—71
Hybridisierungsindex 68
9-Hydroxy-fluoren 100

Identitätsreaktion 111, 112
Indenyl-Anion 79
Indikatoren (für Aciditätsmessungen) 48, 49
Indikator-Säuren 48
induktive Effekte s. Effekte, induktive
Infrarot-Spektroskopie 25, 26
Inversion 96
Inversionsbarrieren 96
Ionen-Cyclotron-Resonanzspektroskopie 104
Ionen-Dissoziation 3, 36—41
Ionen(paare), dissoziierte 36—38, 40, 107
Ionenpaare, solvens-getrennte 3, 26—32, 36—37, 51, 102—103, 107, 123, 147
Ionenpaar-Zwischenstufen bei Organometall-Reaktionen 114—116, 128—129
Ionen-Quadrupletts 35
Ionenschwärme 40
Ionentrennung durch Solvatation 26
Ionisationsenergien 116
IR s. Infrarotspektroskopie
Isobutan 68
Isomerisierungen 106, 107
Isopren 131, 132
Isotopenaustausch 57, 59, 60, 68, 70—71, 74—76, 80—82, 87, 95, 108, 154
Isotopeneffekte 60, 110—112

Kalium-t-butanolat 10, 101, 143, 154
Katalysegesetz s. *Brönsted*sches Katalysegesetz
Kation-Radius 28
Kernpolarisation, magnetische 120—121
Kernresonanzspektroskopie, ^{1}H-NMR-Messungen 15, 16, 20, 21, 25, 26, 32
—, ^{7}Li-NMR-Messungen 11, 16, 21
—, ^{13}C-NMR-Messungen 21
—, CH-Kopplungskonstanten 69
Ketyle 35, 117, 118

Kinetik organometallischer Reaktionen 122, 130—135
Kondensationen, CC-verknüpfende (Kondensationsreaktionen) 138
Konduktometrie 44
Konfigurationsstabilität 57, 64, 87, 93, 97
Konkurrenz zwischen mehreren Reaktionstypen 148—152
Kontakt-Ionenpaar s. Kontakt-Spezies
Kontakt-Spezies 3, 20—24, 27—35, 37, 51, 102—103, 123, 147
Konzentrationseinflüsse auf Äquivalenzleitfähigkeiten 38, 40
— auf Reaktionsgeschwindigkeiten 113, 122, 130—135, 139—140
Kristallstrukturen 4—7, 12—13, 16, 20—21
—, Äthinyl-kalium 6
—, Äthinyl-natrium 6
—, Äthinyl-rubidium 6
—, Äthyllithium 5
—, Äthylmagnesiumbromid 16
—, Äthylnatrium 5
—, Diäthylberyllium 4
—, Diäthylmagnesium 4
—, Dicyclopentadienyl-beryllium 7
—, Dicyclopentadienylmagnesium 6
—, Dikalium-tetraäthinyl-zinkat 12
—, Dilithium-tetramethyl-zinkat 12—13
—, Dimethylberyllium 4
—, Diphenylmagnesium 16
—, 9-Fluorenyllithium 20, 21
—, Lithium-trimethyl-zinkat 12
—, Methylkalium 6
—, Methyllithium 4—5
—, Phenylmagnesiumbromid 16
—, Propinyl-kalium 6
—, Propinyl-natrium 6
—, Tricyanomethyl-kalium 6

Ladungsdelokalisation 20, 22, 49, 77, 84, 89
Ladungsdichte 100, 102
Ladungsverschmierung 89
Lambert-Beer-Gesetz 29
Leitfähigkeitsmessungen 37, 38, 40, 44
Leitfähigkeitsminima 40
Lewissäure-Charakter von Organometallen 12, 112—116

Ligandaustausch, nucleophiler 106, 108
Ligandeinflüsse, Additivität 87—98
— auf CH-Aciditäten 83, 88, 91—98
— auf Inversionsbarrieren 91—96
Lithiumäthanolat 14
Lithiumalkoholate 138
Lithiumbromid 14
Lithiumchlorid 14
Lithium-cyclohexylamid 51
Lithium-dialkylamide 138
Lithiumhalogenide 138—139
Lithiumjodid 14
Lithium-perchlorat 140
Lithium-Salze 14, 138—140
Lithium-tetramethylborat 133
Lösungsmittel 38, 39, 99
Lösungsmittelbeständigkeit von Organometallen 39, 143
Lösungsmitteleinfluß auf CH-Aciditäten 4, 48, 98—104
— auf Elektronenanregungsspektren 23, 24
— auf ESR-Spektren 32, 33
— auf Reaktionsgeschwindigkeiten 136, 142—146
— auf Reduktionspotentiale 62
— auf Regioselektivitäten 158—159
Lösungsmittelgemische 142
Lösungsmittelklassifizierung 98—99
Lösungsmittelpolarität 98
Luftempfindlichkeit von Organometallen 119

Magnesiumbromid-t-butanolat 10
Magnesium-Salze 138, 140
Malondialdehyd-Anion 25
Massenwirkungseffekte 129, 139
Medium-Einfluß 139
Mehrzentren-Bindungen 2—5, 9, 12, 15
Mehrzentren-Reaktionen 108—112
mesomere Effekte s. Effekte, mesomere
Mesomerie 22, 27, 76—87, 89—90, 93—94
Mesomeriegewinn 77, 80, 82, 89, 90, 103
Mesomeriesperre, sterische 34, 80, 81, 83, 89, 93—94
Metallacetylide, Lösungsmittelbeständigkeit 143

Metalleinfluß auf Äquivalenzleitfähigkeiten 37
— auf CH-Aciditäten 102—103
— auf Dissoziationskonstanten 37
— auf Elektronenanregungsspektren 23, 27—29, 31
—, Reaktionsverlauf und Reaktionsgeschwindigkeit 122—126
— auf Regioselektivitäten 157—158
Metallenolate, Lösungsmittelbeständigkeit 143
Metall/Halogen-Austausch 54, 56, 106, 108, 148, 150—152
Metallierungen (Metallierungsreaktionen, Ummetallierungen) s. auch Metall/Wasserstoff-Austausch
— von aliphatischen Ketonen 148, 149, 150
— von aliphatischen Nitrilen 149
—, Positionsselektivität 153—154
Metall-Ketyle 117, 118
Metall/Kohlenstoff-Austausch s. auch Kondensationen, CC-verknüpfende 106
Metall/Metall-Austausch 54—56, 106, 108, 133
Metallotropie 20, 25, 26, 33, 155
Metall-Solvatation 142
Metall/Wasserstoff-Austausch 105, 123—128, 137, 143—144, 148—155
Methan 64, 68, 73, 90
2-Methoxy-cis-4,6-dimethyl-dioxane 114
9-Methoxy-fluoren 101
1-Methoxy-2-phenyl-cyclohexan 110
α-Methylallylchlorid 155
Methyl-Anion 90, 91, 93
9-Methyl-fluoren 91
4-Methylmercapto-2′,4′-dimethylbenzophenon 131
Mischaggregate 11
Mischungskoeffizient 68
Multi-metallierungen 136

Naphthalin 75
Natriumalkoholate 136
Natrium-t-butanolat 136
Natrium-butyrophenon 10
Neutralisation 41, 105
Nitromethan 39

Sachverzeichnis

Nitromethyl-Anion 100
NMR s. Kernresonanzspektroskopie

Olefine, Protonbeweglichkeiten 65, 70—71, 95
optische Aktivität von Organometallen s. Konfigurationsstabilität
Orbitalexpansion nach Deprotonierung 64—65
Orbitalkontraktion 73
Organoberyllium-Verbindungen, Aggregation in Lösungen 10—11
—, Gasphasenstrukturen 7
—, Kristallstrukturen 5
—, Lösungsmittelbeständigkeit 39, 143
Organocäsium-Verbindungen 30, 37, 51
Organokalium-Verbindungen und Ketone 149, 150
—, Kristallstrukturen 5—6
—, Lösungsmittelbeständigkeit 39, 143
—, Metallierungsreaktionen 152—154
Organolithium-Verbindungen, Aggregation in Lösungen 8—10, 16, 17
— und aliphatische Ketone 148—150
— und aliphatische Nitrile 148—150
— und Allylalkoholate 141
— und Homoallylalkoholate 141
—, Assoziation mit Metallsalzen 14
—, Assoziation verschiedener Organometalle 11—13
—, Eliminierungen 152
—, Gasphasenstrukturen 7
—, Kristallstrukturen 4—5
—, Lösungsmittelbeständigkeit 39, 143
—, Metall/Halogen-Austausch 151, 152
—, Metallierungsreaktionen 153, 154
—, Reaktivitätsverhältnisse 126, 129, 134—135
—, Solvatation 16—19
—, Struktur und Reaktivität 125—129
Organomagnesium-Verbindungen (ausgenommen Grignard-Reagenzien, s. dort)
—, Aggregation in Lösungen 10—11
—, Assoziation mit Metallsalzen 14—16
—, Assoziation verschiedener Organometalle 11—13
—, Kristallstrukturen 4
—, Ligandenaustausch 146

—, Lösungsmittelbeständigkeit 39, 143
Organometall-Basizität s. Basizität
Organonatrium-Verbindungen und Ketone 150
—, Kristallstrukturen 5—6
—, Lösungsmittelbeständigkeit 39, 143
—, Metallierungsreaktionen 153—154
—, Nitrile 149
—, Vinylogreaktionen 157—158
Organoquecksilber-Verbindungen 62
Orthoester 115
Oxidation von Grignard-Reagenzien 119—120

Parameter, reaktionsbeeinflussende 122, 147
Partialbindungen 2—5, 19, 99, 101
Partialladungen 36
Pentadienyl-metall-Verbindungen, Vinylog-Reaktionen (ambidente Reaktivität) 159—160
Pentadion-(2.4) 89
Perchlortriphenylmethyl-Anion 87
periphere Solvatation s. Solvatation, periphere
Peroxycarbonsäure-t-butylester-Thermolyse 66, 67
Persolvat-Ionenpaar 26
Pfeiffer-Swain-Mechanismus 113
Phenanthren 118
Phenolate, ambidente Reaktivität 159, 161
Phenylacetylen 127
Phenyl-2-chlor-propen 110
Phenylcyclopentan 79
Phenylcyclopropan 79
Phenylhexan 79
Phenyllithium-Phenylnatrium-Addukt 11, 12
Photolyse von Organometallen 116
π-System-Metall-Addukte 31—36
Piperidin 65
pK_a- bzw. pK_s-Werte 43, 45, 50, 52—54, 56, 61, 63
Planarisierung von Allyl-Systemen 22, 24, 26
Planisierungsaufwand 90—96

Sachverzeichnis

Polanyi-Hammond-Postulat 58
Polarisation (Polarisierung) 1, 22, 73
Polarographie 61
Polyäther 27
Polymerisationen 131, 132, 147
Potential, chemisches 42
Protonaffinitäten 42
Protonaktivität 98
Propan 68, 71
Propen 82
Protolyse 156
Pyrryle, ambidente Reaktivität 159, 161

Racemisierung 57, 64
Radikalanionen [s. a. π-System/Metall-Addukte] 31
Radikalpaar 108
Radikalreaktionen 116—122
Reaktionsauslösung, elektrophile 145
Reaktionsgeschwindigkeiten, relative 126—129
Reaktionslenkung 160
Reaktionsmechanismen 107, 122
Reaktionsordnungen bei Umsetzungen mit Organometallen 122, 130—135
Reaktionspotential, chemisches 125
Reaktionssteuerung 147—161
Reaktionstypen 105—107
Reaktivität 41, 105—161
Reaktivität, ambidente (ambipositionelle) [s. a. Vinylogreaktionen] 159
Reaktivitätsabstufungen, inverse 123, 124, 136, 139—141, 145, 147
Reaktivitätsprofile 66, 67
Regioselektivität 157
Relaxationstechnik 44
Ringgröße/Reaktivität-Profile 66—67, 79
Ringspannung 65, 70
Röntgenstrukturanalysen 4—7, 12—13, 16—17
Rotationsisomerie bei Allyl-Derivaten 25, 26

Säuren-Basen-Gleichgewichte 41, 44, 46, 51
Salzeinflüsse 138—141
s-Charakter 68—70, 73

Schlenk-Gleichgewicht 14, 15
S_E2-Reaktionen 157
S_E2'-Reaktionen 157
S_Ei-Reaktionen 157
Sechszentren-Prozesse 109, 114
Sichtbar-Spektroskopie s. Elektronenanregungsspektren
S_N2-Reaktionen 159
S_N2'-Reaktionen 159
Solvatbildner, interne 143—145
Solvatbildung s. a. Solvatation 19
Solvatation 19—20, 26—29, 99
Solvatation, intrakomplexe 144
—, periphere 16—19, 36
Solvatationsenthalpie 30, 31
Solvatationsentropie 30, 31
Solvatationsfähigkeit 142
Solvens s. Lösungsmittel
Solvens… (z. B. Solvenseinfluß)
— s. a. Lösungsmittel… (z. B. Lösungsmitteleinfluß)
solvensgetrenntes Ionenpaar s. Ionenpaar, solvensgetrenntes
Solvenspolarität 158
Spektroskopie s. Elektronenanregungsspektroskopie
— s. Elektronspinresonanz-Spektroskopie
— s. Infrarotspektroskopie
— s. Ionencyclotronresonanz-Spektroskopie
— s. Kernresonanzspektroskopie
Standardbedingungen für Aciditätsmessungen 41, 43
Standardzustände 41
Stereochemie von Eliminierungsreaktionen 109, 110
sterische Effekte s. Effekte, sterische
Stevens-Umlagerung 121
Strukturen gelöster Organometalle s. Aggregatsstrukturen
Struktureinflüsse auf CH-Aciditäten 64—98
— auf Solvenstrennung von Ionen 30
Struktur/Reaktivität-Vergleiche 41
Styrol 131—132, 147
Styrol-Polymerisationen 147
Styrylhalogenide 65, 131—132, 148
Substituenteneinfluß auf CH-Aciditäten 73—75
— auf Reaktionsgeschwindigkeiten 120

Sachverzeichnis

Substitutionen s. Kondensationen, CC-verknüpfende; Metall/Halogen-, Metall/Metall-, Metall/Wasserstoff-Austausch; (Um-)Metallierungen, usw.
Substitutionsgrad 88—90
Sulfonylalkyl-Anionen 85—86, 97—98
Summierung von Ligandeinflüssen 87
π-System s. wie „pi-..."

Temperatureinfluß auf Elektronenanregungsspektren 30, 31
— auf Elektronenspinresonanzspektren 33
— auf Reaktionsabläufe und Reaktionsgeschwindigkeiten 146—147
Tetramethyläthylendiamin 18, 143
Tetramethylsulfamid 86
1.2.3.4-Tetraphenyl-9 H-tri-benzocyclohepten 81
Thermochromie 101
Tieftemperaturreaktionen 145—146
Titration, potentiometrische 44
Toluol 90
Triacetylmethan 89
Triäthylamin 143
Tricycloalkane, Protonbeweglichkeiten 66
Tricyclo-[4.3.1.0]-deca-2.4.7-trien 81
Trimethyl-aluminium 2
1.3.3-Trimethyl-cyclopropen 70
Tri-p-nitrophenyl-methyl-Anion 100

Tripelionen 40
Triphenylmethan 90, 131, 132
Triphenylmethyl-Anion 53, 101
Triphenylmethyl-Radikal 117
Triptycen 80

Ummetallierungen 105
— s. a. Metallierungsreaktionen
UR-(Ultrarot-)Spektroskopie s. Infrarot-Spektroskopie
UV-(Ultraviolett-)Spektroskopie s. Elektronenanregungsspektroskopie

Van der Waals-Kräfte 27
Verschiebungen, metallotrope 24—26, 155
Vierzentren-Prozesse 108
Vinyl-Anion 93
Vinyläther 145
Vinylog-Reaktionen von Allylhalogeniden 158—159
— von Organometall-Verbindungen 156—161

Wasserstoffbrückenbildung 60, 89, 99
Wasserstoffe, diastereotope 81
Wechselstrom-Polarographie, reversible 61
Wurtz-Kondensation 121

MIX
Papier aus verantwortungsvollen Quellen
Paper from responsible sources
FSC® C105338

If you have any concerns about our products,
you can contact us on
ProductSafety@springernature.com

In case Publisher is established outside the EU,
the EU authorized representative is:
**Springer Nature Customer Service Center GmbH
Europaplatz 3, 69115 Heidelberg, Germany**

Printed by Libri Plureos GmbH
in Hamburg, Germany